电工技术基础与技能

（电子信息类）

（第2版）

主　编　易法刚　杨广宇　王国玉

副主编　王晨炳　冯　睿

电子工业出版社·

Publishing House of Electronics Industry

北京·BEIJING

内 容 简 介

本书是根据教育部颁布的职业院校电工技术基础与技能教学大纲编写的，综合了电工技术基础理论和电工技能实训两方面的内容。全书共 9 个项目，内容包括：用电的认知与安全用电、直流电路的基本知识和基本技能、直流电阻电路的应用、电容器的认知、磁场及电磁感应的认知、正弦交流电路、三相正弦交流电路、非正弦周期电路、瞬态过程等。

本书可作为职业院校电子与信息技术专业、电子技术与应用专业、电子电器应用与维修专业、机电一体化专业和计算机专业的基础技能课程教材，也可供相关专业的工程人员和技术工人参考。

为了方便教师教学，本书还配有电子教学参考资料包（包括教学指南、电子教案和习题答案），详见前言。

图书在版编目（CIP）数据

电工技术基础与技能：电子信息类 / 易法刚，杨广宇，王国玉主编 . —2 版 . —北京：电子工业出版社，2017.5

ISBN 978-7-121-30227-5

Ⅰ. ①电… Ⅱ. ①易… ②杨… ③王… Ⅲ. ①电工技术—职业教育—教材 Ⅳ. ①TM

中国版本图书馆 CIP 数据核字（2016）第 259943 号

策划编辑：蒲　玥
责任编辑：蒲　玥
印　　刷：北京盛通数码印刷有限公司
装　　订：北京盛通数码印刷有限公司
出版发行：电子工业出版社
　　　　　北京市海淀区万寿路 173 信箱　邮编　100036
开　　本：787×1 092　1/16　印张：15.75　字数：403.2 千字
版　　次：2010 年 7 月第 1 版
　　　　　2017 年 5 月第 2 版
印　　次：2024 年 8 月第 12 次印刷
定　　价：34.50 元

凡所购买电子工业出版社图书有缺损问题，请向购买书店调换。若书店售缺，请与本社发行部联系，联系及邮购电话：（010）88254888，88258888。

质量投诉请发邮件至 zlts@phei.com.cn，盗版侵权举报请发邮件至 dbqq@phei.com.cn。

本书咨询联系方式：（010）88254485，puyue@phei.com.cn。

前　　言

此书是根据教育部颁布的职业院校电工技术基础与技能教学大纲编写的，综合了电工基础知识和电工技能实训两方面的内容而创作。自 2010 年出版 6 年来，深受各学校老师和同学的青睐，为了回报师生的厚爱，电子工业出版社组织了此次修订工作。

这次修订保留了原书的 9 个项目，其内容包括：用电的认知与安全用电、直流电路的基本知识和基本技能、直流电阻电路的应用、电容器的认知、磁场及电磁感应的认知、正弦交流电路、三相正弦交流电路、*非正弦周期电路、*瞬态过程等。修订者意在通过电工技术的基本理论和基本技能的学习，强调通过一些实用的技能训练来巩固所学知识，提高学习者的实践能力。修订者建议：目录中没有打星号的内容为必修内容；打星号内容为普通中专选修内容。对于 3+2（大专班）和对口升学班，全书 9 个项目都要必修。

修订时保留原书"路—场—路"体系，维持项目教学的编写模式，紧紧围绕项目教学目标、项目基础知识、项目基本技能和项目教学评估四个基本要素。特别注意到全国职业教育的不平衡性，在技能训练的选题上，尽最大的努力兼顾各个层面。所以技能训练题目少则一个，多则三个，以备各校选用。

此次修订时考虑到原书创作是各位专家的意见，此书保留部分内容和阅读材料，意在能更好地将电工技术基础与技能结合到信息技术中，真正地做到融会贯通，为今后的专业课打下良好的基础。同时重新编写每一项目的习题和增加 10 套试题。

本书由武汉市东西湖职业技术学校高级讲师易法刚和河南信息工程学校高级程序员杨广宇、高级工程师王国玉任主编；河南省新安职业中等专业学校高级讲师王晨炳和河南新乡市第一职业中等专业学校高级讲师冯睿任副主编。参加编写的教师分工如下：武汉市东西湖职业技术学校高级讲师易法刚编写项目一；河南新乡市第一职业中等专业学校的冯睿编写项目二；新安职业中等专业学校的王晨炳编写项目三；河南信息工程学校杨广宇编写项目四；武汉市东西湖职业技术学校的曾庆荣编写项目五和项目八；武汉市东西湖职业技术学校的何琦老师编写项目六和项目九；武汉市华中高级职业技术学校邓泽斌老师编写项目七；河南省学术技术带头人（中职）河南信息工程学校高级工程师王国玉负责全书统稿。

在本书构思过程中，得到了电子工业出版社中职理工事业部白楠主任和蒲玥编辑的指导和帮助，在此深表谢意！

另附教学建议学时表如下所示，在实施中任课教师充分考虑到各学校教学设备的状况，可根据具体情况适当调整和取舍。

学时分配参考表

序　号	内　容	学　时
项目一	用电的认知与安全用电	4（必修）
项目二	直流电路的基本知识和基本技能	10（必修）
项目三	直流电阻电路的应用	14（含选修）
项目四	电容器的认知	10（必修）
项目五	磁场及电磁感应的认知	6（含选修）
项目六	正弦交流电路	22（含选修）
项目七	三相正弦交流电路	8（含选修）
*项目八	非正弦周期电路	3（选修）
*项目九	瞬态过程	3（选修）
总学时数		80（含选修）

　　由于编者水平有限，书中难免存在错误和不妥之处，恳请读者批评指正。

　　为了方便教师教学，本书还配有教学指南、电子教案及习题答案（电子版）。请有此需要的教师登录华信教育资源网（www.hxedu.com.cn）免费注册后再进行下载，同时，可通过扫描项目后面的二维码查阅每个项目的辅助教学微视频，有问题时请在网站留言板留言或与电子工业出版社联系（E-mail:hxedu@phei.com.cn）。

编　者

2016 年 12 月

目　　录

项目一 用电的认知与安全用电

 知识目标

1. 了解交流电和直流电的相关知识，激发学习电工技术基础与技能的兴趣。
2. 掌握常用电工仪表和电工工具的基本知识和使用。
3. 熟悉常用电工导电和绝缘材料。
4. 掌握安全用电的基本知识，了解如何应对和处理电气事故。

 技能目标

1. 能够使用验电笔判断导体是否带电，是带直流电还是交流电。
2. 掌握正确使用万用表、兆欧表和钳形表进行测量的方法。
3. 能正确使用电工工具完成导线的连接和绝缘的恢复。

任务一　用电的认知

一、交流电的认知

当同学们开始学习"电"时，首先想到的是什么是"电"？"电"能干什么事情？我们为什么要学习"电"？怎样做才能学习好"电"的知识和技术？下面通过读图 1-1 走进"电世界"的大门。

由图中我们可以知道，在日常生活和各行各业的工作中所用的电，绝大多数都是交流电。简单地讲，它的电流和电压的大小和方向随时间变化而变化。交流电是交流发电机由原动机拖动产生的，交流发电机有单相交流发电机和三相交流发电机。由于三相交流电具有传输电能投入成本低、控制便利的优点，所以，目前发电厂都是用三相交流发电机发电。日常用的单相交流电源可以很方便地从三相交流电中获得。

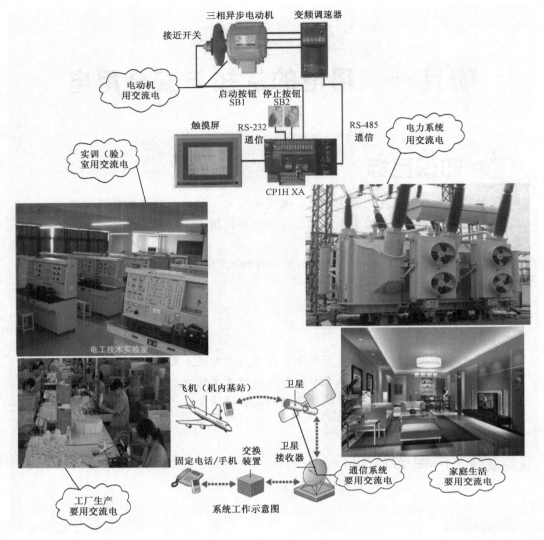

图 1-1　交流电的用途

　　从图中我们还能够看到，要用好"电"不仅仅是知道"电"的作用就行了，更为重要的是学习好基本知识和基本技能。具体说："电的基本原理、定理和定律有哪些？如何计算电的物理量？电能是怎样传输的？靠什么物质（电工材料）来传输？需要什么仪器仪表来检查电的故障？需要什么工具来安装和维护好设备？电给我们带来益处，是否会给我们带来灾难？如果带来灾难，我们应如何预防，以确保设备和人身安全？"这些问题，我们会慢慢地展开来讲。

　　总之，需要我们学习好基本知识，掌握好基本技能，练好基本功。

二、直流电的认知

　　除交流电以外，我们平常接触的还有直流电。直流电能给我们带来什么益处或者能干什么工作呢？下面通过图 1-2 进行具体的了解。

　　直流电的电压和电流的大小是稳定的，没有方向的变化。直流电可以由直流发电机产生，由于直流发电机构造复杂，现在已经很少用了。现在主要用整流器从交流电获得直流电，如各种充电器、直流电源等。

直流电还可以用化学方式产生，如通过干电池、蓄电池和手机电池产生直流电。

图 1-2 直流电的用途

三、常用的电工仪器仪表

1. 万用表

万用表是电工测量中常用的一种多功能、多量程的便携式仪表，同时也是实际工作中应用最为广泛的电工仪表之一。万用表一般情况下主要测量电压、电流和电阻，有的还可以测量晶体管、电容、电感等。常用的万用表有指针式和数字式两种。

1）万用表外观结构的认识

图 1-3 所示为 MF-47 型万用表的外观结构图。从图 1-3 由上到下可以看到：表头与刻度盘，用来观察读数；表针机械调零旋钮，在万用表未接入电路之前，检查表头指针是否指示在标度尺左端的"0"位置（"左零"）上，若不指零，则调整表针机械调零旋钮，使指针指在"左零"处；晶体管引脚插座是测试晶体管"h_{FE}"时插引脚的插座，即用来测量晶体管放大系数；"Ω"挡调零旋钮，在测电阻前，将红、黑表笔短接，此时指针应该指在欧姆"0"位置（"右零"），若不指零，应调节欧姆调零旋钮，使指针指在"右零"处；转换开关，用来选择测量项目和测量挡位；红表笔插孔（接表内负极），用来插红表笔；黑表笔插孔（接表内正极），用来插黑表笔；高压测量时红表笔插孔，用来测高压；大电流测量时红表笔插孔，用来测大电流。

2）MF-47 型万用表的测量范围

MF-47 型万用表转换开关有 24 个挡位。其测量项目、量程及精度如表 1-1 所示。

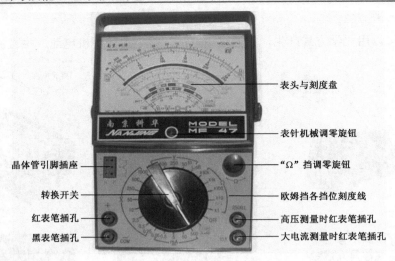

图1-3　MF-47型万用表的外观结构图

表头与刻度盘
表针机械调零旋钮
"Ω"挡调零旋钮
欧姆挡各挡位刻度线
高压测量时红表笔插孔
大电流测量时红表笔插孔

晶体管引脚插座
转换开关
红表笔插孔
黑表笔插孔

表1-1　MF-47型万用表测量项目、量程及精度

测 量 项 目	量 程	精 度
直流电流	0～0.05mA～0.5mA～5mA～50mA～500mA	2.5
	5A	5.0
直流电压	0～0.25V～1V～2.5V～10V～50V～250V～500V～1 000V	2.5
	2 500V	5.0
交流电压	0V～10V～50V～250V（45～60～5 000Hz）～500V～1 000V～2 500V（45～65Hz）	5.0
直流电阻	R×1、R×10、R×100、R×1k、R×10k	2.5
		1.0
音频电平分贝值	−10～+22dB	
晶体管直流放大系数	0～300h_{FE}	
电感	20～1 000mH	
电容	0.001～0.3μF	

图1-4　MF-47型万用表表盘

3）表头与表盘

表头是一只高灵敏度的磁电式直流电流表，有万用表心脏之称，万用表的主要性能指标就取决于表头性能。

MF-47型万用表表盘的六条标度尺如图1-4所示。从上到下依次是电阻标度尺，用"Ω"表示；直流电压、交流电压及直流电流共用标度尺，用"V"和"mA"表示；测电容容量标度尺，用"C（μF）50Hz"表示；测电感量标度尺，用"L（H）50Hz"表示；测晶体管共发射极直流电流放大系数标度尺，用"h_{FE}"表示；测音频电平标度尺，用"dB"表示。标度尺中部装有反光镜，以利于消除视觉误差。

4）万用表的使用方法

使用万用表前做到以下几点。

（1）万用表水平放置。

（2）应检查表针是否停在表盘左端的零位。如有偏离，可用小螺丝刀轻轻转动表头上的机械零位调整旋钮，使表针指零。

（3）将红表笔插入标有"＋"号的插孔，黑表笔插入标有"－"号的插孔。

（4）将选择开关旋到相应的项目和量程上，就可以使用了。

万用表使用后，应做到：

（1）拔出表笔。

（2）将选择开关旋至"OFF"挡，若无此挡，应旋至交流电压最大量程挡，如"1 000V"挡。

（3）若长期不用，应将表内电池取出，以防电池电解液渗漏而腐蚀内部电路。

2．AT-9205B 型数字万用表

1）测量功能

图 1-5 数字万用表面板结构

AT-9205B 型数字万用表是 $3\frac{1}{2}$ 位自动极性显示、准确度高、性能稳定、可靠性高且具有高度防震的多功能、多量程测量仪表。它可用于测量交、直流电压，交、直流电流，电阻，电容，二极管，三极管，音频信号频率等，面板结构如图 1-5 所示。

2）使用前的检查与注意事项

（1）将电源开关置于 ON 状态，显示器应有数字或符号显示。若显示器出现低电压符号 ，应立即更换内置的 9V 电池。

（2）表笔插孔旁的 ⚠ 符号，表示测量时输入电流、电压不得超过量程规定值，否则将损坏内部测量线路。

（3）测量前，旋转开关应置于所需量程。测量交、直流电压或交、直流电流时，若不知被测数值的高低，可将转换开关置于最大量程挡，根据测量值再调整到合适量程重新测量。

（4）显示器只显示"1"，表示量程选择偏小，转换开关应置于更高量程。

（5）在测量电压高于 36V 直流、25V 交流电压、电流大于 10mA 的交流和电流大于 50mA 的直流电流时，应注意人身安全。

3．兆欧表

1）兆欧表（绝缘电阻测定仪）的作用

兆欧表又称为绝缘电阻测定仪或摇表、迈格表、高阻计，是检测电气设备、供电线路绝缘电阻的一种可携式仪表。上面标尺刻度以"MΩ"为单位，可较准确地测出绝缘电阻值。

2）兆欧表（绝缘电阻测定仪）的结构

兆欧表主要由三个部分组成：手摇直流发电机、磁电式双动圈流比计及接线柱（L、E、G）。其外形和结构原理如图 1-6 所示。

3）兆欧表的选择

选择兆欧表时，其额定电压一定要与被测电气设备或线路的工作电压相适应，测量范围也

要与被测量绝缘电阻的范围相吻合，即不同规格的兆欧表检测不同的电气设备，如表 1-2 所示。

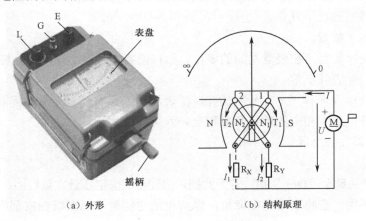

（a）外形　　　　　　　　　　　（b）结构原理

图 1-6　兆欧表的外形和结构原理

表 1-2　兆欧表的选择

被　测　对　象	待测设备额定电压（V）	兆欧表额定电压（V）	量程（MΩ）
普通线圈的绝缘电阻	500 以下	500	0～100、200、500
变压器和电动机线圈的绝缘电阻	1 000 以上	1 000、2 500	0～1000、2000、5000
发动机线圈的绝缘电阻	1 000 以下	1 000	0～500、1000
电子线路及电子元器件	100 以下	100	0～20、500

4）兆欧表的使用方法及注意事项

（1）首先选用与被测元件电压等级相适应的摇表，请参考表 1-2。

（2）用摇表测试高压设备的绝缘时，应由两人进行。

（3）测量前必须将被测线路或电气设备的电源全部断开，绝不允许带电测量绝缘电阻。并且要查明线路或电气设备上无人工作后方可进行。

（4）摇表使用的表线必须是绝缘线，且不宜采用双股绞合绝缘线，其表线的端部应有绝缘护套；摇表的线路端子"L"应接设备的被测相，接地端子"E"应接设备外壳及设备的非被测相，屏蔽端子"G"应接到保护环或电缆绝缘护层上，以减小绝缘表面泄漏电流对测量造成的误差。

（5）测量前应对摇表进行开路校检。摇表"L"端与"E"端空载时摇动摇表，其指针应指向"∞"；摇表"L"端与"E"端短接时，摇动摇表其指针应指向"0"。说明摇表功能良好，可以使用。

（6）测试前必须将被试线路或电气设备接地放电。测试线路时，必须取得对方允许后方可进行。

（7）测量时，摇动摇表手柄的速度要均匀，以 120r/min 为宜；保持稳定转速 1min 后，才能读数，以便躲开吸收电流的影响。

（8）测试过程中两手不得同时接触两根线。

（9）测试完毕应先停止摇动摇表，后拆线，以防止电气设备向摇表反充电导致摇表损坏，拆线时注意安全，手不能触及金属线芯。

（10）有雷电时，严禁测试线路绝缘。

4．钳形电流表

1）钳形电流表的实物图和测量示意图

钳形电流表的实物图和测量示意图如图 1-7 所示。在使用中用右手大拇指按住钳口打开按柄，钳口张开将被测导线置于钳形表的中心。钳形表一般准确度不高，通常为 2.5～5 级。

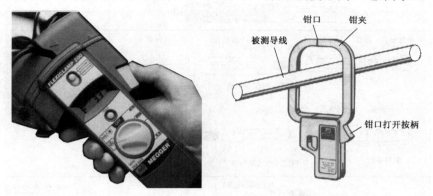

（a）钳形电流表的实物图　　　　　　　　　　（b）钳形电流表的测量示意图

图 1-7　钳形电流表的实物图和测量示意图

2）钳形电流表的作用

通常用普通电流表测量电流时，需要将电路切断停机后才能将电流表接入进行测量，这是很麻烦的，有时正常运行的电动机不允许这样做。此时，使用钳形电流表就显得方便多了，可以在不切断电路的情况下来测量电流。

3）钳形电流表的正确使用方法

钳形电流表分高、低压两种。钳形电流表与普通电流表不同，它由电流互感器和电流表组成。可在不断开电路的情况下测量负荷电流，但只限于在被测线路电压不超过 500V 的情况下使用，必须遵循以下几点要求。

（1）测量前，应先检查钳形铁芯的橡胶绝缘是否完好无损。钳口应清洁、无锈，闭合后无明显的缝隙。

（2）测量时，应先估计被测电流大小，选择适当量程。若无法估计，可先选较大量程，然后逐挡减小，转换到合适的挡位。转换量程挡位时，必须在不带电情况下或在钳口张开情况下进行，以免损坏仪表。

（3）测量时，被测导线应尽量放在钳口中部，钳口的结合面如有杂声，应重新开合一次；若仍有杂声，应处理结合面，以使读数准确。另外，不可同时钳住两根导线。

（4）测量 5A 以下电流时，为得到较为准确的读数，在条件许可时，可将导线多绕几圈，放进钳口测量，其实际电流值应为仪表读数除以放进钳口内的导线根数。

（5）每次测量前后，要把调节电流量程的切换开关放在最高挡位，以免下次使用时，因未经选择量程就进行测量而损坏仪表。

四、常用的电工工具

常用电工工具是指在安装和维修工作中，需要使用的各种用具的统称。正确选择和合理使用工具能在一定程度上提高工作效率。在电工维修工作中，常用的工具有电工刀、钢丝钳、螺丝刀、剥线钳、尖嘴钳等。在维修工作中，有时还要对机械部分进行必要的安装和维修，经常使用一些钳工工具，例如：钢锯、扳手、榔头、钢锉（锉刀）、手枪电钻等。

常用电工工具及其用途如表 1-3 所示。

表 1-3　常用电工工具及其用途

名　称	实　物　图	用　途
电工刀	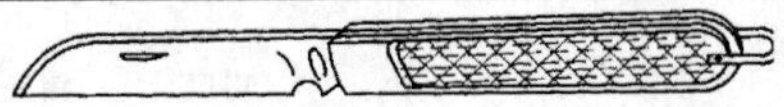	主要用于剥削导线绝缘层
试电笔	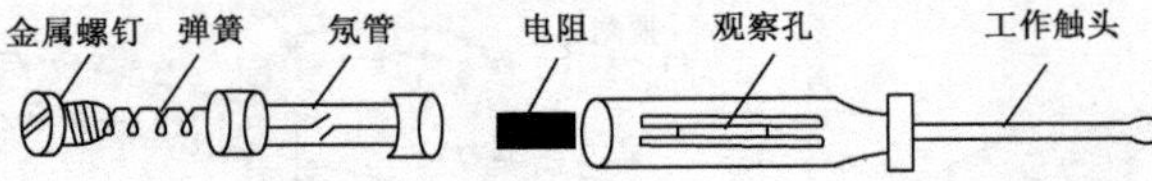 金属螺钉　弹簧　氖管　电阻　观察孔　工作触头 （a）旋凿式低压试电笔 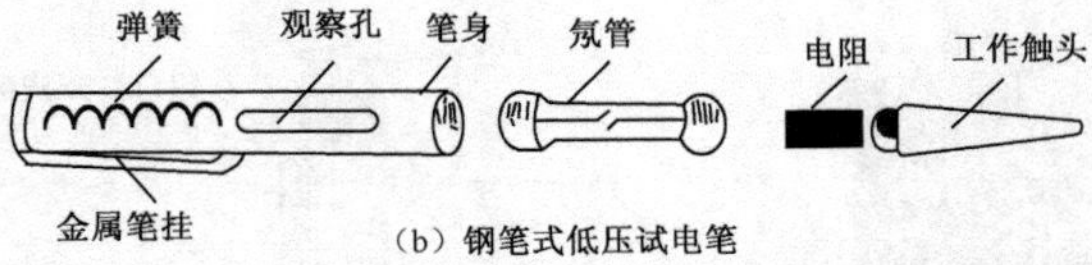 弹簧　观察孔　笔身　氖管　电阻　工作触头 金属笔挂 （b）钢笔式低压试电笔	用于检测导线、电器和电气设备是否带电
钢丝钳	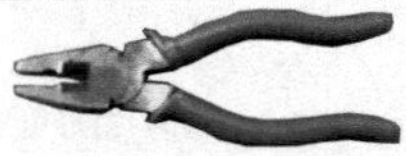	用于切断较粗的金属线，装卸较大的螺母，折弯较厚的金属片
尖嘴钳		主要用于螺母的装卸，导线的折弯、成形，零件的夹持等
斜口钳	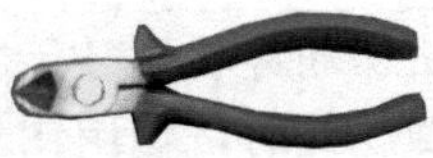	主要用于剪断细导线。常用于剪切多余的线头或代替剪刀剪切尼龙套管、尼龙线卡等
剥线钳	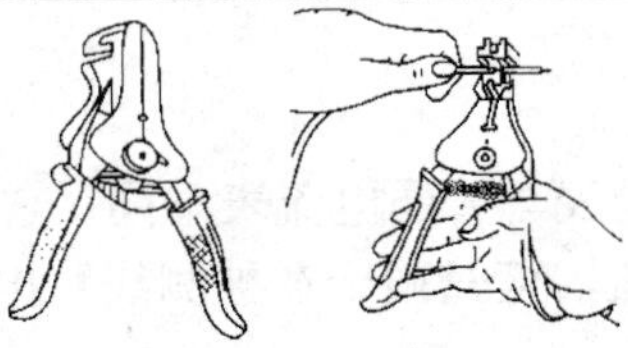	剥线钳是剥线的专用工具，用来剥除导线端头的绝缘层，具有效率高，尺寸控制准确，芯线不易受损等优点
活动扳手		用于紧固和拆卸螺栓
螺丝刀（又称起子、改锥、旋凿）	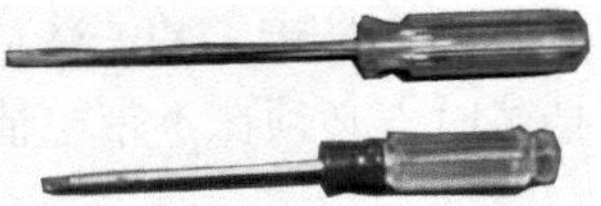	主要用来拆、装电气元件和组件。形状有十字头和一字头，并具有大小不同的规格，在维修中应根据实际情况选用
电工包和电工工具套	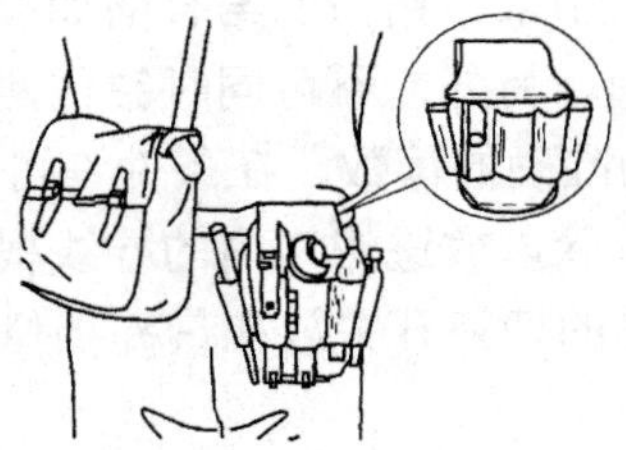	电工包和电工工具套用来放置电工随身携带的常用工具或零星电工器材
钢锯	 小型木材的锯割　　金属材料的锯割	用来切割各种金属板、敷铜板、绝缘板、槽板等。安装锯条时，锯齿尖端都要朝前方，松紧要适度，太紧太松都易使锯条折断

续表

名　　称	实　物　图	用　　途
手电钻	（a）手枪式　　（b）手提式	用于在印制电路板或绝缘板上钻孔。常用钻头一般直径为 0.08～6.3mm 各种规格
钢锉		用来锉平金属板或绝缘板上的毛刺，锉掉电烙铁头上的氧化物等
榔头		用于装卸零部件等
剪刀		用于薄板材料的剪切加工

验电笔的认知

验电笔是用来判断电路中是否有电的一种工具，分为氖泡式验电笔和数字式验电笔两种。

一、验电笔的基本结构

1. 氖泡式验电笔

1）氖泡式验电笔的结构

验电笔主要由工作触头、降压电阻、氖泡、弹簧和金属螺钉等部件组成。其结构如图 1-8 所示，各组成部件及其作用见表 1-4。

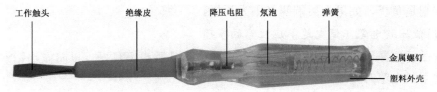

图 1-8　验电笔的结构

表 1-4　验电笔组成部件及其作用

名　　称	实　物	作　　用
工作触头		工作时，用工作触头接触待测体，工作触头由金属导体做成，具有良好的导电性能，并且有足够的机械强度
氖　泡		当有电流流过氖泡时，氖泡发光，流过氖泡的电流方向不同，发光部位也不同
降压电阻		降压电阻起到降压限流的作用，使流过氖泡的电流合适，同时对人体不能有任何伤害
弹　簧		使工作触头、氖泡、降压电阻、金属螺钉和人体形成良好的闭合回路

续表

名　　称	实　物	作　　用
金属螺钉		用来固定氖泡、降压电阻和弹簧

2）用氖泡式验电笔观察判断电流的移动现象

正确使用验电笔的方法如图 1-9 所示，当用验电笔判断被测物体是否带电时，将工作触点接触被测体，如果被测体带电，则被测体通过验电笔、人体、大地形成回路，其电流移动使氖泡启辉发光。如果验电笔接触零线，则氖泡不亮。原因是什么？请同学们将项目二学习完成之后，自行解答。

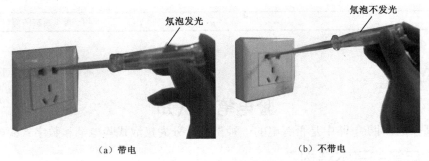

（a）带电　　　　　　　　　　　（b）不带电

图 1-9　验电笔的使用

3）氖泡式验电笔使用技巧

（1）判断交流电与直流电。用验电笔判断交直流，如果被测体带交流电，则氖管较明亮，并且氖管通身亮；如果被测体带直流电，则氖管较暗，且氖管只亮一端。

（2）判断直流电正负极方法。用验电笔判断直流电的正负极，此时观察氖管要心细，如果是前端明亮则是负极，如果是后端明亮则为正极。

4）使用低压验电笔（试电笔）应注意的事项

（1）测试前应在已带电的带电体上进行校核，确认验电笔良好，以防做出错误判断。

（2）使用验电笔时，最好穿上绝缘鞋。

（3）避免在光线明亮的方向观察氖泡是否启辉，以免因看不清而误判。

（4）有些设备，特别是测试仪表，往往因感应而带电。此外，某些金属外皮也有感应电。在这些情况下，用验电笔测试有电，不能作为存在触电危险的依据。因此，还必须采用其他方法（如用万用表测量）确认其是否真正带电。

2．数字式验电笔

除了氖泡式验电笔以外，目前市场上还有数字式验电笔。数字式验电笔及其使用如图 1-10 所示。

数字式验电笔由笔尖（工作触头）、笔身、指示灯、电压显示、电压感应通电检测按钮、电压直接检测按钮、电池等组成，适用于检测 12～220V 交直流电压和各种电器。数字式验电笔除了具有氖泡式验电笔通用的功能外，还有以下特点。

（1）当用右手指按检测按钮，并将左手触及笔尖时，若指示灯发亮，则表示正常工作；若指示灯不亮，则应更换电池。

（2）测试交流电时，切勿按电子感应按钮。将笔尖插入相线孔时，指示灯发亮，则表示有交流电；需要电压显示时，则按检测按钮，最后显示数字为所测电压值；未到高段显示值75%时，显示低段值。

（a）数字式验电笔　　　　　　　　　　　（b）数字式验电笔的使用

图1-10　数字式验电笔及其使用

二、技能练习

1．目的

用验电笔判断待测体是否带电。

2．器材

验电笔、各种电源。

3．步骤

（1）判断待测体是否带电。

（2）若带电，判断所带电是直流电还是交流电；若是直流电，判断被测端是正极还是负极。

任务二　安全用电

安全用电知识和技能对我们的工作、学习和生活非常重要。安全用电知识主要包括三个方面：人身安全、设备安全和电气火灾预防；技能主要有如何判别用电设备是否有电，电工绝缘材料的识别、选择和使用，以及电工导线（导电体）的识别、选择和接线。

基础知识

一、人身安全

1．人体触电

当人体触及带电导体或接触设备的带电部分，就有电流流过人体，如果遭受到电的伤害，就称为人体触电。

人体触电时，电流对人体造成的伤害可分为两大类：一类是电流通过人体，引起内部器官的创伤，称为"电击"；另一类是电流通过人体，引起外部器官的创伤，称为"电灼伤"。

2. 触电的危害和安全电压的确定

当人体触电时，电流会使人体的各种生理机能失常或遭受破坏，如烧伤、呼吸困难、心脏麻痹等，严重时会危及生命。触电对人的损害程度由通过人体电流的大小、电压等级、电流通过人体的时间、电流通过人体的途径和人体电阻对人身触电的影响等因素决定。

（1）通过人体电流的大小对人体的危害。电流的大小对人体的影响如表 1-5 所示。

表 1-5　电流的大小对人体的影响

电流（mA）	对人体的影响	
	50～60Hz 交流电	直　流　电
0.6～1.5	开始感到手指麻刺	没有感觉
2～3	手指强烈麻刺	没有感觉
5～7	手的肌肉痉挛	刺痛，感到灼热
8～10	手已难摆脱带电体，但还能摆脱	灼热感增加
20～25	手迅速麻痹，不能摆脱带电体，剧痛，呼吸困难	灼热加剧，产生不强烈的肌肉痉挛
50～80	呼吸麻痹，持续 3s 或更多时间心脏麻痹，并停止跳动	呼吸麻痹

从上表可知，当频率为 50～60Hz（我国日常用电为 220V、50Hz，有些国家用的是 110V、60Hz，也有的用 240V、60Hz）交流电流大于 10mA 或直流电流大于 50mA 时，就有可能危及生命。

（2）安全电压的确定。为了使电流不至于超过上述数值，我国规定安全电压为 36V、24V 及 12V 三种（根据场所潮湿程度而定）。

3. 人体触电的类型

人体触电事故多种多样，就其形式来说可分为双线触电、单线触电和跨步电压触电三种。具体情况如表 1-6 所示。

表 1-6　人体触电的形式

触电形式	触电时示意图	示意图的解释
（1）双线触电	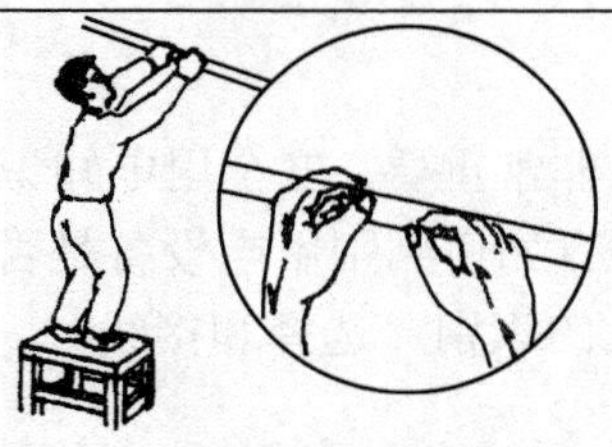 双线触电示意图	如果人体的不同部位同时接触同一个电源的两根导线（包括同时接触两根火线或一根火线和一根零线），即为双线触电。这时电流从一根导线经过人体流至另一根导线，在电流回路中只有人体电阻，其电压为线电压或相电压，如左图所示。**在这种情况下，触电者即使穿上绝缘鞋或者站在绝缘台上也起不了保护作用。所以，双线触电是最危险的**
（2）单线触电	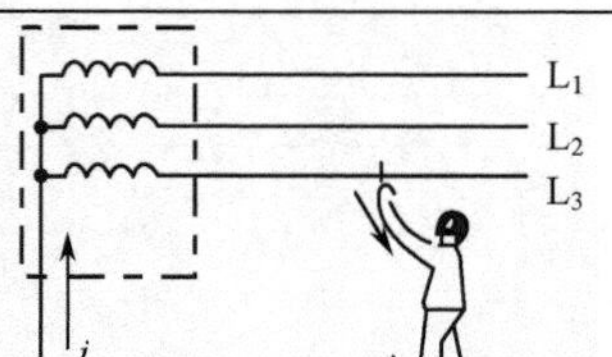 单线触电示意图	若电动机电器的绝缘损坏（击穿）或绝缘性能不好（漏电），其外壳便会带电，如果人体与带电外壳接触或接触到带电的一根火线，这就是单线触电，如左图所示。为了防止这种事故，电气设备常采用保护接地和保护接零措施

续表

触电形式	触电时示意图	示意图的解释
（3）跨步电压触电	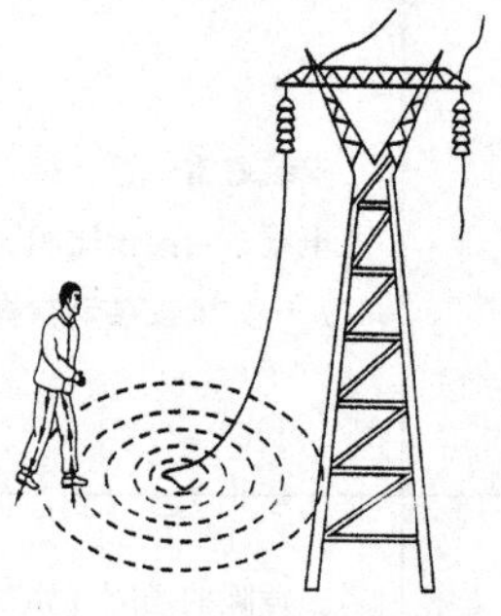 跨步电压触电示意图	当架空线路的一根带电导线断落在地上时，就在地面上以导线落地点为中心，形成了一个电势分布区域，落地点与带电导线的电势相同，离落地点越远，电流越分散，地面电势也越低。如果人或牲畜站在距离电线落地点 8～10m 以内，就可能发生触电事故，这种触电称为跨步电压触电，如左图所示

此外，在各种形式的短路和带负载断开电路等情况下，人体都可能由于发生电弧而被烧伤。

4．人体触电的预防与急救

1）预防触电的保护措施

为了更好地使用电能，防止触电事故的发生，必须加强安全用电常识的教育，普及安全用电知识，以便更好地掌握安全用电的方法，使用各种电气设备时严格遵守操作规程。预防触电的保护措施如表 1-7 所示。

表 1-7　预防触电的保护措施

措　施	示意图	说　明
及时更换破损绝缘线	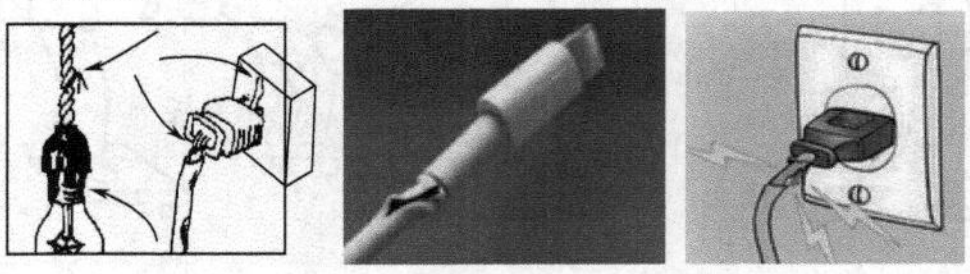	定期检查各种电气设备，特别是移动式电气设备，如发现电气设备或导线的绝缘部分破损，要及时更换，防止漏电
防止线路受潮		不要在电线或设备上晾晒衣物，不要用湿抹布擦导线，防止线路和电器受潮
设置接地线	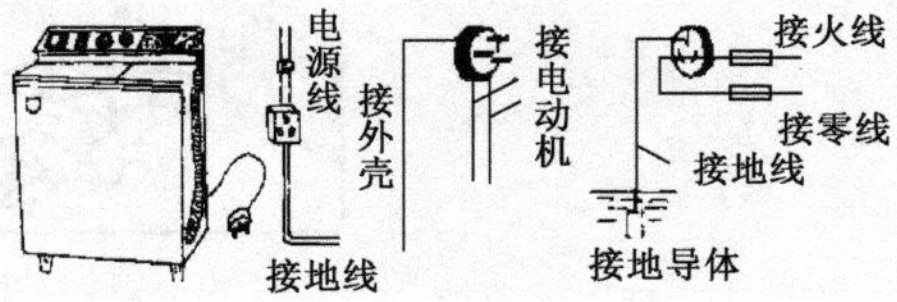	各种电气设备都应设置地线，将漏电降至安全范围
挂牌检修	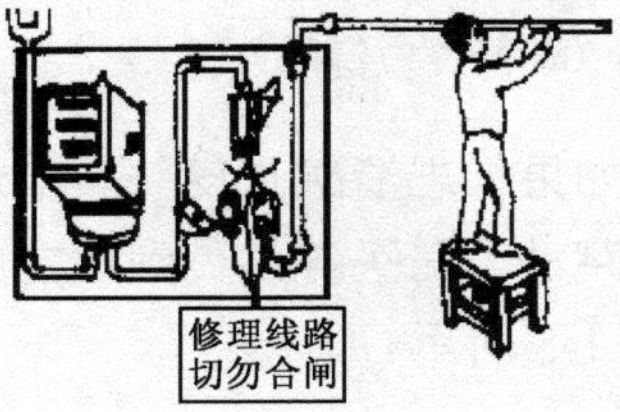 修理线路切勿合闸	检修时切断电源，并在开关处挂牌示警或派专人看守

措　施	示　意　图	说　明
设置避雷装置	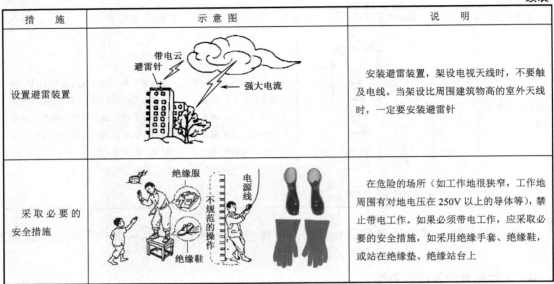	安装避雷装置，架设电视天线时，不要触及电线。当架设比周围建筑物高的室外天线时，一定要安装避雷针
采取必要的安全措施	 	在危险的场所（如工作地很狭窄，工作地周围有对地电压在250V以上的导体等），禁止带电工作。如果必须带电工作，应采取必要的安全措施，如采用绝缘手套、绝缘鞋，或站在绝缘垫、绝缘站台上

2）触电的现场处理措施

（1）脱离（切断）电源。若发现有人触电，切不可惊慌失措，应保持头脑冷静，迅速有效地采取措施。可以及时拨打110，并用如图1-11所示的脱离（切断）电源的方法，使触电者脱离电源。

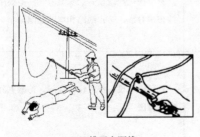

（a）拉开开关或拔掉插头　　　　（b）戴手套或用干燥的衣服包着手并站在木板上拉开触电者

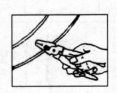

（c）挑开电源线　　　　　　　　（d）切断电源线

图1-11　脱离（切断）电源的方法

（2）现场急救。当触电者脱离电源后，如果神志清醒且皮肤又未灼伤，可将其抬至通风的地方休息；若触电者呼吸停止，心脏也停止跳动，在医务人员到达之前，可采用人工呼吸和心脏挤压的急救方法使触电者恢复心跳，如表1-8所示。

表 1-8　现场急救法

方　　法	图　　示	说　　明
人工呼吸法	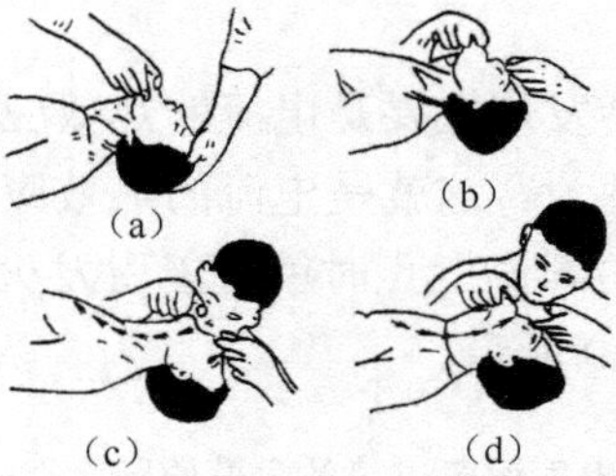 (a)　　(b)　(c)　　(d)	使触电者仰卧，救护人员一只手捏紧触电者的鼻子，另一只手掰开触电者的嘴，直接用嘴向触电者口内反复吹气，整个过程如左图所示
胸外心脏挤压法	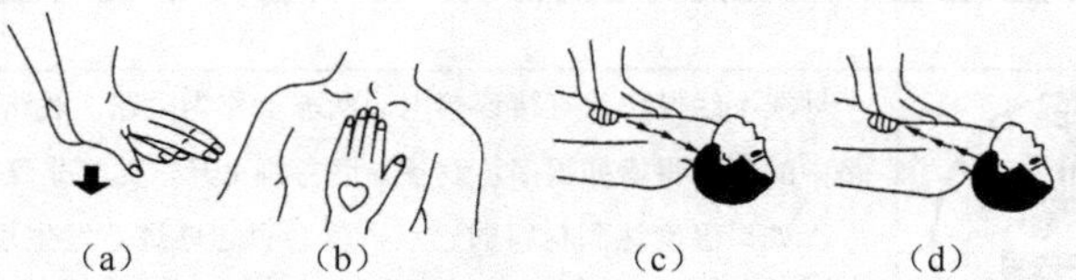 (a)　　(b)　　(c)　　(d)	救护人员两手相叠从触电者侧面将掌心放在其心窝上，掌根用力向下挤压，然后掌根迅速放松，让触电者胸部自动复原，血液充满心脏，整个过程如左图所示

二、保护接地与保护接零

保护接地与保护接零如表 1-9 所示。

表 1-9　保护接地与保护接零

	保护接地	保护接零
示意图	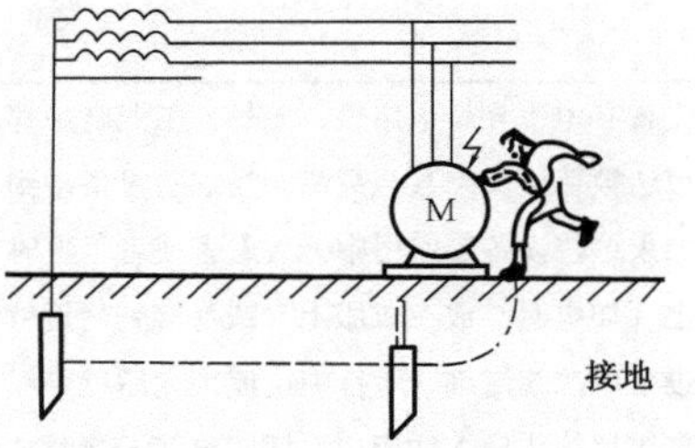 M　接地	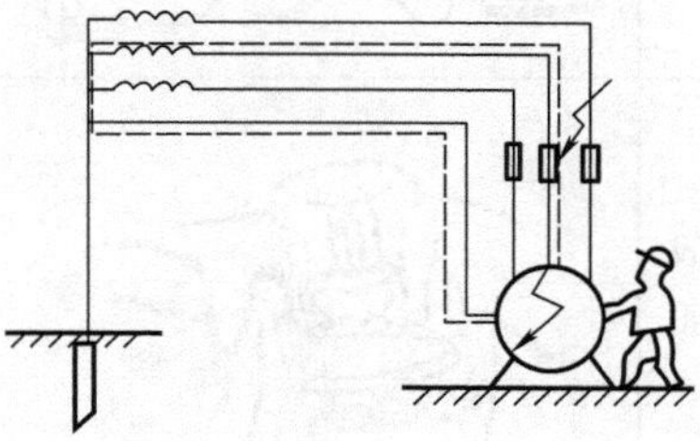
定义	所谓保护接地就是将正常情况下不带电，而在绝缘材料损坏后或其他情况下可能带电的电器金属部分（与带电部分相绝缘的金属结构部分）用导线与接地体可靠连接起来的一种保护接线方式	多相制交流电力系统中，把Y形连接的绕组的中性点直接接地，使其与大地等电位，即为零电位。由接地的中性点引出的导线称为中性线。把电工设备的金属外壳和电网的中性线连接，称为保护接零
原理与意义	一般人体的电阻大于 800Ω，接地体的电阻按规定不能大于 4Ω，所以流经人体的电流很小，而流经接地装置的电流很大。这样就减小了电气设备漏电后人体触电的危险 　　保护接地降低接点的对地电压，避免人体触电危险	接零保护的原理是借助接零线路，使设备在绝缘损坏后碰壳形成单相金属性短路时，利用短路电流促使线路上的保护装置迅速动作。 　　其意义是为了防止人身触电事故，保证电气设备正常运行所采取的一项重要技术措施
适用范围	一般用于配电变压器中性点不直接接地（三相三线制）的供电系统中，用以保证当电气设备因绝缘损坏而漏电时产生的对地电压不超过安全范围	适用于电压低于 1 000V 的接零电网中（特别要注意：在同一电源供电的电工设备上，不容许一部分设备采用保护接零，另一部分设备采用保护接地）

三、电气火灾的原因、预防和处理

1．电气火灾的原因

（1）电气设备过热。电气设备工作时会发热主要是电流的热效应造成的。因为设备的电路中存在电阻，当电流通过电阻时就会产生热量，这就是电流的热效应。电流的热效应使设备温度升高，当温度过热超过设备内部或周围材料的燃点时就可能引发火灾。

引起电气设备过热的主要原因如表 1-10 所示。

表 1-10　引起电气设备过热的主要原因

原　因	示　意　图	说　明
短路		导线不经过负载直接连接电源两端就称为短路。线路发生短路时，线路中的电流将增加很多，设备温度急剧上升，尤其是连接部分接触电阻大，如果温度达到材料的燃点，就会引起燃烧。发生短路的原因很多：（1）电气设备载流部分的绝缘损坏；设备长期运行，绝缘自然老化；设备本身不合格，绝缘强度不符合要求；绝缘受外力损伤。（2）运行中错误操作造成弧光短路。（3）有时小动物误入带电导线之间也会造成短路等
过负荷		电流超过设备的额定电流就称为过负荷。如果导线截面和设备选择不合理，运行中电流超过设备的额定值，都会引起电气设备总功率过大，当保护装置不能发挥作用时，导线过热就会烧坏绝缘层引起火灾
电加热设备使用不当		电加热设备有电熨斗、电烙铁、电炉、工业电炉等。这些设备表面温度很高，可达数百摄氏度甚至更高。当这些设备碰到可燃物，会很快燃烧起来。如果这些设备在使用中无人看管或者下班时忘记切断电源，放在可燃物上（如电熨斗放在衣服上）或易燃物附近就非常危险。另外，如果这些设备电源线过细，运行中电流大大超过导线允许电流，或者不用插头而直接用线头插入插座内，插座电路无熔断装置保护等，都会因过热而引发火灾事故
导线接触不良		导线接头连接不牢固，活动触头（开关、熔丝、接触器、插座、灯泡与灯座等）接触不良，都会导致接触电阻很大，电流通过时造成接头过热或接触点打火引起火灾
散热不良		设备的散热通风设施遭到破坏或使用不当，如仪器工作时遮挡灰尘的罩布未拿开，如果设备运行中产生的热量不能有效地散掉，同样会造成设备过热
发热量大		发热量大的一些电气设备安装或使用不当，也可能引起火灾。如白炽灯用纸做灯罩，或白炽灯过分靠近易燃物等，往往会引起火灾。白炽灯功率越大，使用时间越长，温度就越高。如 60W 的白炽灯泡，表面温度可达 130～180℃；而 200W 的白炽灯泡，表面温度可达 150～200℃。因此，如果用纸做灯罩或过分靠近易燃物，如木板、棉花、稻草、麻丝以及家庭中的衣物、蚊帐、被褥等，都可能引起火灾，甚至还会发生触电事故

（2）电火花和电弧。在生产和生活中，如果电路发生短路或接地事故时产生的电弧很大；设备绝缘不良，电器闪烁等也都会有电火花、电弧产生。电火花、电弧的温度很高，特别是电弧温度可高达 6 000℃。这么高的温度不仅能引起可燃物燃烧，还能使金属熔化、飞溅，是非常危险的火源。

2．电气火灾的预防

电气火灾的预防方法如下。

（1）排除可燃、易爆物，保持良好通风。

（2）正确安装电气装置。应严格按照防火规程的要求来选择、布置和安装电气装置。

（3）正确使用加热设备。正在使用的电加热设备必须有人看管，人离开时切断电源。

（4）选择合适的导线和电器。电源线的安全载流量必须满足电气设备的容量要求。

（5）选择合适的保护装置。电路中要装设熔断器或自动空气开关。

（6）选择绝缘性能好的导线。对热能电器应选用护套线绝缘。

（7）处理好电路中的连接处。电路中的连接处要连接牢固，接触良好，避免短路。

（8）正确选择产品的类型。必须根据使用场所的特点，正确选择产品的类型。如在户外应安装防雨式灯具，在有易燃、易爆气体的车间、仓库内，应安装防爆灯。

（9）安装时留有一定的安全距离。如热源不要紧贴在天花板或木屋顶上，应有一定的安全距离以利散热。

（10）发现线路老化绝缘层被破坏或电气设备有损坏时应及时更换。

3．发生电气火灾的处理

（1）发现电子装置、电气设备、电缆等冒烟起火时，要尽快切断电源。

（2）使用沙土或专用灭火器进行灭火。

（3）在灭火时避免将身体或灭火工具触及导线或电气设备。

（4）若不能及时灭火，应立即拨打 119 报警。

四、常用的电工绝缘材料

1．常用电工绝缘材料分类及特性

（1）绝缘材料的概念。通常，在电工技术上将电阻系数大于 $1\times10^9\Omega\cdot cm$ 的材料称为绝缘材料。由于电阻很大，所以绝缘材料的表面或内部基本上没有电流流动。

（2）绝缘材料的分类、特性及用途。绝缘材料的分类、特性及用途如表 1-11 所示。

表 1-11　绝缘材料的分类、特性及用途

分类	外形图	特性	用途
层压制品		层压材料是由纸或布做底材，浸涂以不同的胶黏剂，经热压（卷制）而制成的层状结构的绝缘材料。层压材料主要包括层压板、层压管、层压棒和其他特种型材等	层压材料可制成具有优良电气性能、机械性能和耐热、耐油、耐霉、耐电弧、防电晕等特性的制品
环氧玻璃粉云母带		环氧玻璃粉云母带补强材料为双面玻璃布，胶黏剂为环氧桐油酸酐胶黏剂，具有柔软性，包绕线圈经模压成型后，具有良好的电气性能	适用于工作温度130℃的大、中型高压电动机及其他各种电机、电器绝缘

分类	外形图	特　性	用　途
模压引拔制品		模塑料制品：该产品是不饱和聚酯玻璃纤维，在专用的模具上压制而成。其制件具有耐冲击、耐电弧、耐漏电等特性 引拔制品：该产品由无碱玻璃纤维或合成纤维纱、毡和织物作为增强材料，浸渍无溶剂树脂在专用模具上经"引拔成型"工艺连续烘焙、固压制成具有截面形状的制品，如圆杆、方棒、槽锲、工字梁、槽形件等，以及其他复杂形状制品，它具有纤维方向极高的机械强度和良好的介电性能以及任意长度特点，用于干式变压器电机等	模塑料制品：适用于模具 H 级干变高低压绝缘子、绝缘垫片、接线板以及各种电气开关外壳、支座、灭弧片、灭弧筒、接线柱、端子排等。 引拔制品：目前广泛应用于 H 级干式变压器做撑条、撑板、平层（燕尾）垫块、端圈等绝缘制品
快干三聚氰胺醇酸浸渍漆		浸渍漆分为有溶剂和无溶剂漆两大类，以填充其间隙和微孔，浸渍漆固化后能在漆漆物表面形成连续平整的漆膜，并使线圈黏结成一个结实的整体，以提高绝缘结构的耐潮、导热、介电强度和机械强度的性能。 快干三聚氰胺醇酸浸渍漆绝缘等级为 B 级，相比普通三聚氰胺醇酸浸渍漆具有快干性，其干燥性比 1032 漆快一倍，是节能产品，各项性能与 1032 漆相同	主要用于浸渍电动机、电器的线圈和绝缘零部件
三聚氰胺醇浸渍漆		三聚氰胺醇浸渍漆绝缘等级为 B 级，具有较好的干燥性、热弹性、耐油性和较高的介电性能	可广泛应用于电动机、电器和绝缘零部件、线圈浸渍

还有一些常用的绝缘材料，如图 1-12 所示。

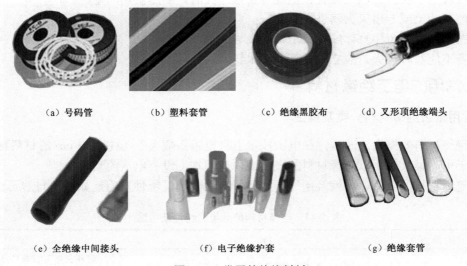

（a）号码管　　　　　（b）塑料套管　　　　　（c）绝缘黑胶布　　　　（d）叉形顶绝缘端头

（e）全绝缘中间接头　　　　（f）电子绝缘护套　　　　（g）绝缘套管

图 1-12　常用的绝缘材料

2. 常用电工绝缘材料的用途

常用电工绝缘材料的用途如表 1-12 所示。

表 1-12　常用电工绝缘材料的用途

名称及标号	实物图	牌　号	特性与用途
电缆纸 QB131-61		K-08，K-12，K-17	做 35kV 的电力电缆、控制电缆、通信电缆及其他电器绝缘纸
电容器纸 QB603-72		DR-III	在电子设备中做变压器的层间绝缘
黄蜡带 JB879-66		2010（平放）2210	适用于一般电机电器衬垫或线圈绝缘
黄漆管 JB883-66		2710	有一定的弹性，适用于电气仪表、无线电器件和其他电气装置的导线连接保护和绝缘
环氧玻璃漆布			适用于包扎环氧树脂浇注的特种电器线圈
软聚氯乙烯管（带）HG2-64-65			做电气绝缘及保护用，颜色有灰、白、天蓝、紫、红、橙、棕等
聚四氟乙烯电容器薄膜、聚四氟乙烯电容器绝缘薄膜		SFM-1 SFM-3	用于电容器及电气仪表中的绝缘，适用温度为 −60～+250℃

名称及标号	实物图	牌　号	特性与用途
酚醛层压纸板 JB885-66		3021 3023	3023酚醛层压纸板具有低的介质损耗，适用于无线电通信设备中做绝缘结构零部件
酚醛层压布板 JB886-66		3025	有较高的机械性能和一定的介电性能，适用于电气设备中做绝缘结构零部件
环氧酚醛玻璃布板 JB887-66		3240	有较高的机械性能、介电性能和耐水性，适用于潮湿环境下做电气设备结构零部件

五、常用电工（导电）材料

电源与负载之间，元件与元件之间都是依靠导线来连接的。当连接部分出现问题时，必然会引起故障，轻则设备难以正常工作，严重时会引起火灾。因此，导线的连接技术是从事电工工作的基本功。

1．常用电工线材的识别

导线是最常用的电工材料，不但是构成电线电缆的核心，同时是传输电能和信号的载体。电工产品中的导线大多数由铜、铝等高电导率金属制成圆形截面，少数按照特殊要求制成矩形或其他形状的截面。铜导线的电阻率小，导电性能好，但是价格较高；而铝导线的电阻率虽比铜导线稍大些，但因价格低被广泛应用。电子产品导线见阅读材料一，信息传输"导线"见阅读材料二。导线的品种很多，其分类如下。

（1）按股数分。导线有单股与多股，一般截面面积在 $6mm^2$ 及以下的为单股线，如图1-13所示；截面面积在 $10mm^2$ 以上的为多股线，如图1-14所示，它由几股或几十股线芯绞合在一起形成一根，有7股、19股、37股等。

图1-13　单股线铝线

图1-14　多股线铜线

（2）按材料分。有单金属丝（如铜丝、铝丝）、双金属丝（如镀银铜线）和合金线。

（3）按有无绝缘层分。有裸电线和绝缘电线。

（4）按粗细分。导线的粗细标准称为线规，有线号和线径两种表示方法。按导线的粗细排列成一定号码的称为线号制，线号越大，其线径就越小；线径制则按导线直径大小的毫米数表示。英美等国采用线号制，我国采用线径制。

2．常用导线的识别

（1）B系列橡胶塑料电线。B系列的电线结构简单，电气和机械性能好，广泛用做动力、照明及大中型电气设备的安装线，交流工作电压为500V以下。

（2）R系列橡皮塑料软线。R系列软线的线芯由多根细铜丝绞合而成，除具有B系列电线的特点外，还比较柔软，广泛用于家用电器、小型电气设备、仪器仪表及照明灯线等。

（3）Y系列通用橡套电缆。Y系列电缆常用做移动工具如电气设备、电动工具等的电源线。几种常用导线的实物图、型号、名称和用途如表1-13所示。

表1-13 几种常用导线的实物图、型号、名称和用途

实物图例	型号	名称	用途
  单芯线	BV BLV	聚氯乙烯绝缘铜芯线 聚氯乙烯绝缘铝芯线	用于500V以下动力和照明线路的固定敷设
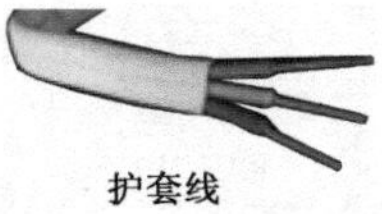 护套线 	BVV BLVV	聚氯乙烯绝缘铜芯护套线 聚氯乙烯绝缘铝芯护套线	用于500V以下照明和小容量动力线路固定敷设
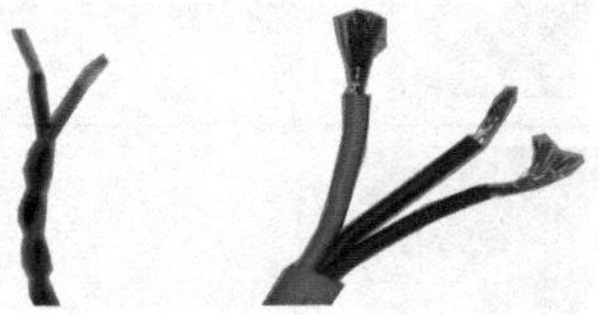	RVS RVB	聚氯乙烯绝缘绞合软线 聚氯乙烯绝缘平行软线	用做250V及以下移动电器、仪表及吊灯的电源连接导线
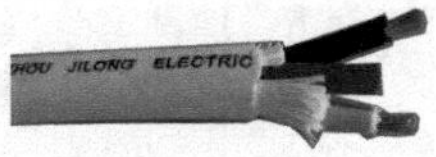	RXF RX	氯丁橡套软线 橡套软线	用于安装时要求柔软的场合及移动电器电源线

注：型号中，V表示聚氯乙烯绝缘，X表示橡皮绝缘，XF表示氯丁橡胶绝缘。

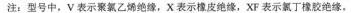

基本技能

一、导线绝缘的恢复

导线绝缘层破损或导线连接后都要恢复绝缘，恢复后的绝缘强度不应低于原有的绝缘层。

恢复绝缘层的材料一般用黄蜡带、涤纶薄膜带和黑胶带等。黄蜡带或黑胶带通常选用带宽 20mm 的，这样包缠较方便，如表 1-14 所示。

表 1-14　导线绝缘的恢复

	操 作 方 法	图 形 分 解	备 注
绝缘带的包缠	（1）先用黄蜡带（或涤纶带）从离切口两根带宽处的绝缘层上开始包缠，如图（a）所示。缠绕时采用斜叠法，黄蜡带与导线保持约 55°的倾斜角，每圈压叠带宽的 1/2，如图（b）所示。 （2）将黑胶带接于黄蜡带的尾端，以同样的斜叠法反方向包缠一层黑胶带，如图（c）和（d）所示	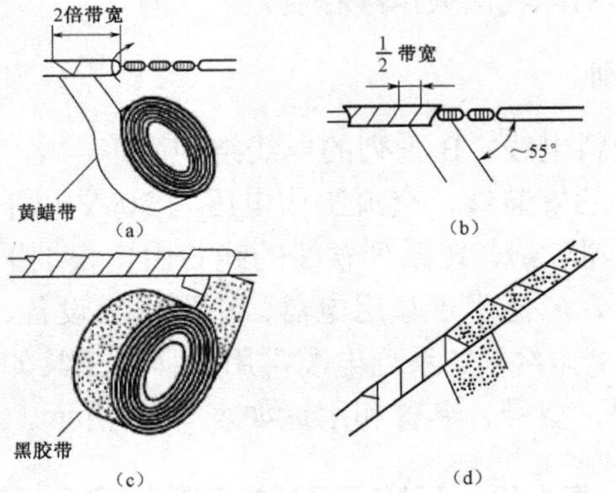	电压为 380V 的线路恢复绝缘时，可先用黄蜡带用斜叠法紧缠两层，再用黑胶带缠绕 1~2 层。包缠绝缘带时，不能过疏，更不允许露出线芯，以免造成事故。包缠时绝缘带要拉紧，要包缠紧密、坚实，并黏结在一起，以免潮气侵入

二、导线连接的工艺

导线连接的基本要求是：电接触良好，机械强度足够，接头美观，且绝缘恢复正常。导线连接的工序是先剥线再连接。

1．常用导线连接的剥线方法

导线线头绝缘层的剥线与剖削如表 1-15 所示。

表 1-15　导线线头绝缘层的剥线与剖削

		操 作 方 法	图 片	备 注
塑料线绝缘层的剖削	用钢丝钳剖削塑料硬线绝缘层	首先根据线头所需长度用钳头刀口轻切塑料层，不可切伤导线。然后右手握住钳头用力向外勒去绝缘层，同时左手握紧电线反向用力配合动作	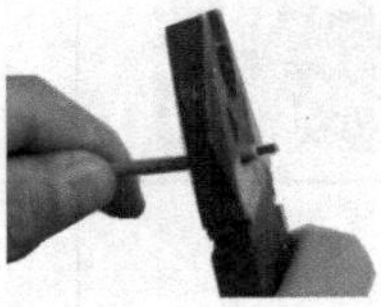	适用于芯线截面为 4mm² 及以下的塑料线的剥线
	电工刀剖削	先根据所需线头长度，刀口沿 45°倾斜角切入塑料绝缘层，注意不可切入线芯。然后刀面与线芯保持 15°左右角度，用力向外削出一条切口。最后将绝缘层剥离线芯，向后扳翻用电工刀取齐切去	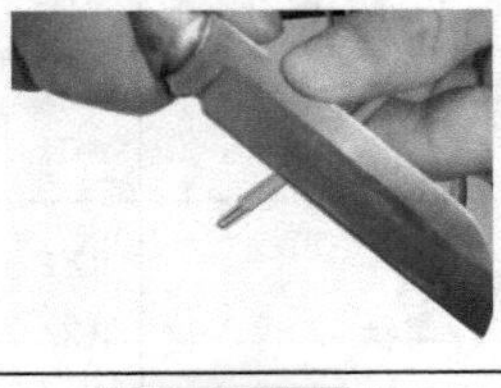	
塑料软线绝缘层的剖削	剥线钳的剥线	使用时根据所需线头长度将导线放在大于其芯线直径的切口上切剥，否则会切伤芯线	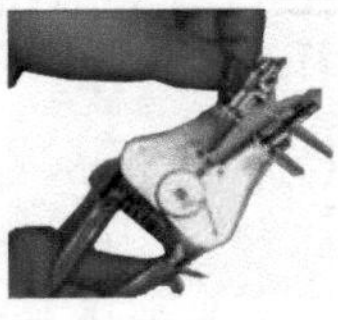	适用于 6mm² 以下塑料和橡胶电线的绝缘层的剥线
		塑料软线绝缘层用剥线钳或钢丝钳剖削，不宜用电工刀剖削，剖削方法与用钢丝钳剖削塑料硬线绝缘层方法相同		与用钢丝钳剖削塑料硬线绝缘层方法相同

续表

	操 作 方 法	图 片	备 注
塑料护套线绝缘层的剖削	塑料护套线具有二层绝缘：护套层和每根线芯的绝缘层。护套层用电工刀剥离，具体操作：按所需长度用刀尖在线芯缝隙间切开护套层，接着扳翻，用刀口切齐。绝缘层的剖削方法与塑料硬线剖削方法相同，但是绝缘层的切口与护套层的切口间应留有 5~10mm 的距离		
花线绝缘层的剖削	因棉纱织物保护层较软，可用电工刀四周割切一圈后拉去，在距棉纱织物保护层 10mm 处，用钢丝钳勒去橡胶层	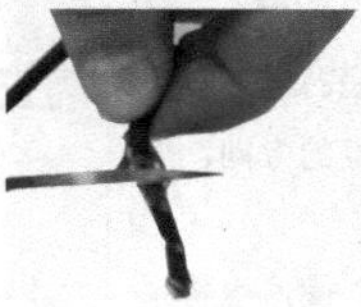 	
橡皮线绝缘层的剖削	先把编织保护层用电工刀尖划开，与剥离护套层的方法相同，然后用剖削塑料线绝缘层相同的方法剥去橡胶层，最后松散棉纱层根部，用电工刀切除		与剥离护套层的方法相同

2. 导线之间的连接

（1）铜芯导线的连接。单股铜芯线和多股铜芯线的连接方法不同，具体方法如表 1-16 及表 1-17 所示。

表 1-16　单股铜芯线的连接

	操 作 方 法	图 形 分 解
一字形连接	（1）把去除绝缘层及氧化层的两根导线的线头成 X 形相交，如右图（a）所示； （2）互相绞绕 2~3 圈，然后扳直两线头，如右图（b）所示； （3）将每根线头在芯线上紧贴并绕 5~6 圈，如右图（c）所示； （4）多余的线头用钢丝钳剪去，并用钢丝钳将芯线的末端及切口毛刺去除	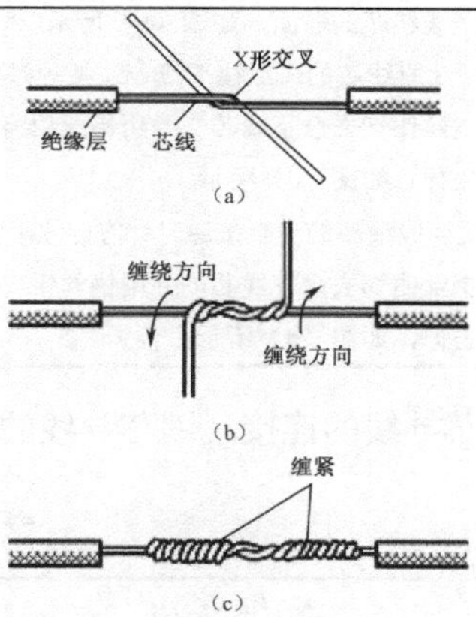
T 形连接	（1）把去除绝缘层及氧化层的支路线芯的线头与干线线芯十字相交，使支路线芯根部留出 3~5mm 裸线； （2）将支路线芯按顺时针方向紧贴干线线芯密绕 6~8 圈，用钢丝钳切去余下线芯，并用钢丝钳将芯线的末端及切口毛刺去除，如右图（a）所示； （3）把去除绝缘层及氧化层的支路线芯的线头与干线线芯十字相交，按照右图（b）所示的绕向打结并且将导线缠紧	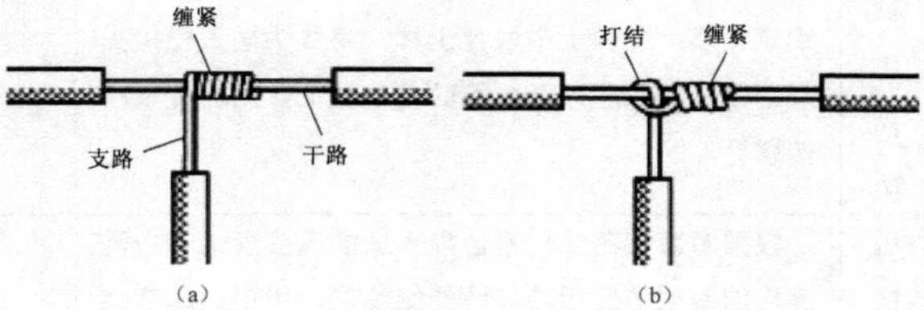

表 1-17 7 股铜芯线的连接

操 作 方 法	图 形 分 解
一字形连接 (1) 先将除去绝缘层及氧化层的两根线头分别散开并拉直，在靠近绝缘层的 1/3 线芯处将该段线芯绞紧，把余下的 2/3 线头分散成伞状，如右图（a）所示。 （2）把两个分散成伞状的线头隔根对叉，然后放平两端对叉的线头，如图（b）所示。 （3）把一端的 7 股线芯按 2、2、3 股分成三组，把第一组的 2 股线芯扳起，垂直于线头。 （4）然后按顺时针方向紧密缠绕 2 圈，将余下的线芯向右与线芯平行方向扳平。将第二组 2 股线芯扳成与线芯垂直的方向，如图（c）所示。 （5）按顺时针方向紧压着前两股扳平的线芯缠绕 2 圈，也将余下的线芯向右与线芯平行方向扳平。将第三组的 3 股线芯扳于线头垂直的方向，然后按顺时针方向紧压线芯向右缠绕，缠绕 3 圈后，切去每组多余的线芯，并用钢丝钳将芯线的末端和切口处的毛刺去掉。再用同样的方法再缠绕另一边线芯，全部连接好后如右图（e）所示	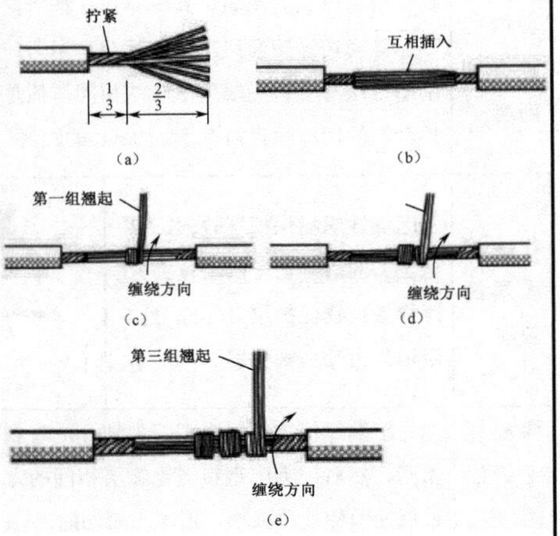
T形连接 (1) 把除去绝缘层及氧化层的分支线芯散开钳直，在距绝缘层 1/8 线头处将线芯绞紧，把余下部分的线芯分成 4 股、3 股两组并排齐，如图（a）所示。 （2）用螺丝刀把已除去绝缘层的干线线芯撬分两组，把支路线芯中 4 股的一组插入干线两组线芯中间，把支线的 3 股线芯的一组放在干线线芯的前面，如图（b）所示。 （3）把 3 股线芯的一组往干线一边按顺时方向紧紧缠绕 3～4 圈，用钢丝钳切去余下线芯，并用钢丝钳将芯线的末端和切口处的毛刺去掉，如图（c）所示。 （4）把 4 股线芯的一组按逆时针方向往干线的另一边缠绕 4～5 圈，用钢丝钳切去余下线芯，并用钢丝钳将芯线的末端和切口处的毛刺去掉，如图（d）所示	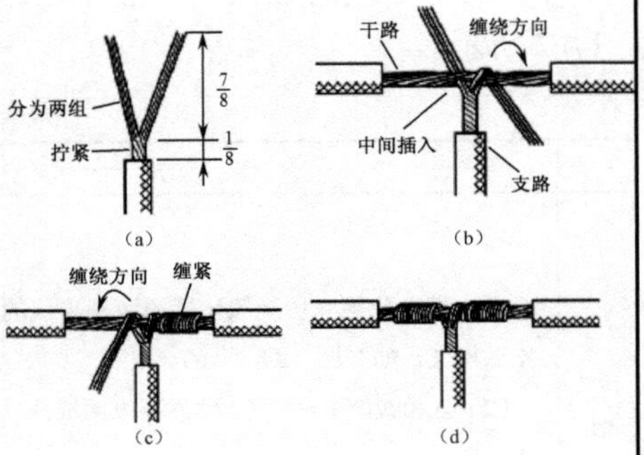

（2）铝芯导线的连接。铝芯导线的连接分为螺钉压接法和压接管压接法，如表 1-18 所示。

表 1-18 铝芯导线的连接

操 作 方 法	图 例	备 注
螺钉压接法 除去铝芯线的绝缘层，用钢丝刷去铝芯线头的铝氧化膜，并涂上中性凡士林。将线头插入瓷接头或熔断器、插座、开关等的接线桩上，然后旋紧压接螺钉	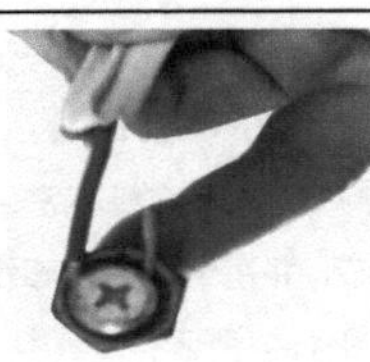	螺钉压接法适用于负荷较小的单股铝芯导线的连接
压接管压接法 根据多股铝芯线规格选择合适的压接管，除去需连接的两根多股铝芯导线的绝缘层，用钢丝刷清除铝芯线和压接管内壁的铝氧化层，涂上中性凡士林。将两根铝芯线头相对穿入压接管，并使线端穿出压接管 25～30 mm 后进行压接，压接时第一道压坑应在铝芯线头一侧，不可压反	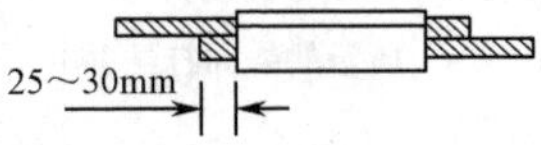 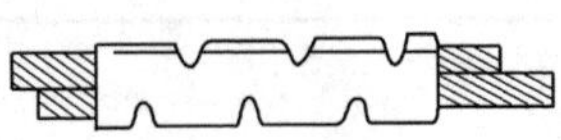	压接管压接法适用于较大负荷的多股铝芯导线的直线连接，需要用压接钳和压接管

三、导线与电气设备的连接

各种电气设备、电气装置和电气用具，均有接线柱（接线端子），常用的接线柱（接线端子）有两种形式，即针孔式和螺钉平压式，如表 1-19 所示。

表 1-19　导线与电气设备的连接

	操 作 方 法	图 例
线头与针孔式接线桩的连接	把单股导线除去绝缘层后插入合适的接线桩针孔，旋紧螺钉。如果单股线芯较细，把线芯折成双根，再插入针孔。对于软线芯线，需先把软线的细铜丝都绞紧，再插入针孔，孔外不能有铜丝外露，以免发生事故	
线头与螺钉平压式接线桩的连接	对于较小截面的单股导线，先去除导线的绝缘层，把线头按顺时针方向弯成圆环，圆环的圆心应在导线中心线的延长线上，环的内径比压接螺钉外径稍大些，环尾部间隙为 1～2mm，剪去多余线芯，把环钳平，平整不扭曲。然后把制成的圆环放在接线桩上，放上垫片，把螺钉旋紧。 对于较大截面的导线，需在线头装上接线端子，由接线端子与接线桩连接	

项目评价

一、思考与练习

1. 填空题

（1）在电工技术上将电阻系数大于＿＿＿＿＿＿＿＿的材料称为绝缘材料。

（2）导线是最常用的电工材料，不但是构成＿＿＿＿＿＿，同时也是＿＿＿＿＿＿和＿＿＿＿＿的载体。

（3）我国规定安全电压为＿＿＿＿、＿＿＿＿及＿＿＿＿三种（根据场所潮湿程度而定）。

（4）验电笔主要由＿＿＿、＿＿＿、＿＿＿＿、＿＿＿＿＿＿和金属螺钉等部件组成，用来检测＿＿＿＿、＿＿＿＿和＿＿＿＿是否带电。

（5）钢丝钳主要用于＿＿＿＿，装卸较大的＿＿＿＿，折弯较厚的＿＿＿＿。

2. 判断题

（1）电给我们带来福音，是不会给我们带来灾难的。　　　　　　　　（　　　）

（2）AT-9205B 型数字万用表可用于测量交、直流电压，交、直流电流，电阻，电容，二极管，三极管，音频信号频率等。　　　　　　　　　　　　　　（　　　）

（3）用验电笔判断交直流，如果被测体带交流电，则氖管较明亮，并且氖管通身亮；如果被测体带直流电，则氖管较暗，且氖管只亮一端。　　　　　　　　　　　　　　　　（　　）

（4）用验电笔判断直流电的正负极，此时观察氖管要心细，如果是前端明亮则是负极，如果是后端明亮则为正极。　　　　　　　　　　　　　　　　　　　　　　　　　　　（　　）

（5）200W 的白炽灯泡，表面温度不能达到 150～200℃。　　　　　　　　　　　（　　）

3．选择题

（1）发生短路时容易烧坏电源的原因是（　　　　）。

A．电阻过大　　　　　　　　　　　　B．电压过大

C．电流过大　　　　　　　　　　　　D．以上都正确

（2）电火花、电弧的温度很高，特别是电弧温度可高达（　　　）℃。

A．1 000　　　　B．2 000　　　　C．3 000　　　　D．6 000

（3）接地体的电阻按规定不能大于（　　　）Ω。

A．8　　　　　　B．4　　　　　　C．2　　　　　　D．以上都不对

（4）剥线钳钳口有（　　　）mm 多个直径切口，以适应不同规格的线芯剥削。

A．0.1～0.5　　　B．0.5～3　　　　C．3～5　　　　　D．5～10

（5）指示仪表有指针式电压表、电流表、万用表和（　　　　）等。

A．电桥　　　　　　　　　　　　　　B．示波器

C．兆欧表　　　　　　　　　　　　　D．标准电阻箱

4．简答题

（1）造成人体触电的原因有哪些？

（2）如何防止触电事故的发生？

（3）触电后如何急救？

（4）产生电气火灾的原因有哪些？

（5）保护接地的意义是什么？

5．技能题

（1）用万用表测量交流 220V 和普通电池的电压，注意万用表的挡位选择。

（2）用单股铜芯线实际操作连接两根导线，具体方法如表 1-16 所示。

（3）用多股铜芯线实际操作连接两根导线，具体方法如表 1-17 所示。

（4）使用验电笔检查和测量火线与零线。

（5）用绝缘胶布包扎两根导线连接处。

二、项目评价标准

1．项目评价标准（见表 1-20）

表 1-20　项目评价标准

项目检测	分　值	评分标准	学生自评	教师评估	项目总评
交流电的认知	10	1．交流电能做什么事情（10） 2．写出一个（2分） 3．不写（0分）			

续表

项目检测	分值	评分标准	学生自评	教师评估	项目总评
直流电的认知	10	1. 直流电能做什么事情（10） 2. 写出一个（2分） 3. 不写（0分）			
万用表的测量项目、量程和精度	5	1. 写出万用表的测量项目，回答不完整的酌情扣分（2分） 2. 写出万用表的量程，回答不完整的酌情扣分（2分） 3. 写出万用表的精度，回答不完整的酌情扣分（1分）			
安全用电	25	1. 我国规定安全电压为多少（各4分） 2. 简述触电的危害（各4分） 3. 简述预防触电的保护措施（各4分） 4. 简述触电的现场处理措施（各4分） 5. 简述电气火灾的原因（各3分） 6. 简述电气火灾的预防（各3分） 7. 发生电气火灾的处理（各3分）			
验电笔的认知和使用	16	1. 用氖泡式验电笔判断有电流的现象（4分），不会的不得分 2. 判断交流电与直流电，不会的不得分（4分） 3. 判断直流电正负极方法，不会的不得分（4分） 4. 判断交流电的火线与零线，不会的不得分（4分）			
常用电工材料的认知和导线的连接	15	1. 能识别单股和多股聚氯乙烯绝缘铜芯线（5分） 2. 能按照表1-13～表1-19操作一遍（10分） 注：每完成一个表格的任务得2分			
常用绝缘材料的认知	15	1. 绝缘材料的认知和识别，特别是黑胶布、黄蜡带和绝缘套管。认识一种给1分（5分） 2. 导线绝缘恢复的操作，具体步骤参照表1-14（5分） 3. 使用摇表（兆欧）表测量导线的绝缘（5分）			
安全操作	2	1. 现场操作规范，安全措施得当，从没出现过短路、触电等安全事故（2分） 2. 现场操作不规范，安全措施欠妥当，出现过短路但无触电等安全事故（1分）			
现场管理	2	1. 服从现场管理规定，文明、礼貌（1分） 2. 基本服从现场管理规定（1分）			

2. 技能训练与测试

（1）练习各类铜质单芯、多芯线和铝质单芯、多芯线的连接。

（2）练习绝缘带的包缠。

（3）练习导线与接线桩的连接。

（4）练习完成后由教师检查完成质量，并将成绩填入表1-21中。

表1-21　导线连接评估表

项目	完成质量成绩
铜质导线之间	
铝质导线之间	
绝缘的恢复	
导线与接线桩之间	

三、项目小结

（1）通过交流电和直流电的认知，使我们深深地感受到"电"的无穷魅力，激发学习电工技术基础与技能的兴趣。

（2）常用的电工仪器仪表有万用表、AT-9205B 型数字万用表、兆欧表和钳形电流表。

（3）万用表和兆欧表的使用是初级电工必须掌握的基本技能。

（4）常用的电工工具中验电笔的认知是最基本的知识，也是当一名电工必须具备的技能。

（5）安全用电知识是保障人身和设备必备的知识，了解电流的大小对人体的影响。

（6）交流电流大于 10mA 或直流电流大于 50mA 时，就有可能危及生命。为了使电流不至于超过上述数值，我国规定安全电压为 36V、24V 及 12V 三种（根据场所潮湿程度而定）。

（7）在电工技术上将电阻系数大于 $1 \times 10^9 \Omega \cdot cm$ 的材料称为绝缘材料。由于电阻很大，所以绝缘材料的表面或内部基本上没有电流流动。

（8）导线是最常用的电工材料，不但是构成电线电缆的核心，同时也是传输电能和信号的载体。

（9）导线连接的基本要求是：电接触良好，机械强度足够，接头美观，且绝缘恢复正常。导线连接的工序是先剥线再连接。

 教学微视频

扫一扫

项目二　直流电路的基本知识和基本技能

在人们的日常生活中，由电工电子元器件组成的电路几乎无处不在。了解电路的组成，掌握电路所涉及物理量的含义，掌握这些物理量的测量方法，是学习电工知识的基础。

 **知识目标**

1. 掌握电路的组成及其三种工作状态。
2. 掌握电阻、电流、电压、电位、电动势、电能、电功率的概念和基本知识。
3. 掌握欧姆定律、电阻定律的基本知识并能熟练应用。

 技能目标

1. 会正确使用万用表测量电流、电压、电位、电阻等物理量。
2. 会正确使用兆欧表测量绝缘电阻，并且判断被测物体的绝缘程度好与坏。
3. 能识别各种电阻，查找贴片电阻资料，了解它的应用。

任务一　认识电路

 基础知识

一、电路的组成

人们在日常生活中经常用手电筒照明。手电筒由一个灯泡通过导线、开关和几节电池连接起来，就组成一个最简单的直流电路，如图 2-1 所示。当开关闭合时，灯泡就发光，电路中有电流通过；当开关断开时，灯泡熄灭，电路中没有电流通过。

通常把这种由电气设备和若干元件按照一定的连接方式构成的电流通路称为电路。也就是说，电路就是电流所流经的路径。

不论结构如何，只要是一个完整的实际电路，一般都是由电源、负载、连接导线和控制装置（开关）四部分组成的。

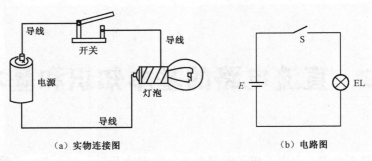

（a）实物连接图 （b）电路图

图 2-1 直流电路图及实物图

1．电源

电源是将其他形式的能转变为电能的装置，如发电机、干电池、光电池等。发电机是将机械能转变为电能的装置，干电池是将化学能转变为电能的装置，光电池是将光能转变为电能的装置。电源为用电设备提供电能。

2．负载

负载是将电能转变为其他形式能量的装置，如白炽灯（灯泡）、电烙铁、电动机、电解槽等都是负载。白炽灯将电能转变为光能、热能，电烙铁将电能转变为热能，电动机把电能转变为机械能，电解槽将电能转变为化学能。负载消耗电能。

3．控制装置

用来控制电路的通断，使电路正常工作的装置，如开关、保险丝、继电器等。

4．连接导线

用来传输和分配电能，把电源和负载连接成一个闭合的回路。常用的导线是铜线。

二、电路的工作状态

电路的工作状态常有以下三种。

1．通路

通路是指电源与负载连通的电路，也称闭合电路，这种电路中有工作电流，如图 2-2（a）所示。但须注意，处于通路状态下的各种电气设备的电压、电流、功率等数值不能超过其额定数值。

2．断路（开路）

断路是指电路中某处断开，使电路不能构成通路的状态。此时电路中没有电流流过，如图 2-2（b）所示。在测试或检修电路时，经常需要将某一部分电路断开进行测试或判断故障。

3．短路

短路是指整个电路或某一部分被导线直接短接，电流直接流经导线而不再经过电路中的元件，如图 2-2（c）所示。这时，电路中的电流往往较大，容易损坏电源或发生火灾，一般应该避免短路的情况发生。但在电子设备的调试过程中，常常遇到将电路的某一部分短路的情况，这是为了使与调试过程无关的部分没有电流通过而采取的一种方法。

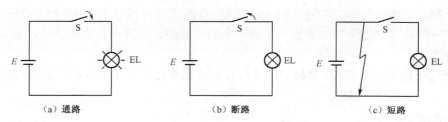

（a）通路　　　　　　　　（b）断路　　　　　　　　（c）短路

图 2-2　电路的三种状态

三、电路图

要说明一个实际电路的结构原理，用图纸来表示往往非常方便，同样，电工可根据电路图来了解电路的连接方式和电路中各元件的作用，以便进行安装、调试和检修。电路图一般可以分为原理图和装配图两种。原理图只表示线路的连接方式，并不反映线路的几何尺寸和各零件的实际形状。装配图除了表示电路的实际接法外，还要画出相关部分的装置和结构。图 2-1（b）表示的就是图 2-1（a）所对应的原理图。

电路图中常用的部分电工图形符号如表 2-1 所示。

表 2-1　部分电工图形符号

图形符号	名　称	图形符号	名　称	图形符号	名　称
⊣⊢	电池	⊣⊢	电容器	Ⓐ	电流表
▭	电阻器	⌒⌒⌒	无铁芯电感	⏚或⊥	接地
▱	电位器	⌒⌒⌒	有铁芯电感	╪	不连接交叉导线
／	开关	Ⓥ	电压表	╪	连接交叉导线

观察手电筒的构成

在日常生活中，人们经常用手电筒进行照明，它由一个灯泡通过导线、开关和几节电池连接起来，当开关闭合时，灯泡发光；当开关断开时，灯泡熄灭。

一、手电筒简介

普通手电筒由电路元件和电路结构件组成，如图 2-3 所示。

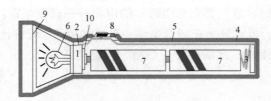

1—灯泡负极连接环；2—金属触点；3—弹簧；4—金属片；
5—手电筒外壳（塑料）；6—灯泡电路结构件；7—电池；
8—开关按键（塑料）；9—前盖（玻璃）；10—灯泡固定件（塑料）

图 2-3　手电筒的结构

当向前推动开关按键 8 时，使金属触点 2 和灯泡负极连接环 1 接触，这样电路元件就构成一个闭合回路，电流经过电池 7 的正极→灯泡 6→灯泡负极连接环 1→金属触点 2→开关按键 8→金属片 4→弹簧 3→电池 7 的负极，构成一个闭合回路，回路中有电流流过，当电流流过灯泡时，灯泡发光。

当把开关按键 8 向后推时，金属触点 2 与灯泡的负极连接环 1 断开，电路因断路没有电流，灯泡熄灭。

二、技能练习

1）目的

了解手电筒的组成元件及元件的作用。

2）材料

工具一套，手电筒一个。

3）步骤

（1）实际操作手电筒，观察操作结果。闭合手电筒开关，观察灯泡；断开开关，观察灯泡。

（2）拆卸手电筒，观察手电筒的构造和组成元件（含结构件）。

（3）对照图 2-3，分析电路的工作原理和元器件的作用。

（4）根据电路的工作原理，画出原理图，与图 2-1 对比。

任务二　了解电流的产生

一、电流的基本概念

1．电流的定义

电荷的定向移动形成了电流。如金属导体中自由电子的定向移动，电解液中的正、负离子沿着相反方向的移动，都形成了电流。

2．电流的形成

当手电筒的开关闭合时，手电筒发光的原因是手电筒里的灯泡通过了合适的电流。那么电流是如何形成的呢？

要形成电流，其条件是：首先要有自由移动的电荷——自由电荷；其次导体两端必须有使电荷移动的动力——电压；再者就是在闭合电路中形成通路。这就好比河流的形成，一要有水，二要有地势的高低，水会沿着一定的路径（通路）自高向低流动。

3．电流的方向

物理上规定电流的方向，是正电荷定向移动的方向。电荷指的是自由电荷，在金属导体中的自由电荷是自由电子，在酸、碱、盐的水溶液中是正、负离子。在电源外部电流沿着正电荷移动的方向流动，在电源内部由负极流回正极。

实际工作中对于简单的电路来说，很容易判明电流的方向，如图 2-4 所示；但在计算和分析较复杂的电路时，某段电路中的电流方向一般很难确定，如图 2-5 中的电阻 R_3 中的电流。此时可以先假设一个电流方向作为参考方向，然后进行计算。如果解出电流值为正值，认为实际电流方向和假设的方向一致；如果为负值，则说明实际电流方向和假设方向相反，如图 2-6 所示。

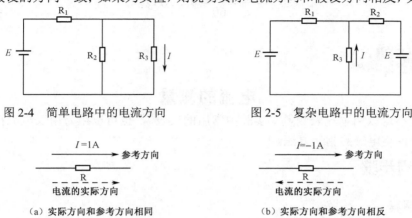

图 2-4　简单电路中的电流方向　　　　图 2-5　复杂电路中的电流方向

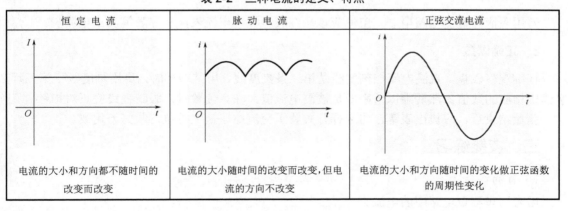

（a）实际方向和参考方向相同　　　　　（b）实际方向和参考方向相反

图 2-6　电流方向

二、电流的种类

根据电流与时间的关系，可将其分为三大类：恒定电流、脉动电流和正弦交流电流。三种电流的定义、特点如表 2-2 所示。

表 2-2　三种电流的定义、特点

恒 定 电 流	脉 动 电 流	正 弦 交 流 电 流
电流的大小和方向都不随时间的改变而改变	电流的大小随时间的改变而改变，但电流的方向不改变	电流的大小和方向随时间的变化做正弦函数的周期性变化

三、电流的大小

电流的强弱用电流强度来表示。单位时间内通过导体横截面的电荷量称为电流强度，简称电流，用符号 I 表示。如果在时间 t 内，通过导体横截面的电荷量为 Q，那么导体中流过的电流 I 为

$$I = \frac{Q}{t} \tag{2-1}$$

在国际单位制中，电流的单位是安培（A）。如果 1 秒（s）内通过导体横截面的电荷量为 1 库仑（C），则规定导体中的电流强度为 1 安培，即

1 安培（A）=1 库仑（C）/1 秒（s）

常用的电流单位还有毫安（mA）、微安（μA）等，它们之间的换算关系为

$$1mA=10^{-3}A,\ 1\mu A=10^{-6}A$$

【例2-1】 在1min内流过导体横截面的电荷量为12C，求导体中的电流强度是多少。

$$I=\frac{Q}{t}=\frac{12}{60}=0.2\ （A）$$

电流的测量

电流的大小可以用电流表测量（实验中常用的仪表），也可以用万用表电流挡测量。我们以万用表为例说明电流的测量方法。

一、测量步骤

1．选择量程

万用表直流电流挡有 0.05mA、0.5mA、5mA、50mA、500mA 和 5A 六个量程。测量电流（或电压）时要选择好量程，如果用小量程去测量大电流，则会有烧表的危险；如果用大量程去测量小电流，那么指针偏转太小，无法准确读数。量程的选择应尽量使指针偏转到满刻度的 2/3 左右。如果事先不清楚被测电流的大小，应先选择最高量程挡，然后逐渐减小到合适的量程。

2．测量方法

万用表应与被测电路串联。电流应该从红表笔流进电流表，从黑表笔流出电流表。

3．正确读数

仔细观察表盘，直流电流挡刻度线是第二条刻度线，用某一挡时，可用刻度线下第三行数字读出相应的数值，然后乘以倍率即是被测电流值。注意读数时，眼睛视线应正对指针。

测量结束后，应拔出表笔，将选择开关置于交流电压最大挡位，收好万用表。

二、技能练习

1）目的
用万用表测量电路中的电流。

2）器材
稳压源一个、开关一个、电阻两个、导线若干、万用表。

3）步骤
（1）按图 2-11 所示连接电路。
（2）将稳压电源电压调到 10V，估算电路中的电流。
（3）将万用表调到_____电流挡，测量电流时，开关应_____，将万用表串接到 d、c 两点，d 点接_____表笔，c 点接_____表笔，测量值为_____。
（4）将稳压电源调到 15V，重复上述测量过程。

任务三　电源及电动势

在电工技术中所涉及的物理量很多，除了电流以外还有电压、电位、电能、电动势、电功率等，理解和掌握好这些物理量是学好电工基础的前提条件。

一、电压

我们知道，物体的运动是因为受到力的作用，电荷做定向移动形成电流是由于电荷受到了电场力的作用。

电荷在电场中受到力的作用，这种力叫电场力。在电场力的作用下，电荷沿力的方向移动一段距离，那么电场力就对电荷做了功，如图 2-7 所示。电场力 F 把正电荷 q 从电场中 a 点移动到了 b 点，那么电场力对电荷 q 做的功为 $W_{ab}=F \times L_{ab}$。如果在电场中的电荷为 nq，则受到的电场力为 nF，电场力所做的功为 nW_{ab}。即电场力所做的功与电荷量之比为一常数，这个常数就是电压。电压是用来衡量电场力移动电荷做功本领的物理量。

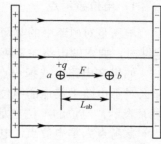

图 2-7　电场和电荷的运动

所谓电压就是单位正电荷从 a 点移动到 b 点电场力所做的功，用 U_{ab} 表示，即

$$U_{ab} = \frac{W_{ab}}{q} \qquad （2-2）$$

在国际单位制中，电压的单位为伏（特），符号为 V，表示的含义为：如果将 1 库仑（C）的正电荷从 a 点移动到 b 点，电场力所做的功为 1 焦耳（J），则 ab 两点之间的电压为 1 伏特（V）。

常用的单位还有千伏（kV）、毫伏（mV）、微伏（μV），它们之间的换算关系为

$$1 \text{ 千伏（kV）} = 10^3 \text{ 伏（V）}$$

$$1 \text{ 毫伏（mV）} = 10^{-3} \text{ 伏（V）}$$

$$1 \text{ 微伏（μV）} = 10^{-3} \text{ 毫伏（mV）} = 10^{-6} \text{ 伏（V）}$$

与电流一样，电压不仅有大小，也有方向。电压总是对电路中某两点而言的，常用双下标表示，如用 U_{ab} 表示 a、b 两点之间的电压，a 表示起点，b 表示终点。在电路中，任意两点之间的电压的实际方向往往不能预先确定，和电流一样，可以先假设电路中电压的参考方向，并按参考方向进行计算。如果计算结果为正值，说明假设的电压参考方向和实际方向一致；若计算结果为负值，则说明电压的参考方向和实际方向相反。

【例 2-2】　在图 2-8 中，已知电压的参考方向和数值，试说明电阻 R 上电压的实际方向。

解： 在图 2-8（a）中，电压的参考方向由 a 到 b，电压为 2V，说明电压的实际方向和参考方向一致，即从 a 到 b。

在图 2-8（b）中，电压的参考方向由 c 到 d，但电压为 –3V，说明电压的实际方向和参考方向相反，即电压的实际方向由 d 到 c。

图 2-8　例 2-2 图

【例 2-3】　已知电场力将一带电量为 0.05C 的电荷从 a 移动到 b，电场力做功为 6J，问 a、b 两点之间的电压为多少？

解：$U = \dfrac{W}{q} = \dfrac{6}{0.05} = 120$（V）

二、电位

电位又称电势，是指单位电荷在静电场中的某一点所具有的电势能。

1．电位参考点

电压是对电路中的某两点而言的，在电工技术中常常用到。在电子技术中或分析较为复杂的电路时，要求解电路中某两点的电压，常常较为复杂，如果利用电位的概念去分析则十分方便。

如果在电路中选择一点作为参考点（参考点的选择是任意的），规定参考点的电位为零，那么对于电路中某点的电位，就是电场力移动单位电荷从该点到参考点所做的功。电位的符号用 V 表示，电位的单位也是伏特（V）。

参考点为零电位点，电路中的其他点的电位都是针对这个基准点而言的。电力工程中规定大地为电位参考点，在电子电路中常取机壳或公共地线的电位为零，称为"地"，在电路图中用符号"⊥"表示。这往往使分析或计算较为简单。

2．电压与电位的区别

由电位的定义可知，电位表示的也是电场力对电荷所做的功，这是与电压的共同点；不同点是电位是指某点到参考点的电压，而电压则表示的是任意两点之间的电压；某点的电位会随着参考点的不同而改变，具有多值性，而某两点的电压值不会随参考点的不同而改变，具有单一性。电路中任意两点之间的电压可以用这两点之间的电位差来表示。

$$U_{ab} = V_a - V_b \qquad\qquad (2\text{-}3)$$

V_a、V_b 分别表示 a 点、b 点的电位，U_{ab} 表示 a、b 两点之间的电压，所以电压又叫电位差（也称电压降）。

3．电位的计算

电位是指电路中各点对参考点的电压，规定参考点的电位为 0V。

【例 2-4】　如图 2-9 所示，已知 $U_{ab}=12V$，$U_{bc}= 6V$，分别以 b、c 为参考点，求 a 点、b 点和 c 点的电位，以及 a、c 两点之间的电压 U_{ac}。

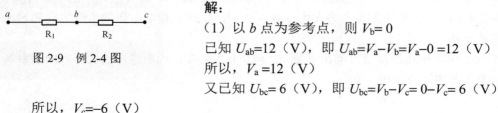

图 2-9　例 2-4 图

解：

（1）以 b 点为参考点，则 $V_b= 0$

已知 $U_{ab}=12$（V），即 $U_{ab}=V_a-V_b=V_a-0 =12$（V）

所以，$V_a =12$（V）

又已知 $U_{bc}= 6$（V），即 $U_{bc}=V_b-V_c= 0-V_c = 6$（V）

所以，$V_c=-6$（V）

a、c 两点的电压为

$$U_{ac} = V_a - V_c = 12 - (-6) = 18（V）$$

（2）以 c 点为参考点，则 $V_c = 0$

已知 $U_{bc} = 6（V）$，即 $U_{bc} = V_b - V_c = V_b - 0 = 6（V）$

所以，$V_b = 6（V）$

又 $U_{ab} = V_a - V_b = V_a - 6 = 12（V）$

所以，$V_a = 12 + 6 = 18（V）$

a、c 两点之间的电压为

$$U_{ac} = V_a - V_c = 18 - 0 = 18（V）$$

由上面的计算可得：当参考点变化时，a、b、c 三点的电位跟着变化，但 a、c 两点之间的电压不变。

4. 电位与路径的关系

电路中电位数值的大小、极性和参考点的选择有关。原则上，参考点可以任意选择，在电工（强电）一般选大地为参考点，在电子（弱电）一般选接地线（接地符号）点为参考点。参考点不同时，电位值就不一样。当参考点选定后，电位与路径无关。

电压是两点间的电位之差，具有绝对的意义，与参考点的选择毫无关系。

三、电源

当电流流经用电器时，用电器把电能转化为其他形式的能。为了使电路中能够有源源不断的电流，就需要一种把其他形式的能量转化为电能的装置，这种装置就是电源。电源的种类很多，有把化学能转化为电能的干电池或蓄电池，有能把机械能转化成电能的发电机，也有将太阳能转化成电能的太阳能电池。不论什么类型的电源，其作用都是克服电场力将正电荷从电源的负极移动到电源的正极（或者将负电荷从电源的正极移动到电源的负极）。我们把电源所具有的这种力称为非电场力（也叫非静电力或电源力），如图 2-10 所示。

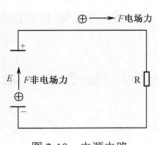

图 2-10　电源电路

在电源外部，电场力将正电荷从电源的正极通过用电器移送到电源的负极，称为电源的外电路；它将电能转化为其他形式的能，电场力做功。在电源内部，非电场力将正电荷从电源的负极移送到电源的正极，非电场力做功，将其他形式的能转换为电能，称为电源的内电路。这样，电源的外电路和电源的内电路形成一个闭合回路，在闭合回路中就会有持续的电流。

四、电源的电动势

在电源内部，非静电力把正电荷从电源的负极移送到电源的正极，为了衡量非电场力做功能力的大小，引入电动势这个物理量，即非电场力将单位正电荷从电源的负极移动到电源的正极所做的功，用 E 表示。

$$E = \frac{W}{q} \tag{2-4}$$

电动势的单位也是伏特。表示把 1 库仑（C）的正电荷从电源的负极移动到电源的正极所做的功为 1 焦耳（J），则电源的电动势就是 1 伏特（V）。

电源的电动势不仅有大小而且有方向，电动势的方向从电源的负极指向电源的正极，其大小等于电源两端的电压。电源的电动势仅决定于电源本身，与外电路无关。

电动势与电压的关系：电动势和电压的单位都是伏特，都表示做功能力的大小，所不同的是电动势表示电源非电场力做功的本领，而电压表示电场力做功的本领；电动势只存在于电源的内部，电压不仅存在于电源的内部，而且也存在于电源的外部；电动势与电压的方向相反，电动势是从低电位指向高电位（所以常称为电势升），而电压是从高电位指向低电位（所以常称为电压降）。

五、电能（电功）

电能是物理学中的一种能量形式，和物理学中的其他能量形式有着密切的联系，因此电能是一个重要的物理量。假设导体两端的电压为 U，通过导体的横截面的电荷量为 q，根据电压的定义可得出电场力对电荷 q 所做的功，即电路所消耗的电能为

$$W = Uq$$

由于

$$q = It$$

可得

$$W = UIt \tag{2-5}$$

上式表示，在一段电路中，电场力移动电荷通过导体所做的功 W 与加在这段电路两端的电压 U、通过导体的电流 I 和通电时间 t 的乘积成正比。电场力做多少功，表示将多少电能转化为其他形式的能。

在国际单位制中，W、U、I、t 的单位分别是焦耳（J）、伏特（V）、安培（A）和秒（s）。在实际生活中，我们常用到电能的另一个单位是千瓦时（kW·h），1 kW·h 俗称 1 度电，表示 1kW 的用电器工作 1h 所消耗的电能。

$$1 \text{ 度} = 1 \text{ kW·h} = 3.6 \times 10^6 \text{J}$$

【例 2-5】 一台 55 英寸的液晶电视机在工作时，用电电压为 220V，通过的电流为 0.5A，试求电视机一天工作 6h 所消耗的能量。

解：$W = UIt = 220 \times 0.5 \times 6 = 660 \text{ W·h} = 0.66 \text{kW·h} = 0.66$（度）

六、电功率

电功不能表示电流做功的快慢，电功率则是表示电流做功快慢的物理量。人们把单位时间内电流所做的功，称为电功率，用字母 P 表示。

$$P = \frac{W}{t}$$

由于 $W = UIt$，代入上式得

$$P = \frac{W}{t} = \frac{UIt}{t} = UI \tag{2-6}$$

式中，P、W、t、U、I 的单位分别是瓦特（W）、焦耳（J）、秒（s）、伏特（V）和安培（A）。若电流在 1s 内所做的功为 1J，则电功率就是 1W。常用的电功率的单位还有千瓦（kW）、毫瓦（mW）等。

$$1 \text{ 千瓦（kW）} = 10^3 \text{ 瓦特（W）}$$

1 毫瓦（mW）=10^{-3} 瓦特（W）

用电器上所标明的电压、功率为用电器的额定电压和额定功率。所谓额定电压是指用电器长期工作时所允许加的最高电压；额定功率是指在额定电压下，用电器所消耗的功率。如灯泡上的 220V、40W 即为额定电压和额定功率。

【例 2-6】　一标有 220V、40W 的灯泡，正常发光时，通过灯丝的电流是多少？

解：由 $P = UI$，可得

$$I = \frac{P}{U} = \frac{40}{220} \approx 0.182 \text{（A）}$$

电压的测量

常用的电压测量仪器是电压表和万用表，在初中物理课中我们已经学习了电压表的使用。在电工和电子技术中，常用万用表来测量电压。

一、万用表测量电压

1．用万用表测量直流电压

测量步骤如下。

（1）选择量程。万用表直流电压挡标有"$\underset{\sim}{V}$"，有 0.25V、1V、2.5V、10V、50V、250V、500V、1 000V 和 2 500V 共 9 个量程。测量电压（或电流）时要选择好量程，如果用小量程去测量大电压，则会有损坏的危险；如果用大量程去测量小电压，那么指针偏转太小，无法读数。量程的选择应尽量使指针偏转到满刻度的 2/3 左右。如果事先不清楚被测电压的大小，应先选择最高量程挡，然后逐渐减小到合适的量程。

（2）测量方法。万用表应与被测电路并联。红表笔应接被测电路高电位处，黑表笔应接低电位处。

（3）正确读数。仔细观察表盘，直流电压挡刻度线是第二条刻度线，用某一挡时，可用刻度线下第三行数字读出相应的数值，然后乘以倍率即是被测电压值。注意读数时，眼睛视线应正对指针。

2．用万用表测量交流电压

测量步骤如下。

（1）选择量程。万用表交流电压挡标有"$\underset{\sim}{V}$"，有 10V、50V、250V、500V 和 1 000V 共五个量程。量程的选择和测量直流电压时相同。

（2）测量方法。万用表应与被测电路并联，但没有高低电位之分。

（3）正确读数。同测量直流电压。

二、技能练习——用万用表测量电压

1）目的

学会用万用表测量电压。

2）实训器材

电池一块、稳压源一个、开关一个、电阻两个、导线若干、万用表。

3）步骤

（1）电池电压的测量。电池电压一般为1.5V，用万用表测量时，万用表的挡位为_____，黑表笔接_____，红表笔接_____，测量值为_____。

（2）稳压电源电压测量。直流稳压电源一般为0～30V，如果测量其输出电压范围，万用表的挡位为_____，黑表笔接_____，红表笔接_____，测量值为_____。

（3）交流电压的测量。用万用表测量市电电压（电源插座），万用表挡位应该放在_____，测量时黑、红表笔（_____）（用/不用）分别接哪一个待测点，测量值为_____。

（4）电压、电位的测量。原理图如图2-11所示（图中元件参数自定）。

① 当开关S打开时，用万用表测量a、b电压U_{ab}=_____V，c、d之间的电压U_{cd}=_____V。

② 闭合开关S，用万用表测量a、d之间的电压U_{ad}=_____V，b、c之间的电压U_{bc}=_____V。

③ 以c点为参考点，测量a、b、c点的电位，V_a=_____V，V_b=_____V，V_c=_____V。

④ 假如以b点为参考点，那么V_a=_____V，V_b=_____V，U_{ab}=_____V。

图2-11 原理图

通过上述测量，可以得到结论，某点（如a点）的电位与参考点的选择_____关，而两点之间的电压（如U_{ab}）与选择的参考点_____关。

（5）测量结束后，应拔出表笔，将选择开关置于交流电压最大挡位，收好万用表。

在上述测量过程中，读数时需要注意_____。

任务四 识别电阻

基础知识

一、电阻

1．导电、非导电物质的分类

根据物体的导电能力的强弱，一般可分为导体、绝缘体和半导体。其中导电性能良好的物体称为导体，导体内部有大量的自由电荷，如银、铜、铝等都是导体；导电能力很差的物体称为绝缘体，绝缘体中几乎没有自由电荷存在，如玻璃、胶木、陶瓷等都是绝缘体；导电能力介于导体和绝缘体之间的物体称为半导体，半导体的导电能力随外界条件变化有较大的变化，如硅、锗等。

2．电阻定义

导体中存在着大量的自由电荷，自由电荷在电场力的作用下定向移动形成电流。但在自由电荷移动的过程中不断地与其他原子发生碰撞，阻碍了自由电荷的定性运动。这种对自由电荷运动的阻碍作用称为电阻，用字母 R 表示。

3．电阻定律

任何物体都有电阻，而导体的电阻是由导体本身的性质所决定的，不随导体两端的电压改变而改变。导体电阻的大小不仅和导体的材料有关，还和导体的尺寸有关。经验证明，在温度一定时，一定材料制成的导体的电阻跟它的长度成正比，跟它的横截面积成反比，还与导体的材料有关系，这就是电阻定律。

$$R = \rho \frac{l}{A} \tag{2-7}$$

式中　R——导体的电阻，单位是欧姆，符号为 Ω；

ρ——电阻率，导体的电阻率是由导体本身的性质决定的，单位是欧姆米，符号是 $\Omega \cdot m$，常见导体的电阻率见表 2-3；

l——导体的长度，单位是米，符号为 m；

S——导体的横截面面积，单位是平方米，符号是 m^2。

在国际单位制中，电阻的常用单位还有千欧（$k\Omega$）和兆欧（$M\Omega$）。

$$1k\Omega = 10^3 \Omega$$

$$1M\Omega = 10^3 k\Omega = 10^6 \Omega$$

表 2-3　20℃时材料的电阻率

材料名称		20℃的电阻率 ρ（$\Omega \cdot m$）	电阻温度系数 α（1/℃）
导体材料	银	1.6×10^{-8}	0.003 6
	铜	1.7×10^{-8}	0.004 1
	金	2.2×10^{-8}	0.003 65
	铝	2.9×10^{-8}	0.004 2
电阻材料	钨	5.3×10^{-8}	0.004 4
	铂	1.0×10^{-7}	0.003 9
	锰铜（铜 86%、12%锰、2%镍）	4×10^{-7}	0.000 02
	康铜（铜 54%、镍 46%）	5×10^{-7}	0.000 04
	镍铬（镍 80%、铬 20%）	1.1×10^{-6}	0.000 07
	碳	1.1×10^{-6}	−0.000 5
绝缘材料	橡胶	$10^{13} \sim 10^{16}$	
	塑料	$10^{15} \sim 10^{16}$	
	陶瓷	$10^{12} \sim 10^{13}$	
	云母	$10^{11} \sim 10^{15}$	

由表 2-3 可知，银的导电性能最好，但银的价格昂贵，用它做导线不太经济，只作为一些电气设备的触点使用，在现实生活中常用铜做导线。

【例 2-7】　一根铜导线长 l=2 000m，截面积 A=2mm^2，导体的电阻是多少？

解：查表 2-3 可知，铜的电阻率 ρ=1.7×10$^{-8}\Omega \cdot m$，由电阻定律可得

$$R = \rho \frac{l}{A} = 1.7 \times 10^{-8} \times \frac{2\ 000}{2 \times 10^{-6}} = 17 \quad (\Omega)$$

二、电阻与温度的关系

实验表明，导体的电阻还与温度有关。人们把温度升高 1℃时，导体电阻的变化与原电阻

的比值称为温度系数，用字母α表示，单位是1/℃。

如果在温度为t_1时，导体的电阻为R_1；在温度为t_2时，导体的电阻为R_2，那么电阻的温度系数是

$$\alpha = \frac{R_2 - R_1}{R_1(t_2 - t_1)} \tag{2-8}$$

在通常情况下，几乎所有的金属材料的电阻率都随温度的升高而增大，即$\alpha > 0$，称为正温度系数。由于电阻率较小，当温度变化较小时，对电阻的影响不大，一般不予考虑。但当温度变化较大时，温度对电阻的影响不容忽视。有些材料（如碳）在温度升高时，导体的电阻值反而减小，即$\alpha < 0$，称为负温度系数。具有负温度系数的电阻在电路中常用于温度补偿。还有些合金材料（如锰铜、康铜等）的电阻温度系数很小，导体的电阻几乎不随温度的变化而变化，常用于制造标准电阻。此外，有些稀有材料及其合金在超低温下，失去了对电流的阻碍作用（电阻为零），这种现象称为超导现象，随着科学技术的发展，超导技术逐步应用到电子通信、医疗卫生等方面。

【例2-8】　一个40W的白炽灯泡，白炽灯的灯丝是钨丝，正常工作时电阻约为1 210Ω，工作温度为2 000℃，求其常温（25℃）时的电阻。

解：由电阻温度系数公式

$$\alpha = \frac{R_2 - R_1}{R_1(t_2 - t_1)}$$

可得

$$R_1 = \frac{R_2}{1 + \alpha(t_2 - t_1)}$$

由表2-3可得钨的温度系数为0.004 4，将数据代入公式可得

$$R_1 = \frac{R_2}{1 + \alpha(t_2 - t_1)}$$

$$= \frac{1\,210}{1 + 0.004\,4 \times (2\,000 - 25)}$$

$$\approx 125\ (\Omega)$$

可见，温度对电阻的影响较大，温度变化较大时，电阻的变化不可忽视。

常用电阻器的识别和测量

一、常用电阻器的识别

在电工、电子产品中会用到各种各样的电阻，有些设备需要功率值较大的电阻，这就需要按照技术和工艺的要求，制造一些电阻元件。利用导体的电阻性能，将一些电阻率较高的材料制成具有一定阻值的实体元件，称为电阻器，常常简称为电阻，用它来控制电路中的电流、电压的大小，它是构成电路最基本的元件之一。

1. 电阻器的分类

电阻器一般分为固定电阻器和可变电阻器两大类。常用的固定电阻器有线绕电阻、各种膜

电阻和实心电阻三类。可变电阻器的阻值可在一定范围内变化，如电位器、电阻箱等。常用的电阻器外形如图 2-12 所示。

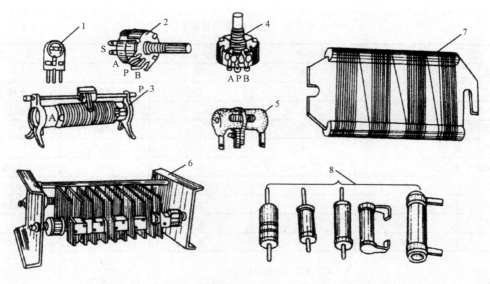

1—微调碳膜电位器；2—线绕电位器（带开关）；3—滑线变阻器；4—碳膜电位器；
5—可调电阻器；6—线绕电阻器（带散热器）；7—线绕电阻器；8—碳膜电阻器和金属膜电阻器

图 2-12　常用的电阻器外形

常用固定电阻器的构造特点如表 2-4 所示。

表 2-4　常用固定电阻器的构造特点

分　类	构　造	阻　值　大　小	特　点
线绕电阻	由镍铬、康铜等电阻丝绕在瓷管上制成，外涂保护层	由电阻丝的长度、粗细和电阻率决定	功率较大，稳定性高，但阻值较小
各种膜电阻	由瓷棒上涂一层碳膜或金属膜并刻以槽纹制成	由薄膜材料、厚度、槽纹长度决定	稳定性好，误差小，阻值大，功率较小
实心电阻	由炭黑、石墨、黏土、石棉等按比例混合压制而成	由材料比例、电阻的几何尺寸等因素决定	阻值较大，功率较小，稳定性差

2．电阻器的主要指标

电阻器的指标有标称阻值、允许偏差、标称功率、最高工作电压、稳定性、温度等，其中主要指标包括标称阻值、允许偏差（误差）和标称功率。

（1）标称阻值。标称阻值是指根据国家的统一阻值标准而生产的电阻器阻值，表 2-5 列出了 E24 系列的标称系列值，电阻器的标称值为表中所列值的 10^n 倍，n 为整数。

表 2-5　电阻的标称系列值

系　列	偏　差	标　称　系　列　值					
E24	±5%	1.0	1.1	1.2	1.3	1.5	1.6
		1.8	2.0	2.2	2.4	2.7	3.0
		3.3	3.6	3.9	4.3	4.7	5.1
		5.6	6.2	6.8	7.5	8.2	9.1

（2）允许偏差（误差）。允许偏差表示电阻器的精度，常用百分数表示，是指电阻器实际值和标称值的差值，与标称值相除的百分数。常见的误差值见表2-6。

表2-6 色环电阻颜色标记

颜 色	第1数字	第2数字	第3数字（五环）	乘 数	误 差
黑	0	0	0	$\times 10^0$	
棕	1	1	1	$\times 10^1$	$\pm 1\%$
红	2	2	2	$\times 10^2$	$\pm 2\%$
橙	3	3	3	$\times 10^3$	
黄	4	4	4	$\times 10^4$	
绿	5	5	5	$\times 10^5$	$\pm 0.5\%$
蓝	6	6	6	$\times 10^6$	$\pm 0.2\%$
紫	7	7	7	$\times 10^7$	$\pm 0.1\%$
灰	8	8	8	$\times 10^8$	
白	9	9	9	$\times 10^9$	
金	注：第3数字仅在五环电阻中有			$\times 10^{-1}$	$\pm 5\%$
银				$\times 10^{-2}$	$\pm 10\%$

（3）标称功率。标称功率是指电阻器允许承受的最大功率。

在电路图中，通常不加功率标注的电阻均为 1/8（W）的，如果电路对电阻的功率值有特殊要求，就按图2-13所示的符号标注，或用文字说明。实际上不同功率的电阻体积是不同的，一般来说，功率越大，电阻的体积就越大。例如，电工用的启动线绕电阻可以参考图 2-12 和图 2-14 进行学习。

注：大于1W用数字表示

图 2-13 电阻功率标注

1/4（W）   1/2（W）   1（W）   2（W）

图 2-14 不同功率的电阻体积实物对比

3．电阻器的标称阻值表示方法

标称阻值的常见表示方法有直标法、色标法和数码法。

（1）直标法：就是在电阻的表面直接用数字和单位符号标出产品的标称阻值，其允许误差直接用百分数表示，如图 2-15 所示。它的优点是直观，一目了然。但体积小的电阻则无法这样标注。

图 2-15 电阻的直标法

（2）色标法：用不同色环标明阻值及误差，色标法标志清晰，从各个角度都容易看清标志。各种颜色表示的数值见表 2-6 的规定。

色环电阻的识别方法见表 2-7，注意电阻标称值的单位是欧姆（Ω）。

表 2-7　色环电阻的识别方法

环　数	四环电阻的识别		五环电阻的识别	
图　示	一环 有效 数　倍率 二环 有效 数　有效 数　允许 误差		一环 有效 数　二环 有效 数　三环 有效 数　倍率 有效 数　允许 误差	
阻　值	第一、二色环数值组成的两位数×第三色环表示的倍率（10ⁿ）		第一、二、三色环数值组成的三位数×第四环倍率（10ⁿ）	
误　差	误差：第四色环代表误差		误差：第五色环代表误差	
举　例	例如，四环电阻四环颜色为：蓝、灰、棕、金 阻值为：680Ω，误差 5%		例如，五环电阻五环颜色为：蓝、紫、绿、黄、棕 阻值为：6.75MΩ，误差 1%	

（3）数码法：对于体积较小的电阻（如贴片电阻），由于体积较小，无法用上述两种方法表示其阻值，常用数码法表示。

数码法表示电阻的方法是：用一个三位有效数字表示电阻值的大小，如 472，其中前两位数字表示数值的大小，第三位数字表示 0 的个数（如果是 9，则表示 0.1 倍），单位为Ω。如 472 表示 4 700Ω，119 表示 1.1Ω。

二、常用电阻器的测量

在任务三中，我们练习过用万用表测量电压，现在来学习如何用万用表测量电阻的阻值。

万用表测量电阻阻值的挡位叫欧姆挡，共有 R×1、R×10、R×100、R×1k 和 R×10k 五个挡位。用万用表测量电阻时，应按下列步骤进行。

（1）机械调零。在使用之前，应该先调节指针定位螺钉使电流示数为零，避免不必要的误差。

（2）选择合适的倍率挡。万用表欧姆挡的刻度线是不均匀的，所以倍率挡的选择应使指针停留在刻度线较稀的部分为宜，且指针越接近刻度尺的中间，读数越准确。一般情况下，应使指针指在刻度尺的 1/3～2/3 处。

（3）欧姆调零。测量电阻之前，应将两个表笔短接，同时调节"欧姆（电气）调零旋钮"，使指针刚好指在欧姆挡刻度线右边的零位。如果指针不能调到零位，说明电池电压不足。每换一次倍率挡，都要再次进行欧姆调零，以保证测量准确。

（4）读数：仔细观察表盘，欧姆挡刻度线是第一条刻度线，表头的读数乘以倍率，就是所测电阻的电阻值。

三、技能练习——电阻的识别、测量

1）目的

识别电阻阻值、功率；用万用表测量电阻的阻值。

2）材料

阻值、功率不同的电阻10只，万用表一块。

3）步骤

（1）电阻的识别。

① 阻值的识别。将10只电阻插在硬纸板上，把电阻进行编号，序号为1～10，根据电阻上的色环，写出它们的标称值及误差，将数值填入表2-8中。

② 功率的识别。用已掌握的电阻功率的知识，识别10只电阻的功率，将数值填入表2-8中。

（2）电阻的测量。

① 将万用表按要求调整好，并置于R×100挡，将欧姆挡进行调零。

② 分别测量上述识别的10只电阻，将数值填入表2-8。测量时注意读数应乘以倍率。

表2-8 电阻的阻值、功率识别与测量

序 号	1	2	3	4	5
识 别 值					
功 率					
测 量 值					
序 号	6	7	8	9	10
识 别 值					
功 率					
测 量 值					

③ 若测量时指针偏角太大或太小，应换挡后再测。换挡后应再次调零才能使用。

④ 相互检查。10只电阻中测量正确的有几只？将测量值和标称值相比较了解各电阻的误差。测量结束后，应拔出表笔，将选择开关置于交流电压最大挡位，收好万用表。

任务五 欧姆定律的应用

基础知识

一、部分电路欧姆定律

大量实验表明，在一段不包括电源的电路中，通过导体的电流，与导体两端的电压成正比，与导体的电阻成反比。这个结论是物理学中一个十分重要的定律，是德国物理学家欧姆首先在19世纪初期用实验的方法研究得出的，称为部分电路欧姆定律。它揭示了一段电路中电阻、电压、电流三者之间的关系。

如果用 I 表示通过导体的电流，U 表示导体两端的电压，R 表示这段导体两端的电阻，那么部分电路欧姆定律可以表示为

$$I = \frac{U}{R} \tag{2-9}$$

式中 I——电流，单位是安培（A）；

　　　U——电压，单位是伏特（V）；

R——电阻，单位是欧姆（Ω）。

值得注意的是：电阻值不随电压、电流的变化而变化的电阻叫线性电阻，如线绕电阻、金属膜电阻等，线性电阻的阻值只与元件本身的材料和尺寸有关系，由线性电阻组成的电路是线性电路；阻值随电压、电流的变化而变化的电阻，称为非线性电阻，如半导体二极管，含有非线性电阻的电路叫非线性电路。欧姆定律只适用于线性电路。

一般把电阻两端的电压 U 和通过电阻的电流 I 之间的对应关系，称为伏安特性，表示两者之间变化关系的曲线称为伏安特性曲线。

通过实验，可以得到线性电阻和非线性电阻的伏安特性曲线，如图 2-16 所示，图中以电压为横轴，电流为纵轴。

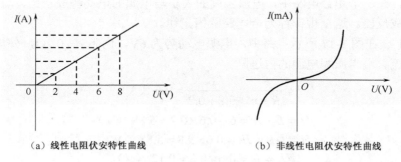

（a）线性电阻伏安特性曲线 　　　　（b）非线性电阻伏安特性曲线

图 2-16　电阻伏安特性曲线

【例 2-9】　某白炽灯接在 220V 直流电源上，正常工作时流过的电流为 445mA，求此电灯的电阻。

解：根据 $I = \dfrac{U}{R}$，有

$$R = \frac{U}{I} = \frac{220}{455 \times 10^{-3}} \approx 483.5 \quad (\Omega)$$

二、全电路欧姆定律

全电路是指含有电源的电路，如图 2-17 所示，图中虚线框内代表一个电源，电源的内部一般都有电阻，这个电阻称为电源内阻，用 r 表示；事实上内阻在电源内部，与电源不分开，因而不单独画出，在电源符号边注明电阻值就可以了。电源内部的电路叫内电路，电源以外的电路叫外电路。

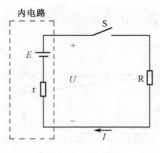

图 2-17　全电路

在开关 S 闭合时，负载电阻 R 上有电流，这是因为电阻两端有电压的原因，这个电压由电

源电动势 E 产生，称为负载电压 U_R，而电源两端的压降称为电源的端电压，此时两者的大小相等，为 $U=U_R=IR$。在开关断开时 $U=E$（在数值上），在开关闭合时，$U_R<E$，这是为什么呢？

这是因为在电流流过电源内部时，在内阻上产生了电压降 U_r，$U_r=Ir$。可见在电路闭合时，U 与 E 之间的关系为

$$U = E - Ir$$

即

$$I = \frac{E}{R+r} \tag{2-10}$$

式中，电流、电动势（电压）、电阻的单位分别是安培（A）、伏特（V）和欧姆（Ω）。

也就是说，在一个闭合电路中，电流强度的大小与电源的电动势成正比，与电路中内电阻和外电阻之和成反比。这个规律称为全电路欧姆定律。

【例 2-10】 在图 2-17 所示电路中，电源电动势为 6V，内阻 $r=0.2Ω$，外电阻 $R=9.8Ω$，求电路中的电流、端电压和电源的内压降。

解：
$$I = \frac{E}{R+r} = \frac{6}{9.8+0.2} = 0.6 \ （A）$$
$$U = E - Ir = 6 - 0.6 \times 0.2 = 5.88 \ （V）$$
或
$$U = U_R = IR = 0.6 \times 9.8 = 5.88 \ （V）$$
$$U_r = Ir = 0.6 \times 0.2 = 0.12 \ （V）$$

三、电源的外特性

由公式 $U = E - Ir$ 可知，电路的路端电压与电源的电动势 E、电路中的电流 I 和电源的内阻 r 三个量有关。

在通常情况下，电源的电动势和电源的内阻都可以认为是不变的，并且 $r \ll R$，因而电路中的电流主要受外电阻 R 变化的影响。当负载电阻 R 较大时，电路中的电流 I 较小，端电压较高，此时我们称电路的负载较轻；当负载电阻为 ∞ 时，此时电路的电流为 0，端电压 $U=E$，称为空载。反之，当负载电阻 R 较小时，电路中的电流 I 较大，端电压较低，此时我们称电路的负载较重，此时我们称电路处于过载状态。过载是指电路中的实际电流超过了电路所允许的电流。

如果负载电阻 $R=0$ 时，称电路处于短路状态。此时电路中的电流很大，可能损坏电源设备。为了防止短路事故，在电路中可以串接熔断器，绝对不允许将一根导线或电流表直接接在电源的两端。

人们把电源路端电压随负载电流变化的关系称为电源的外特性，其关系曲线如图 2-18 所示。

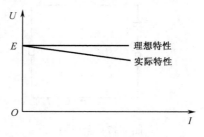

图 2-18 电源的外特性曲线

端电压的高低不仅和负载电阻 R 有关，还与电源内阻 r 的大小有关，在负载电流不变的情

况下，内阻越小，端电压就越高；内阻越大，端电压就越低。当内阻为零时，路端电源 U 的大小就恒等于电源的电动势 E，此时的电源称为理想电源。

四、电阻元件上消耗的能量与功率

电流做功的过程就是将电能转化成其他形式的能的过程，我们在任务三中已学过电功和电功率的计算方法，结合部分电路欧姆定律的知识，可以推导出当负载是纯电阻时电功和电功率的计算方法。

已知电功的计算公式为

$$W = UIt$$

将部分电路欧姆定律 $I = \dfrac{U}{R}$ 代入，可得出电阻 R 上消耗的电功为

$$W = UIt = \frac{U^2}{R}t = I^2Rt \tag{2-11}$$

在国际单位制中 U、I、R、t、W 的单位分别是伏特（V）、安培（A）、欧姆（Ω）、秒（s）和焦耳（J）。

同理，将部分电路欧姆定律 $I = \dfrac{U}{R}$ 代入电功率的计算公式，可得出负载是纯电阻时的功率的计算公式为

$$P = UI = \frac{U^2}{R} = I^2R \tag{2-12}$$

在国际单位制中，P 的单位为瓦特（W）。

在这里需要特别指出的是，当负载是纯电阻电路时，上述等式才能成立，如果电路中存在电解槽、电动机等（将电能转化为热能以外的能量），$W = UIt$ 和 $P = UI$ 将仍然成立，而 $W = \dfrac{U^2}{R}t = I^2Rt$ 和 $P = \dfrac{U^2}{R} = I^2R$ 将不再成立，因为此时 $I = \dfrac{U}{R}$ 等式不再成立。

【例 2-11】　一个标有 100Ω，1/8（W）的电阻，问该电阻流过的电流和所加电压的最大值是多少？

解：根据 $P = I^2R$，得最大电流为

$$I = \sqrt{\frac{P}{R}} = \sqrt{\frac{1}{8 \times 100}} \approx 0.035 \text{（A）}$$

所加最高电压为

$$U = IR = 0.035 \times 100 = 3.5 \text{（V）}$$

五、电路图在电子产品中的应用

电路图是用来表示电路的组成和电路中各元器件之间连接关系的图形，它能帮助我们了解电路的结构及工作原理。在电子产品中电路图的种类有装配图、整机电路原理图、单元电路图、方框图、信号流程图、供电电路图、印制电路板图、等效电路图和集成电路应用电路图等几种形式。在实际应用中主要是装配图、方框图、整机电路图、单元电路图和印制电路板图。其实物图和说明如表 2-9 所示。

表2-9 图例说明

类别	图例	说明
装配图	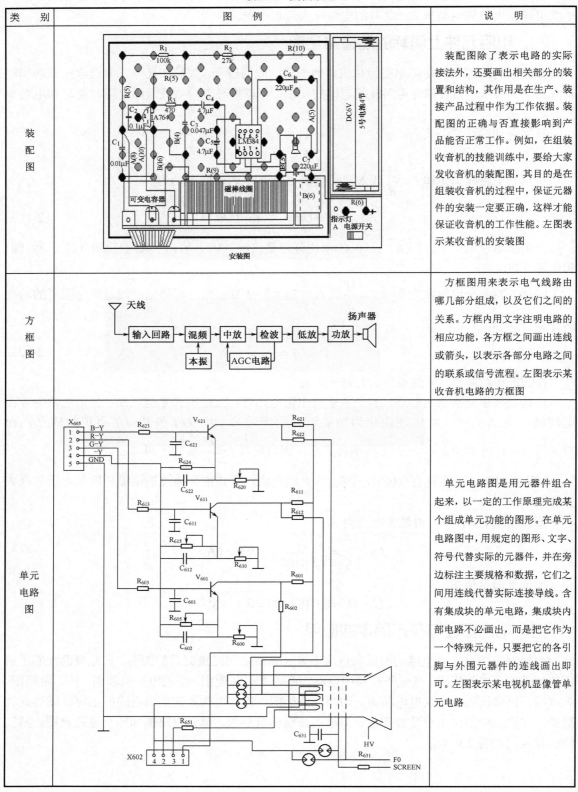 安装图	装配图除了表示电路的实际接法外，还要画出相关部分的装置和结构，其作用是在生产、装接产品过程中作为工作依据。装配图的正确与否直接影响到产品能否正常工作。例如，在组装收音机的技能训练中，要给大家发收音机的装配图，其目的是在组装收音机的过程中，保证元器件的安装一定要正确，这样才能保证收音机的工作性能。左图表示某收音机的安装图
方框图		方框图用来表示电气线路由哪几部分组成，以及它们之间的关系。方框内用文字注明电路的相应功能，各方框之间画出连线或箭头，以表示各部分电路之间的联系或信号流程。左图表示某收音机电路的方框图
单元电路图		单元电路图是用元器件组合起来，以一定的工作原理完成某个组成单元功能的图形。在单元电路图中，用规定的图形、文字、符号代替实际的元器件，并在旁边标注主要规格和数据，它们之间用连线代替实际连接导线。含有集成块的单元电路，集成块内部电路不必画出，而是把它作为一个特殊元件，只要把它的各引脚与外围元器件的连线画出即可。左图表示某电视机显像管单元电路

续表

类　别	图　例	说　明
印制 电路 板图	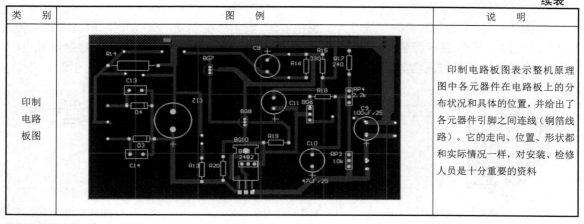	印制电路板图表示整机原理图中各元器件在电路板上的分布状况和具体的位置，并给出了各元器件引脚之间连线（铜箔线路）。它的走向、位置、形状都和实际情况一样，对安装、检修人员是十分重要的资料

绝缘电阻的测量

绝缘电阻的定义：绝缘物在规定条件下的直流电阻（加直流电压于电介质，经过一定时间极化过程结束后，流过电介质的泄漏电流对应的电阻称绝缘电阻）。通俗地讲："当一个物体两端加上电压后基本没有电流通过（注意：如果有电流应该理解为此时的电流为泄漏电流），此时的电阻就是绝缘电阻。"绝缘电阻是电气设备和电气线路最基本的绝缘指标。

一、电气设备、线路和电动工具绝缘电阻的要求

在工作中对各种电气设备、线路和电动工具的绝缘电阻，具体要求如下。

对于低压电气装置的交接试验，常温下电动机、配电设备和配电线路的绝缘电阻不应低于 $0.5M\Omega$（对于运行中的设备线路，绝缘电阻不应低于每伏工作电压 $1\,000\Omega$）。

低压电器及其连接电缆和二次侧导线的绝缘电阻一般不应低于 $1M\Omega$；在比较潮湿的环境不应低于 $0.5M\Omega$；二次侧导线的绝缘电阻不应低于 $10M\Omega$。

手持电动工具的绝缘电阻不应低于 $2M\Omega$。

二、技能练习——用兆欧表测量绝缘电阻

将直流电压加到导线绝缘层两面，经过一定时间后，流过绝缘层的泄漏电流对应的电阻就是被测量的绝缘电阻。

1．使用前的准备

（1）测量前须先校表：将兆欧表平稳放置，先使 L、E 两端开路，摇动手柄使发电机达到额定转速（120r/min），这时表头指针在"∞"刻度处。然后将 L、E 两端短路，缓慢摇动手柄，指针应指在"0"刻度上。若指示不对，说明该兆欧表不能使用，应进行检修。

（2）用兆欧表测量线路或设备的绝缘电阻，必须在不带电的情况下进行，绝不允许带电测量。所以测量前应先断开被测线路或设备的电源，并对被测设备进行充分放电，清除残存静电荷，以免危及人身安全或损坏仪表。

2．接线方式

如图 2-19 所示是兆欧表的接线方式。图中"L"表示"线"或"火线"接线柱；"E"表示"地"接线柱，"G"表示屏蔽接线柱。一般情况下，"L"和"E"接线柱用有足够绝缘强度的单相绝缘线分别接到被测物导体部分和被测物的外壳或其他导体部分（如测相间绝缘）。

（a）测量线路绝缘电阻　　　　　（b）测量电动机绝缘电阻　　　　　（c）测量电缆绝缘电阻

图 2-19　兆欧表的接线方式

3．使用注意事项

（1）兆欧表测量用的接线要选用绝缘良好的单股导线，测量时两条线不能绞在一起，以免导线间的绝缘电阻影响测量结果。

（2）测量完毕后，在兆欧表没有停止转动或被测设备没有放电之前，不可用手触及被测部位，也不可去拆除连接导线，以免触电。

4．测量结果的判断

测量时将兆欧表平稳放置，先使 L、E 两端接被测物体，如图 2-19 所示。摇动手柄使发电机达到额定转速（120r/min），这时表头指针应在"∞～0"刻度某一处。

（1）当表头指针指在"0"刻度处，绝缘电阻等于 0，表示被测物体（相当于短路）不能使用。

（2）当表头指针指在"∞～0"刻度某一处，绝缘电阻等于某一数值，表示被测物体的绝缘程度处于某一水平，绝缘电阻值越大，被测物体绝缘程度越好。

（3）当表头指针指在"∞"刻度处，绝缘电阻等于∞时，表示被测物体绝缘程度最好。

项目评价

一、思考与练习

1．填空题

（1）电路的工作状态一般有三种：通路状态、_____和_____。

（2）在一定温度下，一定材料制成的电阻与它的长度成_____，与它的面积成_____。

（3）万用表一般情况下，应使指针指在刻度尺的_____处，较为准确。

（4）电路图是用来表示电路的_____和_____电路中连接关系的图形，它能帮助我们了解电路的结构及工作原理。

（5）各种膜电阻由瓷棒上涂一层碳膜或金属膜并刻以槽纹制成，其_____由薄膜材料、厚度、槽纹长度决定。

2．选择题

（1）当电路中电流的参考方向与电流的真实方向相反时，该电流（　　　）。

    A．一定为正值　　　　　　　　　　B．一定为负值

    C．不能肯定是正值或负值　　　　　D．都不对

（2）电路中的电流没有经过负载，所形成的闭合回路称为（　　　）。

    A．通路　　　　　B．开路　　　　　C．短路　　　　　D．断路

（3）发生短路时容易烧坏电源的原因是（　　　）。

    A．电流过大　　　B．电压过大　　　C．电阻过大　　　D．以上都正确

（4）负载或电源两端被导线连接在一起的状态称为（　　　）。

    A．通路　　　　　B．开路　　　　　C．短路　　　　　D．断路

（5）在闭合电路中，负载电阻减小，则端电压将（　　　）。

    A．增大　　　　　B．减小　　　　　C．不变　　　　　D．不能确定

（6）某电阻两端的电压为12V时，电流为2A，当电流为3A的时候，则该电阻两端的电压为（　　　）。

    A．9V　　　　　　B．24V　　　　　C．18V　　　　　D．36V

3．判断题

（1）短路状态下，电源内阻为零压降。　　　　　　　　　　　　　　　（　　　）

（2）电流由元件的低电位端流向高电位端的参考方向称为关联方向。　　（　　　）

（3）电能的另一个单位是千瓦时（kW·h），1kW·h俗称1度电，表示1kW的用电器工作1h所消耗的电能。　　　　　　　　　　　　　　　　　　　　　　　（　　　）

（4）电位具有相对性，其大小正负相对于电路参考点而言。　　　　　（　　　）

（5）电压、电位和电动势定义式形式相同，所以它们的单位一样。　　（　　　）

（6）色环电阻识读时，从左向右或从右向左读，结果都是一样的。　　（　　　）

（7）我们常说的"负载大"是指用电设备的电阻大。　　　　　　　　（　　　）

（8）电压是绝对的，电位是相对的。　　　　　　　　　　　　　　　（　　　）

（9）导体的长度和横截面积都增大一倍，其电阻不变。　　　　　　　（　　　）

（10）电阻值大的导体，电阻率一定也大。　　　　　　　　　　　　（　　　）

4．问答题

（1）直流电路有几种工作状态？

（2）你知道贴片电阻应用在什么电子产品中？能否举两个例子？

（3）试分别说明电压与电位、电压与电动势的区别与联系。

（4）只有万用表能测量直流电流吗？

（5）电源的外特性说明什么？

5．计算题

（1）在一电路中，已知 $V_a=-6V$，$V_b=-8V$，$V_c=0V$，$V_d=4V$，$U_{de}=-3V$，求 U_{ab}、U_{bc}、U_{db} 和 V_e。

（2）有一电阻，两端加上50mV电压时，电流为10mA；当两端加上10V电压时，电流是多少？

（3）一根青铅合金 5A 的保险丝，电阻为 0.01Ω，求其熔断电流为 10A 时两端的电压是多少。

（4）一标有 220V、40W 的灯泡，正常发光时，通过灯丝的电流是多少？

（5）一根铜导线长 $L=4\,000$m，截面积 $S=2$mm^2，导体的电阻是多少？

6．技能题

（1）自己找 5 个四色环和 5 个五色环电阻，编好号。将识别电阻的阻值和功率，以及测量的阻值填写到下面的表格中。

表 2-10　电阻的阻值、功率识别与测量

序　号	1	2	3	4	5
识 别 值					
功　率					
测 量 值					
序　号	6	7	8	9	10
识 别 值					
功　率					
测 量 值					

（2）电路图中常用的部分电工图形符号如表 2-11 所示。请同学们图形符号与名称正确连线。

表 2-11　部分电工图形符号

图 形 符 号	名　称	图 形 符 号	名　称	图 形 符 号	名　称
	电池		电容器		电流表
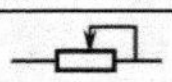	电阻器	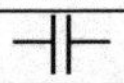	无铁芯电感	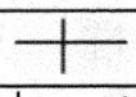	接地
	电位器	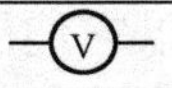	有铁芯电感	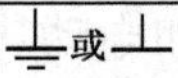	不连接交叉导线
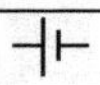	开关		电压表	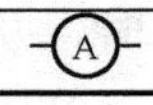	连接交叉导线

（3）识别万用表的挡位，并且实际操作欧姆挡的"校零"。在万用表上找到"校零"旋钮。

（4）用兆欧表测量导线芯线与绝缘层绝缘电阻。注意表针停留的位置，并且读出绝缘电阻值？

（5）用 5 个四色环串联连接。加上 15V 的电压，用万用表测量每一个电阻两端的电位值，判断是否与理论相符。

二、项目评价标准

项目评价标准见表 2-12。

表 2-12　项目评价标准

项目检测	分　值	评分标准	学生自评	教师评估	项目总评
电路的认识	10	了解电路的组成、工作状态和电路图			
了解电流产生	10	了解电流产生的原因，掌握电流的相关计算，会测量电路中的电流			
电源及电动势	25	理解电压、电位、电动势、电功、电功率的概念和计算，会测量它们的参数			

项目检测	分 值	评分标准	学生自评	教师评估	项目总评
认识电阻	15	理解电阻的概念和计算公式并会计算相应的参数，会识别和测量电阻			
欧姆定律应用	10	理解部分和全电路欧姆定律，并熟练应用			
绝缘电阻的测量	10	正确使用兆欧表，会分析测量结果			
安全操作和安全用电	15	工具和仪器的使用及放置，元器件的拆卸和安装；触电的类型和触电保护措施			
现场管理	5	出勤情况、现场纪律、团队协作精神			

三、项目小结

1. 电路组成及工作状态

电路一般都是由电源、负载、连接导线和控制装置（开关）四部分组成的，有通路、断路、短路三种工作状态。

2. 基本物理量

电学中的基本物理量如表 2-13 所示。

表 2-13　电学中的基本物理量

物 理 量	符 号	定 义 式	单位名称/符号	备 注
电流	I	$I = \dfrac{q}{t}$	安培（A）	注意参考方向
电压	U	$U = \dfrac{W}{q}$	伏特（V）	注意参考方向
电位	V	某点与参考点之间的电压	伏特（V）	与电压的区别与联系
电动势	E	$E = \dfrac{W}{q}$	伏特（V）	与电压的区别与联系
电能	W	$W = qU = UIt = I^2Rt = \dfrac{U^2}{R}t$	焦耳（J）	单位千瓦时的应用
电功率	P	$P = \dfrac{W}{t} = UI = I^2R = \dfrac{U^2}{R}$	瓦特（W）	

3. 定律及其应用

（1）电阻定律。在温度一定时，一定材料制成的导体的电阻跟它的长度成正比，跟它的横截面积成反比，还与导体的材料有关系，这就是电阻定律。

$$R = \rho \frac{L}{A}$$

（2）欧姆定律。部分电路欧姆定律：电路中的电流与电阻两端的电压成正比，与电阻成反比，即

$$I = \frac{U}{R}$$

全电路欧姆定律：闭合电路中的电流与电源的电动势成正比，与电路中的总电阻成反比，即

$$I = \frac{E}{R+r}$$

4．技能要求

（1）通过实例了解电路的结构与工作状态。

（2）电阻的识别。

（3）能用万用表测量电阻、电压、电位、电流。

（4）能用兆欧表测量绝缘电阻。

 教学微视频

扫一扫

项目三　直流电阻电路的应用

了解电阻的连接是看图和分析电路故障的重要环节，也是安装电气设备的基本功。基尔霍夫定律是电工、电子课程重要的基本定律，不仅在交、直流电路中要用它来分析计算电路，同时也是磁路定性分析重要的定律，而且在支路电流法、叠加定理和戴维宁定理中也有具体应用。综上所述，项目三中基本知识和基本技能是电子类各专业课的基本功，必须熟练掌握。

 知识目标

1. 了解电阻串、并联的特点和作用，掌握简单混联电路的分析和计算。
2. 熟练掌握基尔霍夫定律、叠加定理和戴维宁定理的内容和适用场合。
3. 熟练运用支路电流法、叠加定理和戴维宁定理来分析、计算复杂直流电路。
4. 理解电压源和电流源的概念，并掌握它们之间的等效变换。
5. 理解万用表测量各种物理量电路的组成和工作原理。

 技能目标

1. 熟练操作万用表，熟练掌握测量电路中的电压、电流、电位的基本技能。
2. 掌握常用仪器仪表的测量技术。
3. 会利用电阻串、并联的分流和分压原理，分析电流表和电压表的改装。
4. 通过万用表组装实训，进一步熟悉万用表结构、工作原理和使用方法。
5. 熟悉电子产品的组装和调试工艺，提高专业技能。

任务一　电阻的连接

一、电阻串联电路

把两个电阻连接起来的方式有两种，一种是串联，另一种是并联，这两种连接方式是多个电阻进行连接的基础。

将两个或两个以上的电阻顺次连接成一行的连接方式称为电阻的串联，如图 3-1 所示。

1. 电阻串联中的电流

串联时电流由一个电阻的一端流出后直接进入到另一个电阻的入口，所以，两个电阻中的电流相等，即

$$I = I_1 = I_2 \tag{3-1}$$

2. 串联的等效电阻

图 3-2 所示是将 $R_1 = 2\Omega$，$R_2 = 3\Omega$ 两电阻串联后外加 5V 电压的电路图。

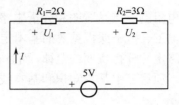

图 3-1　电阻的串联　　　　　　　　图 3-2　两个电阻的串联

在图 3-2 中，流过 R_1、R_2 的电流相等，用 I 表示，I 在 R_1 上产生的电压为 U_1，在 R_2 上产生的电压为 U_2，则

$$U_1 = R_1 I$$
$$U_2 = R_2 I$$
$$U = U_1 + U_2 = R_1 I + R_2 I = (R_1 + R_2) I$$

所以

$$I = \frac{U}{R_1 + R_2}$$

令电压与电流之比为 $\dfrac{U}{I} = R$，R 为串联电路的等效电阻。

$$R = \frac{U}{I} = \frac{U}{\dfrac{U}{R_1 + R_2}} = R_1 + R_2 = 2 + 3 = 5 \ （\Omega）$$

即一个 2Ω电阻和一个 3Ω的电阻串联后接在电路中所产生的电流与一个 5Ω电阻接在电路中所产生的电流是相同的，如图 3-3 所示。

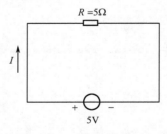

图 3-3　串联电路的等效电阻

所以串联电路的等效电阻为

$$R = R_1 + R_2 + R_3 + \cdots \tag{3-2}$$

3. 电阻串联分压公式

因为串联时各电阻上的电压的分配

$$U_1 = R_1 I$$
$$U_2 = R_2 I$$

所以

$$U_1 : U_2 = R_1 : R_2$$

即大电阻上电压大，小电阻上电压小。可以导出

$$U_1 = U \frac{R_1}{R_1 + R_2}$$
$$U_2 = U \frac{R_2}{R_1 + R_2}$$

（3-3）

这就是串联电路的分压公式，可以用它来计算各串联电阻上的电压。

4．电阻串联的总电压

电路的总电压等于各电阻两端的电压之和，即

$$U = U_1 + U_2$$

（3-4）

5．串联电阻电路消耗的总功率 P

等于各串联电阻消耗的功率之和，即

$$P = \sum P_i = P_1 + P_2 + \cdots + P_n$$

（3-5）

由此可得，电路取用的总功率等于各电阻取用的功率之和，即

$$IU = IU_1 + IU_2$$

（3-6）

6．串联电路的计算

在分析串联电路时，通常先根据已知的各个电阻计算出总的等效电阻，再用电源电压除以等效电阻得到回路电流，最后各电阻上的电压等于电流与该电阻的乘积。

【例3-1】 将电阻 R_1=30Ω，R_2=40Ω，R_3=50Ω串联后外接 6V 电压，如图3-4所示。计算等效电阻 R、电路中电流 I 及各部分电压 U_1、U_2、U_3。

解：（1）利用式（3-2），等效电阻 $R = R_1 + R_2 + R_3$=30+40+50=120（Ω）；（2）利用欧姆定律公式，$I=U/R$=6/120=0.05（A）=50（mA）；（3）应用电阻串联分压原理，$U_1 = R_1 I$=30×0.05=1.5（V），$U_2 = R_2 I$=40×0.05=2（V），$U_3 = R_3 I$=50×0.05=2.5（V）

【例3-2】 如图3-5所示，想要用两个电阻串联将 10V 电压分成 7V 和 3V，要求总的等效电阻为200Ω，那么两个电阻应各为多少？

解：（1）由于 R_1 和 R_2 是串联的，所以 R_1 和 R_2 中的电流是相等的，利用欧姆定律，有 $I = \dfrac{U}{R}$=10/200=0.05（A）；（2）由于 R_1、R_2 电压已知，R_1、R_2 中的电流也已求出，直接利用欧姆定律公式，则有 $R_1 = \dfrac{U_1}{I}$=7/0.05=140（Ω）；$R_2 = \dfrac{U_2}{I}$=3/0.05（Ω）=60（Ω）

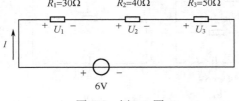

图3-4　例3-1图

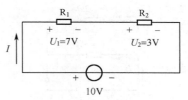

图3-5　例3-2图

二、电阻并联电路

将两个或两个以上的电阻并列（首与首、尾与尾）连接的方式称为电阻的并联，如图 3-6 所示。

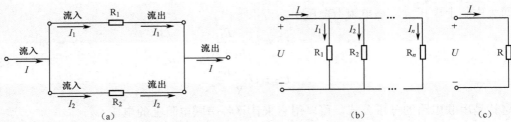

图 3-6 电阻的并联

1. 电阻并联时的电压

因为两个电阻并联时首与首、尾与尾连接，所以并联电阻的端电压相等，且等于电路两端的电压，即

$$U = U_1 = U_2 \qquad (3\text{-}7)$$

2. 并联的等效电阻

如图 3-7 所示，将 $R_1 = 2\Omega$，$R_2 = 3\Omega$ 两电阻并联后外加 6V 电压，其等效电阻是多少呢？

在图 3-7 中，加在 R_1、R_2 两端的电压相等，用 U 表示，U 在 R_1 上产生的电流为 I_1，在 R_2 上产生的电流为 I_2，即

$$I_1 = U/R_1$$
$$I_2 = U/R_2$$
$$I = I_1 + I_2 = \frac{U}{R_1} + \frac{U}{R_2} = U\left(\frac{1}{R_1} + \frac{1}{R_2}\right)$$

令电压与电流之比为 $\dfrac{U}{I} = R$，R 为并联电路的等效电阻。

$$R = \frac{U}{I} = \frac{U}{U\left(\dfrac{1}{R_1} + \dfrac{1}{R_2}\right)} = \frac{1}{\left(\dfrac{1}{R_1} + \dfrac{1}{R_2}\right)} = \frac{R_1 R_2}{R_1 + R_2} = \frac{2 \times 3}{2 + 3} = \frac{6}{5} = 1.2 \;（\Omega）$$

即一个 2Ω 电阻和一个 3Ω 的电阻并联后接在电路中所产生的电流与一个 1.2Ω 电阻接在电路中所产生的电流是相同的，如图 3-8 所示。

所以两个电阻并联时的等效电阻为

$$R = \frac{R_1 R_2}{R_1 + R_2} \qquad (3\text{-}8)$$

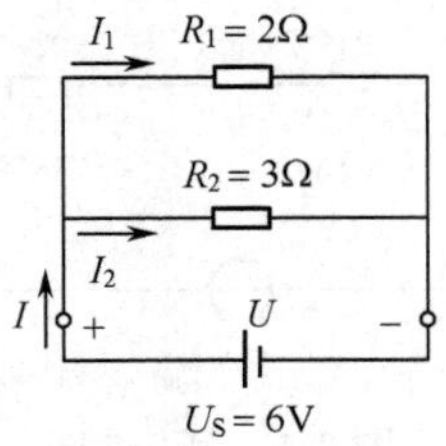

图 3-7 两个电阻的并联 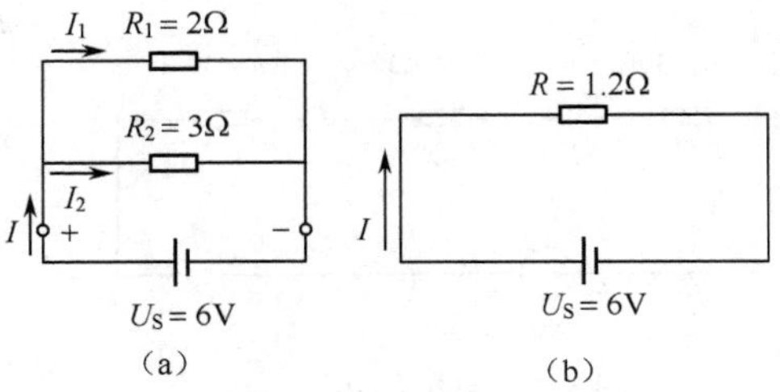　　　　图 3-8 并联电路的等效电阻

当多个电阻并联时，有

$$\frac{1}{R} = \frac{1}{R_1} + \frac{1}{R_2} + \frac{1}{R_3} + \cdots \qquad （3-9）$$

3．并联电路中的总电流

等于各电阻中流过的电流之和，即

$$I = I_1 + I_2 \qquad （3-10）$$

4．电阻并联分流公式

因为并联时各电阻上的电流分配

$$I_1 = \frac{U}{R_1}, \quad I_2 = \frac{U}{R_2}$$

所以

即

$$I_1 : I_2 = R_2 : R_1$$

即电流的大小与电阻的大小成反比，大电阻上电流小，小电阻上电流大。

可以推导出

$$I_1 = \frac{R_2}{R_1 + R_2} I, \quad I_2 = \frac{R_1}{R_1 + R_2} I \qquad （3-11）$$

式（3-11）为并联电路的分流公式，由此可见通过并联电阻能达到分流的目的。并联电路中，流过各电阻的电流与其电阻值成反比，阻值越大的电阻分到的电流越小，可以用它来计算各并联电阻上的电流。电流的分配如图 3-9 所示。

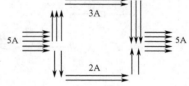

5．并联电阻电路消耗的总功率

并联电阻电路上消耗的总功率等于各电阻上消耗的功率之和，即

图 3-9　并联电阻的电流分配

$$P = P_1 + P_2 + \cdots + P_n = \frac{U^2}{R_1} + \frac{U^2}{R_2} + \cdots + \frac{U^2}{R_n} \qquad （3-12）$$

可见，各并联电阻消耗的功率与其电阻值成反比。

6．并联电路的计算

在分析并联电路时，通常先根据已知的各个电阻计算出总的等效电阻，再用电源电压除以等效电阻得到干路上的总电流，最后各支路电阻上的电流可以用分流公式求出。

【例 3-3】　求三个电阻 $R_1 = 6\Omega$，$R_2 = 3\Omega$，$R_3 = 2\Omega$ 并联后的等效电阻。

解：利用式 3-9，则有

$$\frac{1}{R} = \frac{1}{R_1} + \frac{1}{R_2} + \frac{1}{R_3} + \cdots, \quad R = \frac{1}{\dfrac{1}{R_1} + \dfrac{1}{R_2} + \dfrac{1}{R_3}} = \frac{1}{\dfrac{1}{6} + \dfrac{1}{3} + \dfrac{1}{2}} = 1 \ （\Omega）$$

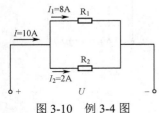

图 3-10　例 3-4 图

【例 3-4】　如图 3-10 所示电路，若要将 10A 电流用并联形式分流为 8A 和 2A，而且并联的等效电阻是 8Ω，R_1、R_2 各应为多少？

解：（1）根据电阻并联时端电压相等原理，则有

$$U = IR = 10 \times 8 = 80 \ （V）$$

（2）根据欧姆定律，则有

$$R_1=U/I_1=80/8=10（\Omega）$$
$$R_2=U/I_2=80/2=40（\Omega）$$

三、电阻混联电路

既有电阻串联又有电阻并联的电路叫电阻的混联电路，如图3-11所示。

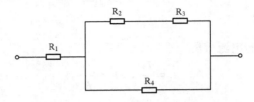

图3-11　电阻的混联

对于混联电路的计算，可先从单纯的串联和并联电路部分开始，通过若干次串、并联等效电阻的求解，最终得到混联电路的等效电阻。

【例3-5】　电路如图3-12（a）所示。其中的电阻$R_1=5\Omega$，$R_2=2\Omega$，$R_3=4\Omega$，$R_4=3\Omega$，求总的等效电阻是多少。

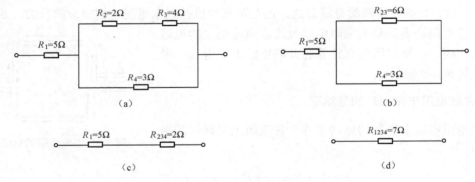

图3-12　例3-5图

解：首先将R_2和R_3串联，则有

$R_{23}=2+4=6$（Ω）；再将R_{23}与R_4并联，则有$R_{234}=6\times3/(6+3)=2$（Ω）；最后将R_{234}与R_1串联，则有$R_{1234}=5+2=7$（Ω）

由此可知，求等效电阻需分步骤进行，逐步将复杂混联电路化为简单电路。

【例3-6】　如图3-13（a）所示电路，已知$R_1=2\Omega$，$R_2=6\Omega$，$R_3=3\Omega$，$U=12V$，试求总的等效电阻及各部分电流。

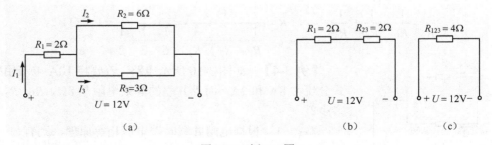

图3-13　例3-6图

解：（1）电路总的等效电阻可由图 3-13（a）逐步化简为图 3-13（c），所以 $R_{123} = 4\Omega$。

（2）根据欧姆定律和分流公式（3-11），求出各部分电流 I_1、I_2、I_3 分别为

$$I_1 = U/R_{123} = 12/4 = 3 （A）$$

$$I_2 = I_1 \frac{R_3}{R_2 + R_3} = 3 \times \frac{3}{6+3} = 1 （A）$$

$$I_3 = I_1 \frac{R_2}{R_2 + R_3} = 3 \times \frac{6}{6+3} = 2 （A）$$

综上所述，电阻既可以串联连接也可以并联连接，但是连接方式不同，电路中的各个物理量所遵循的规律就不同，详见表 3-1。

表 3-1 串、并联电路的规律

连接方式与作用	电 流	电 压	等 效 电 阻	分压公式和分流公式
串联电路具有分压作用	$I = I_1 = I_2 = \cdots = I_n$ 流过各个电阻的电流相等	$U = U_1 + U_2 + \cdots + U_n$ 总电压等于各个串联电阻电压之和	$R = R_1 + R_2 + \cdots + R_n$ 等于各个串联电阻之和	$U_1 = U\dfrac{R_1}{R_1 + R_2}$ $U_2 = U\dfrac{R_2}{R_1 + R_2}$
并联电路具有分流作用	$I = I_1 + I_2 + \cdots + I_n$ 总电流等于各支路电流之和	$U = U_1 = U_2 = \cdots = U_n$ 各并联电阻两端电压相等	$\dfrac{1}{R} = \dfrac{1}{R_1} + \dfrac{1}{R_2} + \cdots + \dfrac{1}{R_n}$ 等效电阻的倒数等于各并联电阻的倒数之和	$I_1 = I\dfrac{R_2}{R_1 + R_2}$ $I_2 = I\dfrac{R_1}{R_1 + R_2}$

四、万用表的工作原理

万用表的基本原理是利用一只灵敏的磁电式直流电流表（微安表）做表头，当微小电流通过表头，就会有电流指示。但表头不能通过大电流，所以，必须在表头上并联与串联一些电阻进行分流或降压，从而测出电路中的电流、电压和电阻。

1. 测直流电流原理

如图 3-14 所示，在表头上并联一个适当的电阻（叫分流电阻）进行分流，就可以扩展电流量程。改变分流电阻的阻值，就能改变电流测量范围。

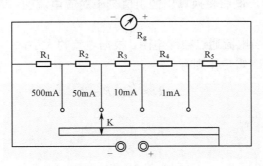

图 3-14 测直流电流原理

2. 测直流电压原理

如图 3-15 所示，在表头上串联一个适当的电阻进行分压，就可以扩展电压量程。改变分压电阻的阻值，就能改变电压的测量范围。

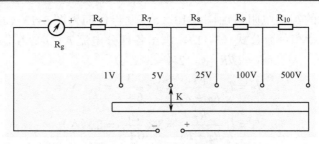

图 3-15　测直流电压原理

3．测交流电压原理

万用表的表头是直流表，所以测量交流时，需加装一个串、并式半波整流电路，将交流进行整流变成直流后再通过表头，如图 3-16 所示。这样就可以根据直流电的大小来测量交流电压。扩展交流电压量程的方法与直流电压量程相似。

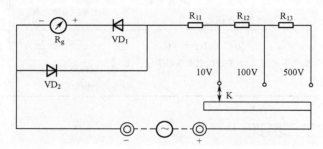

图 3-16　测交流电压原理

4．测电阻原理

1）测量原理

在表头上串联适当的电阻，同时串接一节电池，如图 3-17 所示。将被测电阻 R_x 串联在测量电路中，由表头测回路电流值。再由欧姆定律换算出电阻值，最后将换算出的阻值刻于对应电流的刻度上。

如果已知 E、R、R_g，当电流通过被测电阻，根据电流的大小，就可测量出电阻值。根据欧姆定律则有

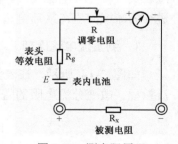

图 3-17　测电阻原理

$$R_x = \frac{E}{I} - R - R_g \tag{3-13}$$

2）欧姆刻度的方向

式（3-13）可变换为

$$I = \frac{E}{R_x + R_g + R} \tag{3-14}$$

从式（3-14）可以看出当被测电阻大时，电流小；被测电阻小时，电流大。这就是为什么欧姆刻度数值与电流刻度数值方向相反的原因。

3）欧姆刻度中心阻值与非线性

（1）欧姆刻度的中心阻值。对应万用表表头内部等效阻值，是欧姆挡扩展量程的设计依据。

可由图 3-18 说明原理，开始短接 a、b 两端，调节电阻 R 使得电流计满刻度，此时：$I_0 = \dfrac{E}{R_g + R}$，

则当 R_x 接入回路后，回路电流为：$I_x = \dfrac{E}{R_g + R + R_x}$（$E$ 为电池电动势，R_g 为表头内阻，R_x 为

被测电阻）。所以，一旦 E、R_g、R 确定后，回路电流仅由 R_x 决定。当 $R_x = R_g + R$ 时，$I_x = \dfrac{I_0}{2}$，

此时电流表指针指向刻度线中点，这时的电阻 R_x 称为欧姆表的中值电阻。由此方法可在电流计面板上刻度以显示不同的阻值电阻 R_x。

（2）欧姆刻度的非线性。由式（3-14）可以看出被测电阻与电流是非线性的关系，由于 I_x 与 R_x 呈非线性关系，所以欧姆表刻度为非均匀刻度。欧姆刻度线无穷大的方向（左边）刻度非常密，呈现非线性的分布。在表盘中阻值越大，刻度越密，读数时要注意。

4）欧姆挡调零工作原理

万用表测量电流和电压时表针是靠被测量驱动的，被测量越大，表针偏转越大。被测量为零时，表针不动。而测量电阻时为了使表针偏转，万用表欧姆挡必须要加上电池。由于实际上作为电源的电池也不是恒定的，所以欧姆表还需做零欧姆调整，实际电路中应增加零欧姆调整电位器。电池与被测电阻、表头、调零电阻构成回路，如图 3-19 所示。

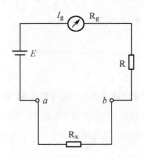

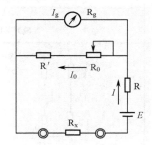

图 3-18　欧姆刻度中心阻值测量原理图　　　　图 3-19　欧姆挡调零工作原理

从图 3-19 中可知：$I = I_0 + I_g$，即 $I_g = I - I_0$。当电池电压下降，总电流 I 减小时，可以调整 R_0，使 I_0 相应减小，保持表头电流 I_g 不变。

将以上几种测量原理组合在一起，增加一些辅助电路，这就是万用表的工作原理。

一、电阻连接的应用

1. 电阻串联的应用

在电工、电子电路中，我们经常看到各种各样的电阻串联电路。在实际应用中，它们的作用也不一样，主要的应用如表 3-2 所示。

表 3-2　电阻串联的应用

应 用 电 路	常见电阻串联连接典型应用	作 用
串联型稳压电路	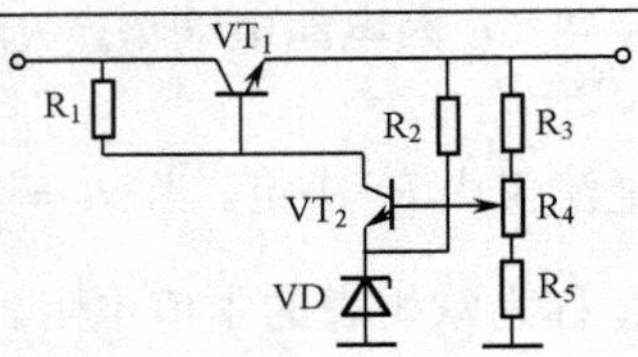 VT$_1$　R$_1$　R$_2$　R$_3$　VT$_2$　R$_4$　VD　R$_5$	分压：常用几个电阻的串联构成分压器，以达到同一电源能供给不同电压的需要。 左图中 R$_3$、R$_4$、R$_5$ 构成串联分压取样电路
小功率保温器自动电饭锅电路原理图	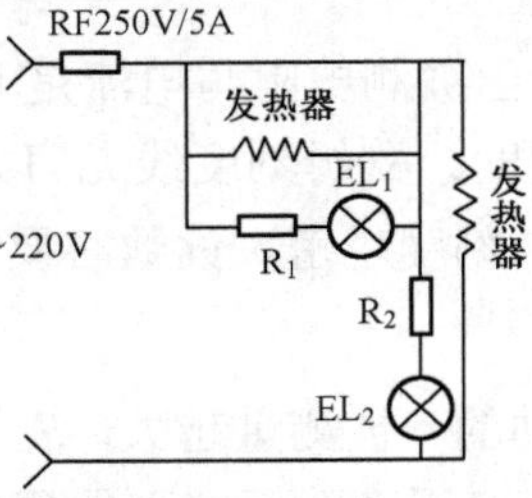 RF250V/5A　发热器　EL$_1$　发热器　~220V　R$_1$　R$_2$　EL$_2$	限流：常用电阻的串联来增大阻值，以达到限流的目的。 左图中 R$_1$、R$_2$ 构成串联分压限流电路
万用表测量直流电压	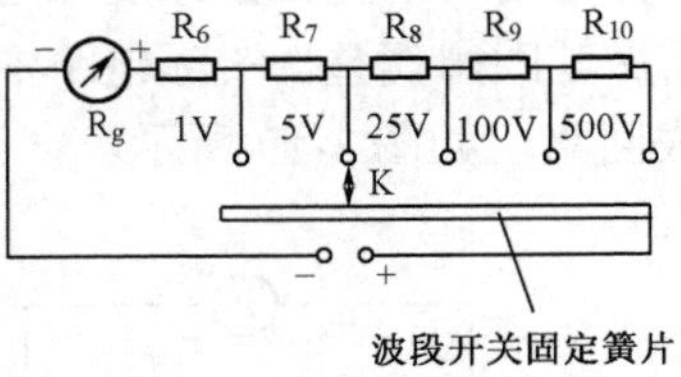 R$_6$　R$_7$　R$_8$　R$_9$　R$_{10}$　R$_g$　1V　5V　25V　100V　500V　K　波段开关固定簧片	在电工测量中，应用串联电阻来扩大电压表的量程。 左图中是万用表测量直流电压电路原理图，图中 R$_6$、R$_7$、R$_8$、R$_9$、R$_{10}$ 构成串联分压电路
直流分压偏置电路	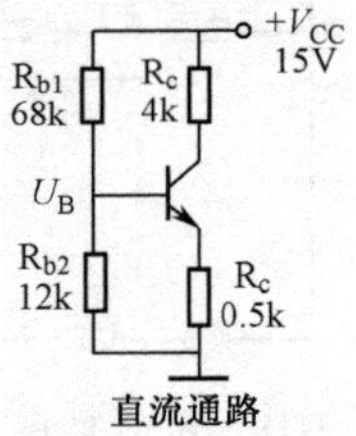 +V_{CC}　15V　R$_{b1}$ 68k　R$_c$ 4k　U_B　R$_{b2}$ 12k　R$_e$ 0.5k　直流通路	左图是电子线路直流分压偏置电路，其中 R$_{b1}$、R$_{b2}$ 为分压电阻，它们的阻值大小直接影响 U_B 的高低；同时也直接影响晶体三极管的基极电流 I_B

2．电阻并联的应用

电阻并联的应用也经常出现在电工、电子电路中，利用电阻的并联来降低电阻值，例如，将两个 1 000Ω的电阻并联使用，其电阻值则为 500Ω。具体如表 3-3 所示。

表 3-3　电阻并联的应用

应 用 电 路	常见电阻并联连接典型应用	作 用
万用表测量直流电流	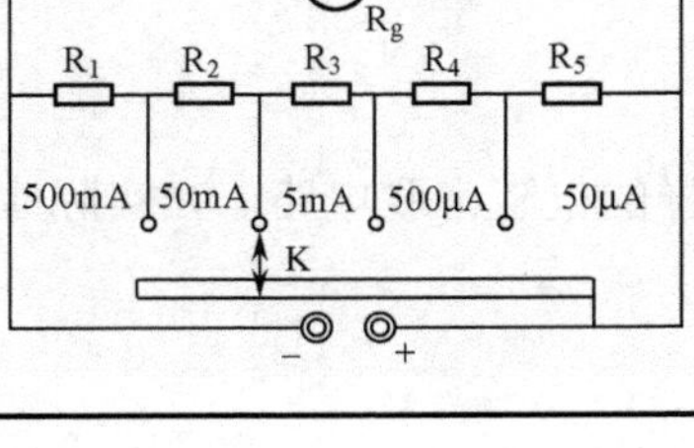 R$_g$　R$_1$　R$_2$　R$_3$　R$_4$　R$_5$　500mA　50mA　5mA　500μA　50μA　K	分流：在电工测量中，常用并联电阻的方法来扩大电流表量程。 左图中是万用表测量直流电路原理图，图中 R$_1$、R$_2$、R$_3$、R$_4$、R$_5$ 构成闭环并联分流电路

续表

应 用 电 路	常见电阻并联连接典型应用	作 用
照明电路	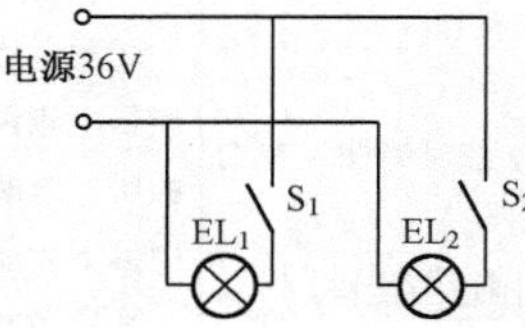 电源36V EL₁ S₁ EL₂ S₂	工作电压相同的负载都采用并联接法。左图是两个 36V 白炽灯 L₁、L₂接线原理图。对于供电线路中的负载，一般都是并联接法，负载并联时各负载自成一个支路，如果供电压一定，各负载工作时相互不影响，某个支路负载改变，只会使本支路和供电线路的电流变化，而不影响其他支路。例如，工厂中的各种电动机、电炉、电烙铁与各种照明灯都采用并联接法，人们可以根据不同的需要启动或停止各支路的负载

二、用数字万用表测电学量

AT-9205B 数字万用表测量电阻、直流电流、交流电流、直流电压、交流电压的操作如表 3-4 所示。

表 3-4   用 AT-9205B 万用表测电学量

被测量	图 示	操 作 步 骤	注 意 事 项
直流电压	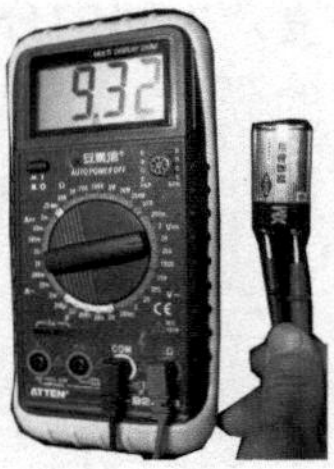	①将黑表笔插入 COM 插孔，红表笔插入 V/Ω 插孔。 ②将功能转换开关置于 "V ⋯⋯" 范围的合适量程。 ③表笔与被测电路并联，红表笔接被测电路高电位端，黑表笔接被测电路低电位端	该仪表不得用于测量高于 1 000V 的直流电压
交流电压	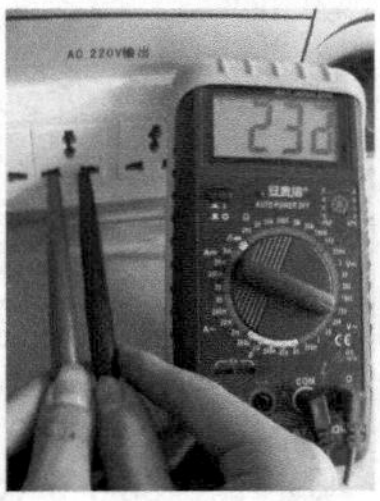	①表笔插法同 "测直流电压"。 ②将转换开关置于 "V～" 范围合适量程。 ③测量时表笔与被测电路并联，但红、黑表笔不用分极性	该仪表不得用于测量高于 700V 的交流电压
直流电流	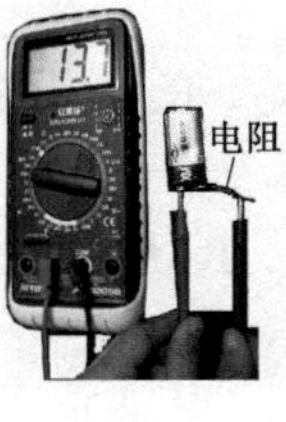	①将黑表笔插入 COM 插孔，测量最大值不超过 200mA 电流时，红表笔插 "mA" 插孔；测 200mA～20A 范围电流时，红表笔应插 "20A" 插孔。 ②将转换开关置于 "A ⋯⋯" 范围合适量程。 ③将该仪表串入被测线路且红表笔接高电位端，黑表笔接低电位端	①如果量程选择不对，过量程电流会烧坏保险丝，应及时更换。 ②最大测试电压降为 200mV
交流电流		①表笔插法同 "测直流电流"。 ②将转换开关置于 "A～" 范围合适量程。 ③将仪表串入被测量线路，但红、黑表笔不用分极性	同 "测直流电流"

续表

被测量	图　示	操　作　步　骤	注　意　事　项
电阻	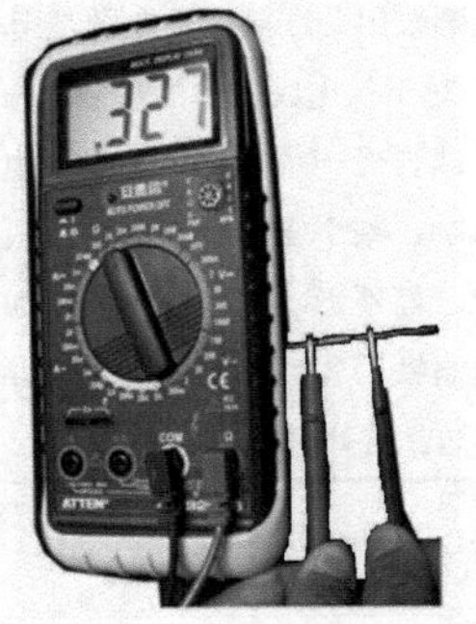 	①将黑表笔插入 COM 插孔，红表笔插入 V/Ω 插孔（红表笔极性为"+"）。②将转换开关置于"Ω"范围适当量程。③红、黑表笔各与被测电阻一端接触	①表笔开路状态，显示为"1"。②测量接在电路中的电阻时，不能带电测量。需要首先断开电路中的所有电源，再将被测电阻从电路中拆下才能测量。③所测电阻的值直接按所选量程的单位读数。④测量大于 1MΩ电阻时，示数几秒钟后方能稳定，属正常现象

任务二　基尔霍夫定律

应用欧姆定律只可以分析、计算简单的串、并联电路，而对于复杂电路的分析、计算，欧姆定律存在一定的局限性。而基尔霍夫定律可以用来解决复杂电路的分析、计算问题。基尔霍夫定律是普遍适用于电路的一般规律，它由电流定律和电压定律两部分组成。当分析、计算复杂电路时，只要应用电流定律和电压定律联立方程组，再求解即可。

基础知识

为了更好地理解、掌握基尔霍夫定律，首先来了解下面几个电路名词。

一、电路结构中的几个名词

（1）支路：电路中至少含有一个元件，两点之间通过同一电流的不分叉的一段电路称为支路，如图 3-20（a）中经由 R_2、R_4 的电路为一条支路。

（2）节点：电路中三条或三条以上支路的连接点，称为节点，如图 3-20 中 R_1、R_2、R_3 三条支路的连接点 A。

（3）回路：电路中任意一个闭合路径，如图 3-20 经由 E、R_1、R_2、R_4、开关 S 形成的闭合路径为一个回路。

（4）网孔：回路内部不含支路的称网孔，如图 3-20 经由 E、R_1、R_3 形成的路径。

二、基尔霍夫电流定律（KCL）

基尔霍夫电流定律指出：任意时刻，流入电路中某一节点的电流之和等于从该节点流出的电流之和，即

$$\sum I_{入} = \sum I_{出} \tag{3-15}$$

对于实际电路来说，事先可能并不知道该支路的电流是流入节点还是流出节点。可假定流入节点的电流为正，流出节点的电流为负；也可以做相反的假定。设定一个参考方向后列出等式，如图 3-20（b）所示，则 $I_1+ I_3+ I_5 = I_2+ I_4$。

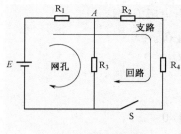

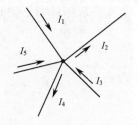

（a）电路结构名词　　　　　　　　　（b）基尔霍夫电流定律（KCL）

图 3-20　电路结构名词及 KCL

【例 3-7】　如果在图 3-20 中，已知 $I_1=3A$，$I_2=5A$，$I_4=5A$，$I_5=9A$，求 I_3。

解： 根据基尔霍夫电流定律表达式（3-15），则有

$$I_1+I_3+I_5=I_2+I_4$$

$$I_3=I_2+I_4-I_1-I_5=5+5-3-9=-2（A）$$

由于各支路电流的方向是事先假设的，当计算后如果结果为负值，就说明事先假设的电流方向与实际的电流方向相反，I_3 的实际方向应该是流出节点。

三、基尔霍夫电压定律（KVL）

基尔霍夫电压定律指出：在电路中的任意闭合回路内，各段电压的代数和等于零，即

$$\sum U=0 \tag{3-16}$$

这里的闭合回路是指从电路中的某一点出发，按着一个绕行方向回到出发点时所经过的闭合环路。电压参考方向与回路绕行方向一致时取正号，相反时取负号。在绕行的过程中，所经过的各个电压方向与绕行方向相同时电压前取正号；相反时电压前取负号，这就是代数和的含义。这里的电压方向也是事先假设的参考方向。

在如图 3-21 所示电路中：

$$U_1-U_S+U_2=0$$

其中，$U_1=R_1I$，$U_2=R_2I$ 分别为电阻 R_1、R_2 两端电压，即

$$IR_1-U_S+IR_2=0$$

可求出电流 $I=\dfrac{U_S}{R_1+R_2}$。

【例 3-8】　如图 3-22 所示电路，已知 $R_1=2\Omega$，$R_2=4\Omega$，$R_3=2\Omega$，$U_{S1}=2V$，$U_{S2}=4V$，应用基尔霍夫定律求 I_1、I_2、I_3 的大小。

解： 根据式（3-15）得　　　　　　　　　　　　　　$I_1+I_2=I_3$

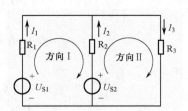

图 3-21　基尔霍夫电压定律　　　　　　图 3-22　基尔霍夫定律的应用

再应用式（3-16）分别针对左右两个回路写出电压方程。

$$I_1R_1-I_2R_2+U_{S2}-U_{S1}=0$$
$$I_2R_2+I_3R_3-U_{S2}=0$$

代入数据整理后得

$$I_1+I_2=I_3$$
$$I_1-2I_2+1=0$$
$$2I_2+I_3-2=0$$

解得

$$I_1=0.2（A）；\quad I_2=0.6（A）；\quad I_3=0.8（A）$$

四、基尔霍夫定律的应用

1. 基尔霍夫电流定律（KCL）的应用

图 3-23 所示是电桥电路的原理图。设 U_S、R_1、R_2、R_3、R_4 均为已知。通过电路的分析，得到电桥平衡的条件，从而找到制造平衡电桥仪表的理论根据。

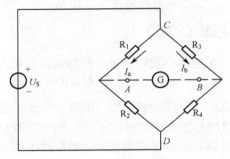

图 3-23　电桥电路的原理图

分析：电桥平衡是指 A、B 之间的电压为零，这时接在 A、B 间的检流计 G 中没有电流通过。

由于检流计中没有电流，根据 KCL（流入 A 点的电流等于流出的电流），所以 R_1 与 R_2 中电流相等，R_3 与 R_4 中电流相等。设通过 R_1 和 R_2 的电流为 I_a，通过 R_3 和 R_4 的电流为 I_b 则

$$I_a=\frac{U_S}{R_1+R_2}$$

$$I_b=\frac{U_S}{R_3+R_4}$$

A、B 两点间电压为零，也就是　　　　$U_{CA}=U_{CB}$

$$U_{CA}=I_aR_1=\frac{U_S}{R_1+R_2}R_1$$

$$U_{CB}=I_bR_3=\frac{U_S}{R_3+R_4}R_3$$

所以电桥平衡时，有

$$\frac{U_SR_1}{R_1+R_2}=\frac{U_SR_3}{R_3+R_4}$$

即　　　　　　　　　　　　　　$R_1(R_3+R_4)=R_3(R_1+R_2)$

所以
$$R_1R_4=R_2R_3$$
这就是电桥平衡的条件。

我们得到这个结论非常重要，它为我们制造平衡电桥找到了理论根据。在实际仪表中将 R_4 换为被测电阻 R_x，R_1、R_2、R_3 的数值是已知的且可调，改变 R_1、R_2、R_3 的值。使 A、B 间电流为零，检流计 G 指示于零位，电桥平衡，$R_x = \dfrac{R_2 \times R_3}{R_1}$。

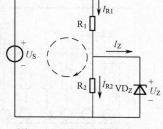

2. 基尔霍夫电压定律（KVL）的应用

在电子技术中，为了分析稳压电路中 R_1 的取值范围，我们可以通过分析如图 3-24 所示电路，找到 R_1 的取值范围的理论依据。设 $U_S=20V$，$R_1=900\Omega$，$R_2=1\,100\Omega$，稳压管 VD_Z 的稳定电压 $U_Z=10V$，最大稳定电流 $I_{Zm}=8mA$，分析稳压管中通过的电流 I_Z 是否超过 I_{Zm}？如果超过该怎么办？

图 3-24 稳压电路原理图

对原电路应用基尔霍夫定律可列出如下方程组：
$$U_S=U_Z+I_{R1}R_1 \text{（KVL 对回路）}$$
$$I_{R1}=I_{R2}+I_Z \text{（KCL 对节点）}$$
$$U_Z=I_{R2}R_2$$

代入数值求解得到 $I_Z=2.02mA$。

由上述分析可见，$I_Z < I_{Zm}$。若 I_Z 超过 I_{Zm}，应增大 R_1 使电流 I_{R1} 减小，进而由 $I_Z=I_{R1}-I_{R2}$ 可使 I_Z 减小。通常 R_1 的选择可依据下式进行：
$$\frac{U_{\max}-U_Z}{I_{Z\max}+I_{L\min}} \ll R_1 \ll \frac{U_{\min}-U_Z}{I_{Z\min}+I_{L\max}}$$

万用表的组装与调试

一、MF-47 型万用表基本原理图、组装图和 PCB 图

1. MF-47 型万用表的组成

MF-47 型万用表基本原理图如图 3-25 所示。

由图中分析可知万用表主要由测量显示、测量电路和转换装置三部分组成。

测量显示俗称表头，用来指示被测电量的数值，通常为磁电式微安表。表头是万用表的关键部分，万用表的灵敏度、准确度及指针回零等大都取决于表头的性能。表头的灵敏度是以满刻度的测量电流来衡量的，满刻度偏转电流越小，灵敏度越高。一般万用表表头灵敏度在 $10\sim100\mu A$ 左右。

测量电路的作用是把被测的电量转化为适合于表头要求的微小直流电流，它通常包括分流电路、分压电路和整流电路。分流电路将被测大电流通过分流电阻变成表头所需的微小电流；分压电路将被测高电压通过分压电阻变换成表头所需的低电压；整流电路将被测的交流电，通过整流转变成所需的直流电。

万用表的各种测量物理量的种类及量程的选择是靠转换装置来实现的，转换装置通常由转换开关、接线柱、插孔等组成。转换开关有固定触点和活动触点，它位于不同位置，接通相应的触点，构成相应的测量电路。

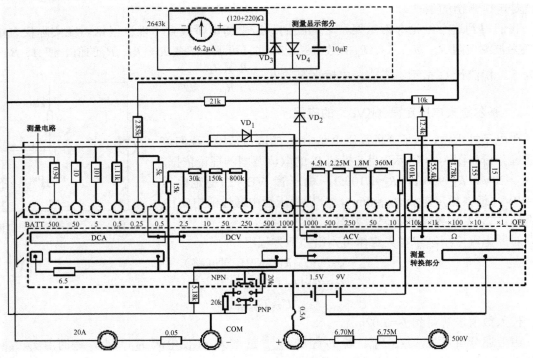

图 3-25　万用表基本原理图

2．MF-47 万用表的组装图

MF-47 万用表的组装图如图 3-26 所示。

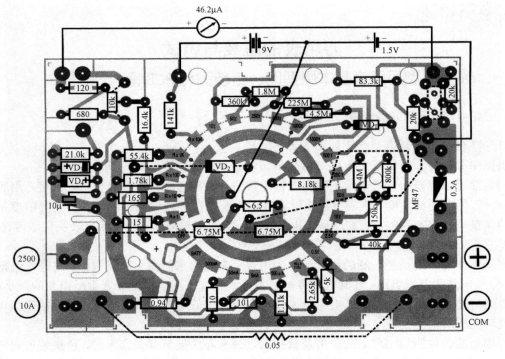

图 3-26　MF-47 万用表的组装图

3．MF-47 万用表的 PCB 图

MF-47 万用表的 PCB 图如图 3-27 所示。

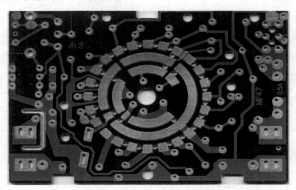

图 3-27　MF-47 万用表的 PCB 图

4．万用表各部分电路测量原理

前面我们把万用表部分电路的测量原理做了介绍（请组装者参阅本教材有关内容），主要被测量有直流电流的测量、直流电压、交流电压和电阻。

二、MF-47 万用表元器件和零部件的识别

1．MF-47 万用表使用的电阻元件

MF-47 万用表使用的电阻元件如表 3-5 所示。

表 3-5　MF-47 万用表使用的电阻元件

阻值（Ω）	色 环 顺 序	电 阻 作 用	阻值（Ω）	色 环 顺 序	电 阻 作 用
0.94	黑白黄银棕	直流 500mA 分流电阻	40k	黄黑黑红棕	直流电压挡分压电阻
6.5	蓝绿黑银棕	直流电流挡分流电阻	55.4k	绿绿黄红棕	电阻 R×1k 分流电阻
10	棕黑黑金棕	直流 50mA 分流电阻	83.3k	灰橙橙红棕	交流 10V 分压电阻
15	棕绿黑金棕	电阻 R×1 分流电阻	360k	橙蓝黑橙棕	交流 50V 分压电阻
101	棕黑棕黑棕	直流 5mA 分流电阻	150k	棕绿黑橙棕	直流 10V 分压电阻
2.25M	红红绿黄棕	交流 250V 分压电阻	141k	棕黄棕橙棕	电阻 R×10k 分流电阻
1.11k	棕棕棕棕棕	直流 0.5mA 分流电阻	800k	灰黑黑橙棕	直流 50V 分压电阻
1.78k	棕紫灰棕棕	电阻 R×100 分流电阻	1.8M	棕灰黑黄棕	交流 50V 分压电阻
2.65k	红蓝绿棕棕	直流（0.25mA、0.05mA、2.5V）分压电阻	165	棕蓝绿黑棕	电阻 R×10 分流电阻（放大系偏置电阻）
680	蓝灰棕金	表头分压电阻	4M	黄黑黑黄棕	直流 250V 分压电阻
8.18k	灰棕灰棕棕	500mV 分压电阻	5k	绿黑黑棕棕	直流 0.05mA 分压电阻
17.4k	棕紫黄红棕	电阻挡分压电阻	6.75M	蓝紫绿黄棕	2 500V 高压分压电阻
21k	红棕黑红棕	电阻挡表头分流电阻	120	棕红棕金	表头分压电阻
20k	红黑橙金	放大系数基极偏置电阻，2 只	4.5M	黄绿黑黄棕	交直流 1 000V 分压电阻
0.05		10A 分流电阻			

2．MF-47万用表用到的其他元器件

MF-47万用表用到的其他元器件如表3-6所示。

表3-6　MF-47万用表用到的其他元器件

名　称	元件参数	数量（个、只）	作　用
电位器	10kΩ	1	电阻挡调零电位器
二极管	1N4001	4	整流（或保护）二极管
电解电容	10μF	1	保护表头
保险管	0.5A	1	防止电流过大烧坏元器件

3．MF-47万用表用到的零部件

MF-47万用表用到的零部件如表3-7所示。

表3-7　MF-47万用表用到的零部件

零部件名称	数量	作　用	零部件名称	数量	作　用
面板	各1个	安装线路板和表头	螺母M5	1颗	固定
大旋钮	1个	挡位调节旋钮	螺钉M3×6	2颗	固定
小旋钮	1个	电阻挡调零旋钮	螺钉M3×5	4颗	固定
晶体管插座	1个	插装晶体管	开口垫片φ4	1片	固定表头
提把	1个	手提万用表的部件	平面垫	1片	紧固器件
提把卡	2个	固定提把	电池正负极片	4片	连接电池
高压电阻套管	1个	套装高压电阻	电刷组件	4件	各挡转换
提把垫片	2片	紧固提把	保险管夹	1对	安装保险管
连接导线	5条	连接电路	插座铜管φ4	4支	表笔接口
表棒（黑、红）	1对	连接内电路与待测元件	晶体管座焊片	6片	晶体管触片
MF-47线路板	1	安装元器件	成品表头	1块	读数显示器

在识别、检测与清查元器件和零部件时，要注意以下几点。

（1）参考材料配套清单，按材料清单一一对应，记清每个元件的名称与外形。

（2）打开塑料袋时请小心，不要将其撕破，清点完后请将暂时不用的元器件和零部件放回塑料袋备用。

（3）清点元器件和零部件时请将表箱后盖当容器，将所有的东西都放在里面，以免元器件和零部件丢失。特别是弹簧和钢珠一定不要丢失。

三、组装要求、工艺与过程

读懂原理图，了解万用表的基本原理；检查零配件，测量元器件的参数值；了解万用表的组装工艺要求，进行组装和调试。

1．组装要求

（1）由于万用表的体积较小，装配工艺要求较高，元器件和组件的布局必须紧凑。否则无法装进表盒。

（2）要求元器件和组件的布局合理，位置恰当，排列整齐。引线应走直线、拐直角，要有条不紊。

（3）焊装电阻时，电阻阻值标注要向外，以便查对和更换。其中两只电阻 833kΩ 和 40kΩ，必须架空 1mm 焊接，然后焊接其余零件。

（4）转换开关内部连线要排列整齐，不能妨碍转动。

2．组装工艺

（1）预热电烙铁，烙铁头做清洁处理，上锡。

（2）清理焊接件表面，如有镀银层应保留，根据需要选择连接线的长短和颜色，剥开线头，线芯的长度要适中。

（3）根据装配图固定某些支架。

（4）焊接转换开关上交流电压挡和直流电压挡的公共连线。

（5）焊接转换开关上各挡位对应的电阻元件及其对外连线。

（6）焊接固定支架上的元件，如二极管、电阻、调零电位器及电池架的连线等。最后完成全部焊接工作。

（7）检查、核对组装后的万用表电路。

（8）底板装进表盒，装上转换开关旋钮，送指导教师检查。

3．组装过程

（1）焊接前的准备工作如表 3-8 所示。

表 3-8　焊接前的准备工作

操作步骤	操作示意图	操作说明
1.元器件参数的检测		每个元器件在焊接前都要用万用表检测其参数是否在规定的范围内。二极管、电解电容要检查它们的极性，电阻要测量阻值
2.清除元件表面的氧化层	 元器件引脚　向外刮　去掉氧化层　砂纸　旋转一周以上	由于元器件放在塑料袋中，比较干燥，一般比较好焊，如果发现不易焊接，就必须先去除氧化层。左手捏住电阻或其他元件的本体，右手用锯条轻刮元器件引脚的表面，左手慢慢地转动，直到表面氧化层全部去除。也可以用砂纸打磨，去掉氧化层。为了使电池易于焊接要用尖嘴钳前端的齿口部分将电池夹的焊接点锉毛，去除氧化层
3.元件引脚的弯制成形	 镊子	左手用镊子紧靠电阻的本体，夹紧元件的引脚，使引脚的弯折处距离元件的本体有 2mm 以上的间隙。左手夹紧镊子，右手食指将引脚弯成直角
	 用螺丝刀辅助弯制	为了将二极管的引脚弯成美观的圆形，可以用螺丝刀辅助。具体方法是：将螺丝刀紧靠二极管引脚的根部且与引脚十字交叉，左手捏紧交叉点，右手食指将引脚向下弯，直到两引脚平行
	 孔距合适　孔距较小　水平安装	元件弯制后的形状，引脚之间的距离，根据线路板孔距而定，引脚修剪后的长度大约为 8mm，如果孔距较小，元件较大，应将引脚往回弯折成形。电容的引脚可以弯成直角，将电容水平安装，或弯成梯形，将电容垂直安装。二极管可以水平安装，当孔距很小时应垂直安装

续表

操作步骤	操作示意图	操作说明
	孔跨较大	有的元件安装孔距离较大，应根据线路板上对应的孔距弯曲成形。元器件做好后应按规格型号的标注方法进行读数。将胶带轻轻贴在纸上，把元器件插入，贴牢，写上元器件规格型号值，然后将胶带贴紧，以做备用
4.元器件的插放	横向排列误差环在右　纵向排列误差环在上	将弯制成形的元器件对照图纸插放到线路板上。 注意：一定不能插错位置；二极管、电解电容要注意极性；电阻插放时要求读数方向排列整齐，横排的必须从左向右读，竖排的从下向上读，保证读数一致

（2）元器件的焊接和零部件的安装如表 3-9 所示。

表 3-9　元器件的焊接和零部件的安装

焊接安装步骤	焊接与安装示意图	焊接与安装说明
1.元器件的焊接要求、基本原则和焊接容易出现的问题	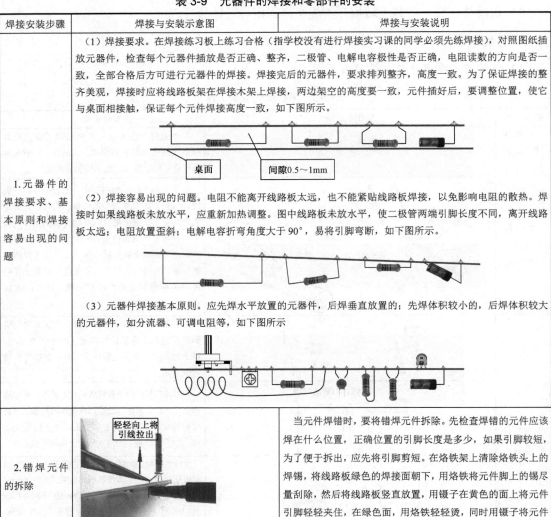	
2.错焊元件的拆除		当元件焊错时，要将错焊元件拆除。先检查焊错的元件应该焊在什么位置，正确位置的引脚长度是多少，如果引脚较短，为了便于拆出，应先将引脚剪短。在烙铁架上清除烙铁头上的焊锡，将线路板绿色的焊接面朝下，用烙铁将元件脚上的锡尽量刮除，然后将线路板竖直放置，用镊子在黄色的面上将元件引脚轻轻夹住，在绿色面，用烙铁轻轻烫，同时用镊子将元件向相反方向拆除。拆除后，焊盘孔容易堵塞，有两种方法可以

（1）焊接要求。在焊接练习板上练习合格（指学校没有进行焊接实习课的同学必须先练焊接），对照图纸插放元器件，检查每个元器件插放是否正确、整齐，二极管、电解电容极性是否正确，电阻读数的方向是否一致，全部合格后方可进行元器件的焊接。焊接完后的元器件，要求排列整齐，高度一致。为了保证焊接的整齐美观，焊接时应将线路板架在焊接木架上焊接，两边架空的高度要一致，元件插好后，要调整位置，使它与桌面相接触，保证每个元件焊接高度一致，如下图所示。

桌面　　间隙0.5～1mm

（2）焊接容易出现的问题。电阻不能离开线路板太远，也不能紧贴线路板焊接，以免影响电阻的散热。焊接时如果线路板未放水平，应重新加热调整。图中线路板未放水平，使二极管两端引脚长度不同，离开线路板太远；电阻放置歪斜；电解电容折弯角度大于90°，易将引脚弯断，如下图所示。

（3）元器件焊接基本原则。应先焊水平放置的元器件，后焊垂直放置的；先焊体积较小的，后焊体积较大的元器件，如分流器、可调电阻等，如下图所示

轻轻向上将引线拉出

续表

焊接安装步骤	焊接与安装示意图	焊接与安装说明
2.错焊元件的拆除		解决这一问题。烙铁稍烫焊盘，用镊子夹住一根废元件脚，将堵塞的孔通开；将元件做成正确的形状，并将引脚剪到合适的长度，镊子夹住元件，放在被堵塞孔的背面，用烙铁在焊盘上加热，将元件推入焊盘孔中。注意用力要轻，不能将焊盘推离线路板，使焊盘与线路板间形成间隙或者使焊盘与线路板脱开
3.电位器的安装	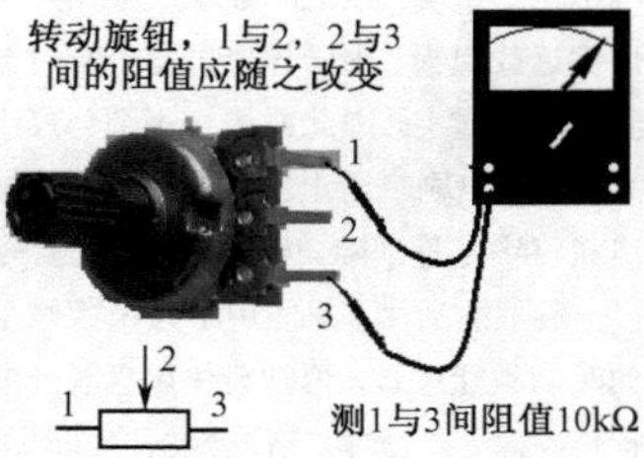 转动旋钮，1与2、2与3间的阻值应随之改变 1 2 3 1 2 3 测1与3间阻值10kΩ	电位器共有五个引脚（见图（a）），其中三个并排的引脚中，1、3 两点为固定触点，2 为可动触点，当旋钮转动时，1、2 或者 2、3 间的阻值发生变化。电位器实质上是一个滑线电阻，电位器的两个粗的引脚主要用于固定电位器。安装时应捏住电位器的外壳，平稳地插入，不应使某一个引脚受力过大。不能捏住电位器的引脚安装，以免损坏电位器。安装前应用万用表测量电位器的阻值，电位器1、3 之间的阻值应为 10kΩ。拧动电位器的黑色小旋钮，测量 1 与 2 或者 2 与 3 之间的阻值应在 0～10kΩ 间变化。如果没有阻值，或者阻值不改变，说明电位器已经损坏，不能安装，否则五个引脚焊接后，要更换电位器就非常困难。注意电位器要安装插入线路板的正面（黄色面或有元器件符号的一面）孔内，在反面（绿色面或有阻焊剂的一面）焊接，不能安装反了
4.分流器的安装	安装分流器时要注意方向，不能让分流器影响线路板及其余电阻的安装	
5.输入插管的安装	输入插管装在绿面，是用来插表棒的，因此一定要焊接牢固。将其插入线路板中，用尖嘴钳在黄面轻轻捏紧，将其固定，一定要注意垂直，然后将两个固定点焊接牢固	
6.晶体管插座的安装	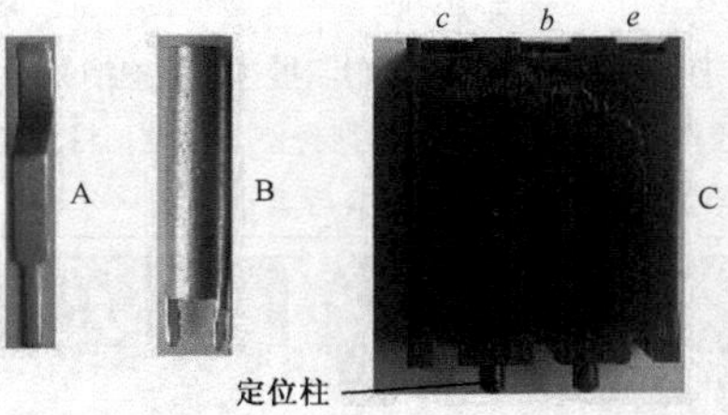 c b e A B C 定位柱	晶体管插座装在线路板绿面，用于判断晶体管的极性。在绿面的左上角有 6 个椭圆的焊盘，中间有两个小孔，用于晶体管插座的定位。将其放入小孔中检查是否合适，如果小孔直径小于定位柱，应用锥子稍微将孔扩大，使定位柱能够插入。将晶体管插片 A（如图（a）所示）插入晶体管插座 B（如图（b）所示）中，检查是否松动，然后将 A 和 B 组合件插入晶体管插座（如图（c）所示）c、b、e 中，将其伸出部分弯折 90°，便于焊接。整个组件装好后，将晶体管插座在线路板上，定位，检查是否垂直，并将 6 个椭圆的焊盘焊接牢固
7.电池极板安装位置和方向	 电池 实物图 9V电池极板安装的位置与实物图 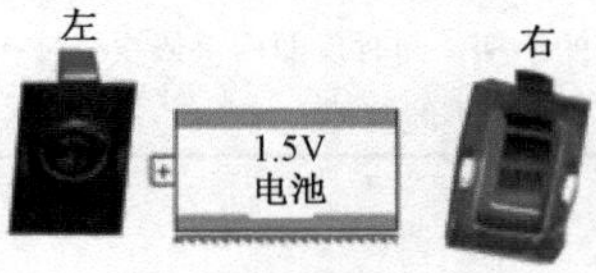 左 右 1.5V 电池 1.5V电池极板安装的位置	（1）焊接前先要检查电池极板的松紧，如果太紧应将其调整。调整的方法是用尖嘴钳将电池极板侧面的突起物稍微夹平，使它能顺利地插入电池极板插座，且不松动。 （2）左图上半部分是层叠电池 9V 电池极板安装示意图；下半部分是 2 号 1.5V 电池极板示意图。安装时要注意左、右的方向。平极板（左）与突极板（右）不能对调，否则电路无法接通

焊接安装步骤	焊接与安装示意图	焊接与安装说明
8.电池极板的焊接	 正确操作　　错误操作	（1）焊接时应将电池极板拔起，否则高温会把电池极板插座的塑料烫坏。为了便于焊接，应先用尖嘴钳的齿口将其焊接部位部分锉毛，去除氧化层。用加热的烙铁蘸一些松香放在焊接点上，再加焊锡，为其搪锡。将连接线线头剥出，如果是多股线应立即将其拧紧，然后蘸松香并搪锡。用烙铁蘸少量焊锡，烫开电池极板上已有的锡，迅速将连接线插入并移开烙铁。如果时间稍长就会使连接线的绝缘层烫化，影响其绝缘。 （2）连接线焊接的方向。连接线焊好后将电池极板压下，安装到位。安装时要注意左、右的方向
9.焊接时的注意事项		焊接时一定要注意电刷轨道上一定不能粘上锡，否则会严重影响电刷的运转（见图（a））。为了防止电刷轨道粘锡，切忌用烙铁运载焊锡。由于焊接过程中有时会产生气泡，使焊锡飞溅到电刷轨道上，因此应用一张圆形厚纸垫在线路板上（见图（b））。如果电刷轨道上粘了锡，应将其绿面朝下，用没有焊锡的烙铁将锡尽量刮除。但由于线路板上的金属与焊锡的亲和性强，一般不能刮尽，只能用小刀稍微修平整。在每一个焊点加热的时间不能过长，否则会使焊盘脱开或脱离线路板。对焊点进行修整时，要让焊点有一定的冷却时间，否则不但会使焊盘脱开或脱离线路板，而且会使元器件温度过高而损坏

（3）机械部分的安装与调整如表3-10所示。

表3-10　机械部分的安装与调整

机械部分的安装与调整	具　体　操　作
1.提把的安装	后盖侧面有两个"O"小孔，是提把铆钉安装孔。观察其形状，思考如何将其卡入，但注意现在不能卡进去。提把放在后盖上，将两个黑色的提把橡胶垫圈垫在提把与后盖中间，然后从外向里将提把铆钉按其方向卡入，听到"咔嗒"声后说明已经安装到位。如果无法听到"咔嗒"声，可能是橡胶垫圈太厚，应更换后重新安装。大拇指放在后盖内部，四指放在后盖外部，用四指包住提把铆钉，大拇指向外轻推，检查铆钉是否已安装牢固。注意一定要用四指包住提把铆钉，否则会使其丢失。将提把转向朝下，检查其是否能起支撑作用，如果不能支撑，说明橡胶垫圈太薄，应更换后重新安装
2.电刷旋钮的安装	 取出弹簧和钢珠，并将其放入凡士林油中，使其粘满凡士林。加油有两个作用：使电刷旋钮润滑，旋转灵活；起黏附作用，将弹簧和钢珠黏附在电刷旋钮上，防止其丢失。将加上润滑油的弹簧放入电刷旋钮的小孔中，钢珠黏附在弹簧的上方，注意切勿丢失。 将挡位开关旋钮轻轻取下，用手轻轻顶小孔中的手柄，同时反面用手依次轻轻扳动三个定位卡，注意用力一定要轻且均匀，否则会把定位卡扳断。小心钢珠不能滚掉

续表

机械部分的 安装与调整	具 体 操 作
3.挡位开关旋 钮的安装	电刷旋钮安装正确后，将它转到电刷安装卡向上位置，将挡位开关旋钮白线向上套在正面电刷旋钮的小手柄上，向下压紧即可。 如果白线与电刷安装卡方向相反，必须拆下重装。拆除时用平口起子对称地轻轻撬动，依次按左、右、上、下的顺序，将其撬下。注意用力要轻且对称，否则容易撬坏
4.电刷的安装	将电刷旋钮的电刷安装卡转向朝上，V 形电刷有一个缺口，应该放在左下角，因为印制电路板的 3 条电刷轨道中间两条间隙较小，外侧两条间隙较大，与电刷相对应，当缺口在左下角时电刷接触点上面两个相距较远，下面两个相距较近，一定不能放错。电刷四周都要卡入电刷安装槽内，用手轻轻按，看是否有弹性并能自动复位
5.印制电路板 的安装	电刷安装正确后方可安装印制电路板。 安装线路板前应先检查线路板焊点的质量及高度，特别是电刷通过的焊点，安装前一定要检查焊点高度，不能超过 2mm，直径不能太大，如果焊点太高会影响电刷的正常转动甚至刮断电刷。 印制电路板用三个固定卡固定在面板背面，将印制电路板水平放在固定卡上，依次卡入即可。如果要拆下重装，依次轻轻扳动固定卡。注意在安装印制电路板前应先将表头连接线焊上。最后是装电池和后盖，装后盖时左手拿面板，稍高，右手拿后盖，稍低，将后盖从下向上推入面板，拧上螺钉，注意拧螺钉时用力不可太大或太猛，以免将螺孔拧坏

四、MF-47 万用表的调试

万用表校准在没有专用校准设备的情况下，可用普通数字万用表校准，方法如下。

（1）将装配完成的万用表仔细检查一遍，确认无误后，将万用表旋至最小电流挡 0.25V/50μA 处，用数字万用表测量其"+"、"−"两插座之间的电阻值，应在 4.9～5.1kΩ 之间。如不符合要求，应调整电位器上方 220Ω（680Ω）、120Ω 两只电阻阻值，直至达到要求为止。此时基本调整完毕。

（2）将基本调试正常的万用表从电流挡开始逐挡检测（满刻度）。检测时应从最小挡位开始，首先检测直流电流挡，然后检测直流电压挡、交流电压挡、电阻挡及其他。各挡位符合要求后，该表即可投入正常使用。

五、注意事项

（1）在组装和调试时要遵守劳动纪律，注意培养一丝不苟的敬业精神，注意安全用电。

（2）烙铁头不能碰到电源线和桌面等易燃物。暂时不用请把烙铁插头拔下，以延长烙铁头的使用寿命。

（3）保管好材料零件，由于表头部分属精密仪表，在安装时需倍加小心。表头部分含有永久磁铁，有磁性，很容易把含铁的杂质吸入，损坏表头。

（4）所有焊点必须饱满，焊牢固，要防止虚焊、脱焊现象。

六、思考题

电流表量程扩大后，原表头内允许通过的最大电流是否发生变化？

任务三　支路电流法

支路电流法是计算复杂电路各种方法中的一种最基本的方法。它是基尔霍夫定律解题应用的具体体现。在计算复杂电路的方法中，它是最直接、最直观的方法。前提是，选择好各支路电流的参考方向。

一、支路电流法应用

以支路电流为未知量，根据 KCL 和 KVL 两定律，列出与支路电流数目相等的独立节点电流方程和回路电压方程，进而求解客观存在的各支路电流的方法，称支路电流法。

1．支路电流法解题的方法

电路如图 3-28 所示。

（1）由电路的支路数 m，确定待求的支路电流数。该电路 $m = 6$，则支路电流有 $I_1 \sim I_6$ 六个。

（2）节点数 $n = 4$，可列出 $n-1$ 个独立的节点方程。

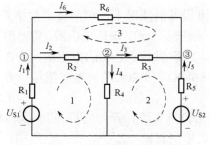

图 3-28　支路电流法解题步骤图

由节点 1～3 得

$$-I_1 + I_2 + I_6 = 0$$
$$-I_2 + I_3 + I_4 = 0$$
$$-I_3 - I_5 - I_6 = 0$$

（3）根据 KVL 列出回路方程。选取 $l = m-(n-1)$ 个独立的回路，选定绕行方向，由 KVL 列出 l 个独立的回路方程。

由回路 1～3 得

$$I_1 R_1 + I_2 R_2 + I_4 R_4 = U_{S1}$$
$$I_3 R_3 - I_4 R_4 - I_5 R_5 = -U_{S2}$$
$$-I_2 R_2 - I_3 R_3 + I_6 R_6 = 0$$

（4）将六个独立方程联立求解，得各支路电流。如果支路电流的值为正，则表示实际电流方向与参考方向相同；如果某一支路的电流值为负，则表示实际电流的方向与参考方向相反。

（5）根据电路的要求，求出其他待求量，如支路或元件上的电压、功率等。

2．支路电流法求解电路的步骤

（1）确定已知电路的支路数 m，并在电路图上标示出各支路电流的参考方向。

（2）应用 KCL 列写 $n-1$ 个独立节点方程式。

（3）应用 KVL 列写 $m-n+1$ 个独立电压方程式。

（4）联立求解方程式组，求出 m 个支路电流。

【**例 3-9**】 图 3-29 所示为一手机电池充电电路，手机充电电源 $U_{E1}=7.6\text{V}$，内阻 $R_{01}=20\Omega$，手机电池 $U_{E2}=4\text{V}$，内阻 $R_{02}=3\Omega$，手机处于开通状态，手机等效电阻 $R_3=70\Omega$。试求各支路电流。

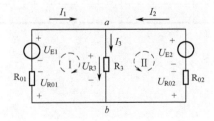

图 3-29　支路电流法解题

解：

（1）标出各支路电流的参考方向，列 $n-1$ 个独立节点的 $\Sigma I=0$ 方程。

独立节点 a 的方程：$I_1+I_2-I_3=0$

（2）标出各元件电压的参考方向，选择足够的回路，标出绕行方向，列出 $\Sigma U=0$ 的方程。"足够"是指：待求量为 M 个，应列出 $M-(n-1)$ 个回路电压方程。

可列出回路 Ⅰ：$U_{R01}-U_{E1}+U_{R3}=0$　　　回路 Ⅱ：$U_{R02}-U_{E2}+U_{R3}=0$

（3）解联立方程组得 $I_1=165$（mA），$I_2=-103$（mA），$I_3=62$（mA），I_2 为负，实际方向与参考方向相反。E_2 充电吸收功率。

二、适用范围

原则上适用于各种复杂电路，但当支路数很多时，方程数增加，计算量太大。因此，适用于支路数较少的电路。

基本技能

用万用表测量各支路电流

如图 3-30 所示，用直流电流表串联在电路中，测量电子仪器电路中各条支路电流，注意电流表量程及各支路电流流向，将测量结果填入表 3-11 中。

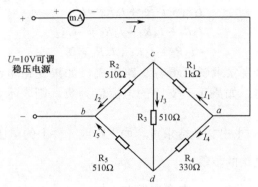

图 3-30 测量各支路电流

表 3-11 测量各支路电流数据表

方式 ＼ 支路电流	I	I_1	I_2	I_3	I_4	I_5
计算值						
测量值						

 知识拓展

*拓展一 电源的等效变换

一个实际电源可以用两种不同的电路模型来表示。一种是用理想电压源与电阻串联的电路模型来表示，称为电压源模型；另一种是用理想电流源与电阻并联的电路模型来表示，称为电流源模型。两种模型可以等效变换。

一、理想电源

有恒压源（理想电压源）和恒流源（理想电流源）之分。

1. 恒压源

恒压源内阻为零，是能提供恒定电压的理想电源。恒压源的图形符号如图 3-31（a）所示，其输出特性（外特性）曲线如图 3-31（b）所示。

特点：（1）任一时刻输出电压与流过的电流无关；

（2）输出电流的大小取决于外电路负载电阻的大小。

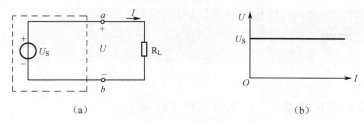

（a）　　　　　　　　　　　　（b）

图 3-31　恒压源及其外特性曲线

2．恒流源

恒流源内阻为无穷大，是能提供恒定电流的理想电源。恒流源的图形符号如图 3-32（a）所示，其输出特性（外特性）曲线如图 3-32（b）所示。

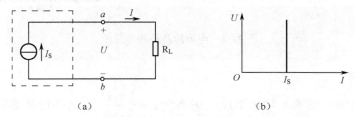

（a）　　　　　　　　　　　　（b）

图 3-32　恒流源及外特性曲线

特点：（1）任一时刻输出电流与其端电压无关；

（2）输出电压的大小取决于外电路负载电阻的大小。

二、电压源模型

实际电源有内电阻，可用理想电源和电阻的组合表征实际电源的特性。

1．图形符号

恒压源 U_S 与内电阻 R_i 串联组合，如图 3-33（a）所示。

2．外特性曲线

电压源模型的输出电压与输出电流的关系为 $U = U_S - IR_i$，其外特性曲线如图 3-33（b）所示。

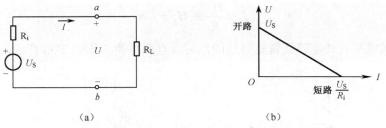

（a）　　　　　　　　　　　　（b）

图 3-33　电压源及外特性曲线

3．电压源模型的状态

（1）当电源和负载之间开路时，$I=0$，输出电压 $U=U_S$；

（2）当电源短路时，$U=0$，输出电流 $I=U_S/R_i$；

（3）当 $R_i \to 0$ 时，$U \to U_S$，电压源 → 恒压源。

三、电流源模型

1. 图形符号

恒流源 I_S 与内电阻 R_i 并联组合，如图 3-34（a）所示。

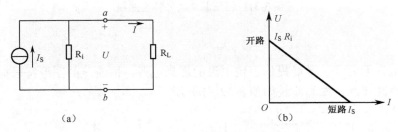

图 3-34　电流源及外特性曲线

2. 外特性曲线

电流源模型的输出电流与输出电压的关系为 $I = I_S - \dfrac{U}{R_i}$，其外特性曲线如图 3-34（b）所示。

3. 电流源状态

（1）当电流源和负载之间开路时，$I = 0$，输出电压 $U = I_S \cdot R_i$；

（2）当电流源短路时，$U = 0$，输出电流 $I = I_S$；

（3）当 $R_i \to \infty$ 时，$I \to I_S$，电流源 → 恒流源。

四、电压源模型与电流源模型的等效变换

1. 电压源模型与电流源模型等效变换的依据

一个实际电源可建立电压源和电流源两种电源模型，对同一负载而言这两种模型应具有相同的外特性，即有相同的输出电压和输出电流。根据电压源和电流源两种模型的外特性表达式可得

$$I_S = \frac{U_S}{R_i} \text{ 或 } U_S = I_S R_i$$

即两种电源模型对外电路而言是等效的，可以互相变换，如图 3-35 所示。

（a）电压源模型　　　　　　（b）电流源模型

图 3-35　电压源模型与电流源模型的等效

2．变换的注意事项

（1）变换时，恒压源与恒流源的极性保持一致；

（2）等效关系仅对外电路而言，在电源内部一般不等效；

（3）恒压源与恒流源之间不能等效变换。

3．变换时的概念与技巧

应用电源的等效变换化简电源电路时，还需用到以下概念和技巧。

（1）与电压源串联的电阻或与电流源并联的电阻可视为电源内阻处理。

（2）与恒压源并联的元件和与恒流源串联的元件对外电路无影响，分别做开路和短路处理。

（3）两个以上的恒压源串联时，可求代数和，合并为一个恒压源；两个以上的恒流源并联时，可求代数和，合并为一个恒流源。

【例 3-10】　电路如图 3-36 所示，用等效变换法求电流 I。

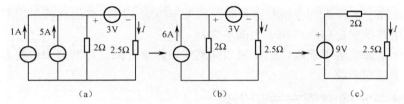

图 3-36　例 3-10 等效变换

解： 通过等效变换到最简单的电路形式，利用欧姆定律求出电流 I。

$$I = \frac{9V}{2\Omega + 2.5\Omega} = 2 \ （A）$$

图 3-36 中，先将两个电流源合并，如图（b）所示。然后将电流源变换为电压源，由于变换后两个电压源的极性（或方向）相反，最后变换为图（c），利用欧姆定律求出电路中电流

$$I = \frac{U}{R} = \frac{9V}{2\Omega + 5\Omega} = 2A。$$

---

*拓展二　戴维宁定理

1883 年，法国人 L.C.戴维宁提出，可将任一复杂的线性含源二端网络等效为一个简单的二端网络。由于 1853 年德国人 H.L.F.亥姆霍兹也曾提出过此定理，因而该定理又称为亥姆霍兹–戴维宁定理。

一、戴维宁定理的含义

1．定义

对外电路来说，任何一个线性含源二端网络（单口网络），均可以用一个电压源 U_S 和一个电阻 R_0（戴维宁等效电阻）串联的含源支路等效代替。其中电压源 U_S 等于线性含源二端网络的开路电压 U_{OC}，电阻 R_0 等于线性含源二端网络去除电源后（电压源短路、电流源开路）的输入端等效电阻 R_{ab}。电压源 U_{OC} 和电阻 R_0 组成的支路称为戴维宁等效电路，如图 3-37 所示。

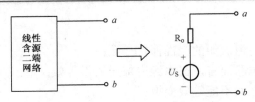

图 3-37　戴维宁等效电路

2．适用范围

只求解复杂电路中的某一条支路电流或电压时。

3．应用戴维宁定理注意事项

（1）戴维宁定理只对外电路等效，对内电路不等效。也就是说，不可应用该定理求出等效开路电压和内阻之后，又返回来求原电路（含源二端网络内部电路）的电流和功率。

（2）应用戴维宁定理进行分析和计算时，如果与待求支路连接的含源二端网络仍为复杂电路，可再次运用戴维宁定理，直至成为简单电路。

（3）戴维宁定理只适用于线性的含源二端网络。如果含源二端网络中含有非线性元件，则不能应用戴维宁定理求解。

二、戴维宁定理解题方法和步骤

【例 3-11】　　用戴维宁定理，求图 3-38 所示电路中的电流 I。

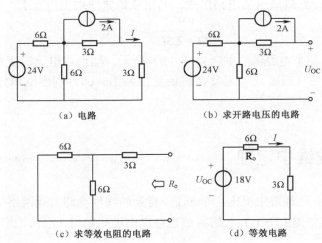

图 3-38　例 3-11 电路图

解：

（1）断开待求支路，将电路分为待求支路和含源二端网络（如图 3-38（b）所示）两部分。

（2）求出含源二端网络两端点间的开路电压 U_{OC}，即为等效电源的电动势 E_o。

$$E_o = U_{OC} = 2 \times 3 + \frac{6}{6+6} \times 24 = 18 \quad (V)$$

（3）将含源二端网络中各电源置零，即电压源短路，电流源开路后（如图 3-38（c）所示），计算无源二端网络的等效电阻，即为等效电源的内阻 R_o。

$$R_0 = 3 + \frac{6 \times 6}{6 + 6} = 6 \ (\Omega)$$

（4）将等效电源与待求支路连接，形成等效简化电路（如图 3-38（d）所示），根据已知条件求解，即

$$I = \frac{18}{6+3} = 2 \ (A)$$

注意：① 等效电源的电动势 E_0 的方向与含源二端网络开路时的端电压极性一致。

② 等效电源只对外电路等效，对内电路不等效。

【例 3-12】 如图 3-39 所示的稳压管电路。设 U_S=20V，R_1=900Ω，R_2=1 100Ω，稳压管 VDz 的稳定电压 U_Z=10V，求稳压管中通过的电流 I_Z 是多少。

解： 利用戴维宁定理对所给电路进行等效变换，变换后的电路如图 3-40 所示，则

$$U_{OC} = \frac{R_2}{R_1 + R_2} U_S = \frac{1\ 100 \times 20}{1\ 100 + 900} = 11(V)$$

$$R_0 = R_1 \ // \ R_2 = \frac{1\ 100 \times 900}{2\ 000} = 495(\Omega)$$

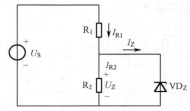 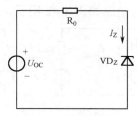

图 3-39 稳压管电路   图 3-40 等效电路

因此 $$I_Z = \frac{U_{OC} - U_Z}{R_0} = \frac{11 - 10}{495} \approx 2.02(mA)$$

通过例 3-12 我们可以知道，这和前面基尔霍夫定律求解的结果一样。戴维宁定理在解决某一条支路电流时，不用去列方程，比基尔霍夫定律解题要简便。

*拓展三 叠加定理

在基本分析方法的基础上，学习叠加定理能够了解线性电路所具有的特殊性质，更深入地了解电路中电源与电压、电流的关系。

一、叠加定理的含义

（1）定义：在具有几个电源的线性电路中，任何一条支路的电流或电压等于各电源单独作用时产生的电流或电压的代数和（电流或电压的叠加）。

（2）适用范围：线性电路。在多个电源同时作用的电路中，仅研究一个电源对多支路或多个电源对一条支路影响的问题。

（3）电源单独作用：不作用的电源必须加以处理，即理想电压源做短路处理，理想电流源做开路处理。

（4）叠加仅适用于电流、电压，功率不能叠加。

（5）代数和：若分电流与总电流方向一致，则分电流取"+"号，反之取"-"号。

二、叠加定理解题方法

用叠加定理解决电路问题的实质，就是把含有多个电源的复杂电路分解为多个简单电路的叠加。应用时要注意两个问题：一是某电源单独作用时，其他电源的处理方法；二是叠加时各分量的方向问题，如图 3-41 所示。

根据叠加定理：$I' = \dfrac{U_S}{R_S + R}$，$I'' = I_S \dfrac{R_S}{R_S + R}$，则有 $I = I' + I''$。

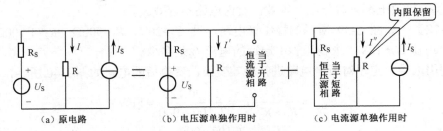

图 3-41　电压源和电流源的处理方法

【例 3-13】　　电路如图 3-42 所示，用叠加原理求 I。

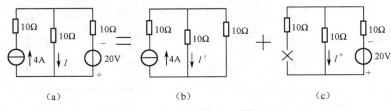

图 3-42　例 3-13 图

解：

4A 电流源单独作用时：$I' = 4 \times \dfrac{1}{2} = 2$（A）

20V 电压源单独作用时：$I'' = \dfrac{-20}{10 + 10} = -1$（A）

根据叠加定理可得电流 I：$I = I' + I'' = 2 + (-1) = 1$（A）

三、应用叠加定理的注意事项

（1）叠加定理只适用于线性电路求电压和电流；不能用叠加定理求功率（功率为电源的二次函数）。不适用于非线性电路。

（2）不作用的电压源短路，不作用的电流源开路。

（3）含受控源线性电路可叠加，受控源应始终保留。

（4）叠加时注意在参考方向下求代数和。

*拓展四 **负载获得最大功率的条件**

一、负载获得最大功率

在电子信息系统中，经常会遇到接在电源输出端或接在含源二端网络上的负载如何获得最大功率的问题。根据戴维宁定理，含源二端网络可以简化为电源与电阻的串联电路。如图 3-43 所示电路中的负载 R_L 获得的功率为

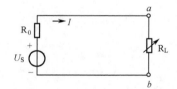

图 3-43　负载获得最大功率的条件

$$P_L = \left(\frac{U_S}{R_0 + R_L}\right)^2 \times R_L = \frac{U_S^2}{\frac{(R_0 + R_L)^2}{R_L}} = \frac{U_S^2}{\frac{(R_0 - R_L)^2 + 4R_0R_L}{R_L}} = \frac{U_S^2}{\frac{(R_0 - R_L)^2}{R_L} + 4R_0}$$

当 $R_0 = R_L$ 时，则有 $\qquad\qquad P_{L\max} = \dfrac{U_S^2}{4R_0}$ $\hfill$ （3-17）

其中 $R_0 = R_L$ 称为最大功率传输条件，这时负载获得的功率最大，工程上将电路满足最大功率传输条件 $R_0 = R_L$ 称为阻抗匹配。在信号传输过程中，如果负载电阻与信号源内阻相差较大，常在负载与信号源之间接入阻抗变换器，如变压器、射极输出器等，以实现阻抗匹配，使负载从信号源获得最大功率。

应该指出，上述结论在电源给定而负载可变的情况下才成立，在阻抗匹配时，尽管负载获得的功率达到了最大，但电源内阻 R_0 上消耗的功率为

$$P_0 = I^2 R_0 = I^2 R_L = P_{L\max}$$

由此可见，电路的传输效率只有 50%，这在电力系统是不允许的。在电力系统中负载电阻必须远远大于电源内阻，尽可能减少电源内阻上的功率消耗，只有在小功率信号传送的电子电路中，注重如何将微弱信号尽可能放大，而不注意信号源效率的高低，此时阻抗匹配才有意义。

二、应用

在扩音机电路中，若希望扬声器能获得最大功率，则应选择扬声器的电阻等于扩音机的内阻。

【例 3-14】　有一台 40W 扩音机，其输出电阻为 8Ω，现有 8Ω、16W 低音扬声器两只，16Ω、20W 高音扬声器一只，问应如何接？扬声器为什么不能像电灯那样全部并联？

解：（1）第一种接法。将两只 8Ω 扬声器串联再与一只 16Ω 20W 的扬声器并联，这样可得到相当于 1 只 8Ω、40W 扬声器的作用，然后与 8Ω、40W 扩音机连接在一起可满足 $R_L = R_i$，达到"匹配"的要求。

（2）第二种接法。如果像电灯那样全部并联时，只能起到 1 只 3.2Ω、40W 扬声器的作用，就无法满足"匹配"的要求。

因 $R_L \neq R_内$，电阻不匹配，各扬声器上功率不按需要分配，会导致有些扬声器功率不足，有些扬声器超过额定功率，会烧毁。

项目评价

一、思考与练习

1．填空题

（1）并联电路总电流等于各支路电流_____。

（2）串联电路具有_____作用。

（3）并联电路具有_____作用。

（4）串联电路总电压等于各个串联电阻电压_____。

（5）串联电路流过各个电阻的电流_____。

（6）并联电阻电路上消耗的总功率等于各电阻上消耗的功率_____。

（7）串联电阻电路上消耗的总功率等于各串联电阻消耗的功率_____。

（8）在电工测量中，常用_____电阻的方法来扩大电流表量程。

（9）基尔霍夫电流定律指出：_____，流入电路中某一节点的电流之和从该节点流出的电流之和。

（10）工厂中的各种电动机、电炉、电烙铁与各种照明灯都采用_____接法。

2．选择题

（1）在电路中若用导线将负载短路，则负载中的电流（　　　）。

    A．为零　　　　　　　　　　　　B．与短路前一样大

    C．为很大的短路电流　　　　　　D．略有减小

（2）与参考点有关的物理量是（　　　）。

    A．电流　　　　　B．电压　　　　　C．电位　　　　　D．电动势

（3）基尔霍夫电流定律的数学表达式为（　　　）。

    A．$I = U/R$　　　B．$\sum I \cdot R = 0$　　　C．$\sum U = 0$　　　D．$\sum I = 0$

（4）同一温度下，相同规格的4段导线，电阻最小的是（　　　）。

    A．银　　　　　　B．铜　　　　　　C．铝　　　　　　D．铁

（5）测量电压时，电压表必须（　　　）在负载或被测电路两端。

    A．串联　　　　　B．并联　　　　　C．混联　　　　　D．串并联

（6）下列对电压的叙述，错误的是（　　　）。

    A．在电场中，将单位正电荷由高电位移向低电位点时，电场力所做的功

    B．电压的单位是伏特

    C．电压就是电位

    D．电压就是电场中任意两点间的电位差

3．判断题

（1）电气符号所代表的就是实际的电子元器件。　　　　　　　　　　　（　　　）

（2）用电气符号组成的电路就称为电原理图，简称为电路图。　　　　　（　　　）

（3）大小和方向都不随时间改变的电流称为恒定电流，简称直流，记作 DC。（　　　）

（4）电路中两点间的电压，就是该两点的电位之差。　　　　　　　　　（　　　）

（5）电流的"参考方向"是可以任意选定的，当然也可以任意改变的。　　　　（　　）

（6）电压的实际方向是由高电位点指向低电位点。　　　　　　　　　　　　（　　）

（7）大小和方向都随时间变化的电流称为交变电流，简称交流，记作 AC。　（　　）

（8）电流在单位时间内做的功称电功率，简称为功率。　　　　　　　　　　（　　）

（9）如果选定电流的参考方向与电压的参考方向一致，则把电流和电压的这种参考方向称为关联参考方向，简称关联方向。　　　　　　　　　　　　　　　　　　　　　　（　　）

（10）外力将单位正电荷由正极移向负极所做的功定义为电源电动势。　　　（　　）

4．问答题

（1）简述 MF-47 万用表测量电路的作用。

（2）图 3-25 万用表基本原理图图纸中表头中串联的电阻起什么作用？

（3）图 3-25 万用表基本原理图图纸中是否可以看出该万用表能否测量三极管？

（4）图 3-25 万用表基本原理图图纸中 COM 代表什么意思？

（5）支路电流法应用的范围？

（6）应用电源的等效变换化简电源电路时，还需用到哪些概念和技巧？

（7）戴维宁定理的解题适用范围是什么？

5．计算题

（1）在某闭合电路中，电源内阻 $r=0.5\Omega$，外电路的路端电压为 1.4V，电路中的电流为 0.2A，求电源的电动势和外电阻。

（2）电源的电动势为 4.5V，与外电阻为 18Ω 的负载电阻构成闭合电路，测得电源两端的电压为 3.6V，求电源的内阻。

（3）如图 3-44 所示，用戴维南定理求 I_3、U_3、P_3。

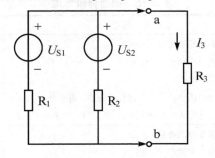

图 3-44　计算题（3）用图

（4）如图 3-45 所示，用支路电流法写出方程。

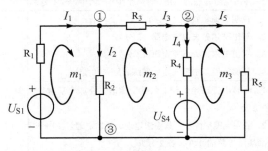

图 3-45　计算题（4）用图

6．技能题

（1）MF-47型万用表基本原理图如教材中图3-25所示，请将符号代表的意义填写入表3-14中。

表3-14　技能题（1）用表

符　　号	意　　义	符　　号	意　　义
COM		NPN	
PNP		DCV	
10A		0.5A	
DCA		Ω	
ACV		⊢·⊣	
46.2μA		9V；1.5V	

（2）请问教材中表3-5里电阻的数值都是国家标准系列的吗？

（3）在识别、检测与清查元器件和零部件时，要注意哪些问题？

（4）MF-47万用表组装要求有哪些？

（5）MF-47万用表组装工艺有哪些要求？

（6）MF-47万用表组装操作步骤的过程有哪些？

（7）MF-47万用表元器件的安装焊接有哪些要求？

二、项目评价标准

项目评价标准见表3-15。

表3-15　项目评价标准

项目检测	分　值	评分标准	学生自评	教师评估	项目总评
电阻串联	10	1．串联电路的特点（5分） 2．写出一个特点（1分） 3．不写（0分） 4．等效电阻的计算，写出分压公式（各2分） 5．写出电阻串联的应用例子，至少举一个例子（1分）			
电阻并联	10	1．并联电路的特点（5分） 2．写出一个特点（1分） 3．不写（0分） 4．等效电阻的计算，写出分流公式（各2分） 5．写出电阻并联的应用例子，至少举一个例子（1分）			
基尔霍夫定律	28	1．说明名词和概念（4分） 2．写出基尔霍夫电流定律（2分） 3．写出基尔霍夫电压定律（2分） 4．能够应用基尔霍夫定律熟练解题（20分）			
支路电流法戴维宁定理叠加定理	12	1．能够用支路电流法、戴维宁定理、叠加定理解题（各2分） 2．能用支路电流法、戴维宁定理、叠加定理解决电子产品实际电路的计算（各2分）			

续表

项目检测	分　值	评分标准	学生自评	教师评估	项目总评
万用表的认知和使用	11	1. 拿着万用表能说出测量项目、量程（5分） 2. 使用万用表测量 220V 交流电压、稳压电源 5V、12V 直流电压（2分），测量直流电流（3分） 3. 使用万用表测量支路电流（1分）			
万用表的组装与调试	20	1. 写出 MF-47 万用表的组装要求（5分） 2. 写出 MF-47 万用表的组装工艺（5分） 3. 写出 MF-47 万用表的组装各个过程的操作步骤（5分） 4. 分析和写出 MF-47 万用表的电路原理的内容（5分）			
安全操作	2	1. 现场操作规范，安全措施得当，从没出现过短路、触电等安全事故（2分） 2. 现场操作不规范，安全措施欠妥当，出现过短路但无触电等安全事故（1分）			
现场管理	2	1. 服从现场管理规定，文明、礼貌（2分） 2. 基本服从现场管理规定（1分）			

三、项目小结

（1）电阻串联电路中，各电阻中的电流相等；电路两端的总电压等于各电阻两端的电压之和；串联电路的总电阻等于各个电阻之和，即总电阻比任何一个电阻都大。串联时电压分配与电阻阻值成正比。电阻串联应用于分压电路。

（2）电阻并联电路中，各个支路两端的电压相等；电路的总电流等于各个支路的电流之和；并联电路总电阻的倒数，等于各个电阻的倒数之和，即总电阻比任何一个电阻都小。并联时电流分配与电阻阻值的倒数成正比。电阻并联应用于分流电路。

（3）多个电阻混联时，总等效电阻可以应用串联和并联关系将电路逐步简化求得。

（4）基尔霍夫定律阐明了电路中各部分电流之间的相互关系，它是适用于分析各种电路的基本定律。该定律的内容包括：对电路中任一节点，有 $\sum I = 0$；对电路中的任一回路，有 $\sum U = 0$。应用该定律列写节点电流方程和回路电压方程时，重点和难点是正确运用符号规则。

（5）支路电流是计算复杂电路最基本的方法，它依据基尔霍夫定律列出独立的节点电流方程和回路电压方程，解联立方程求出各支路电流。

（6）实际电源有两种模型：一种是恒压源与电阻串联组合，另一种是恒流源与电阻并联组合。两种电源模型之间等效变换的条件是

$$I_S = \frac{U_S}{R_i} \qquad 或 \qquad U_S = I_S R_i$$

$$r_S = R_i$$

电源等效变换适用于求解复杂电路中某一支路的电流，可以避免烦琐的数学计算，但必须逐个画出等效电路图表示变换过程。

（7）叠加原理是线性电路普遍适用的重要定理，戴维宁定理是计算复杂电路常用的定理，在进行电路分析时，灵活选用这些定律、定理及等效变换方法，可以简化分析过程。

（8）从前两个项目的学习中可以看出，在电路分析中，参考方向、参考点的概念很重要。在电压、电流的计算中，用正、负号表示方向，即当实际方向与参考方向相同时，为正值；当实际方向与参考方向相反时，为负值。在电位计算中，用正、负号表示某点电位的高低，即该点与参考点电位的关系。

 教学微视频

扫一扫

项目四　电容器的认知

电容器是电力及电子线路中必不可少的元件，有用于电子电路中的电容器，也有用于电力电子电路中的电容器。在不同电路中，电容器能起到滤波、储能、耦合、去耦、隔直、移相、提高功率因数等不同的作用。

 知识目标

1. 了解电容器的概念、结构与分类，了解电容器的参数与命名规则。
2. 学会电容器的连接并能进行串、并联电容器电容值的计算。
3. 初步理解电容器储能能力及电容器在电路中不同作用的实现。

 技能目标

1. 能依据电容器型号读出常用电容器的几个重要参数。
2. 能根据电路的需要，通过对电容器进行合适的连接而达到对电容值的要求。
3. 能用万用表对电容器的性能及质量优劣进行正确的判断。

任务一　电容器及电容的识别

一、电容器

储存电荷的元件称为电容器，文字符号 C，是电路的基本元件之一，在电工和电子技术中有很重要的应用。任何两个彼此绝缘而又互相靠近的导体均可构成电容器。在电路中的符号是"—|⊢"。组成电容器的两个导体称为极板，中间的绝缘物质称为电介质。常见电容器的电介质有空气、纸、油、云母、塑料、陶瓷等。

常用的电容器按其介质材料可分为电解电容器、云母电容器、瓷介电容器、玻璃釉电容器等。如表 4-1 所示是常用电容器的结构和特点。

表 4-1　常用电容器的结构和特点

电容器种类	电容器结构和特点	实物图片
铝电解电容器	它由铝圆筒做负极，里面装有电解质，插入一片弯曲的铝带做正极制成。还需要经过直流电压处理，使正极片上形成一层氧化膜做介质。它的特点是容量大，但是漏电大，误差大，稳定性差，常用于交流旁路和滤波，在要求不高时也用于信号耦合。电解电容器有正、负极之分，使用时不能接反	
纸介电容器	用两片金属箔做电极，夹在极薄的电容器纸中，卷成圆柱形或者扁柱形芯子，然后密封在金属壳或者绝缘材料（如火漆、陶瓷、玻璃釉等）壳中制成。它的特点是体积较小，容量可以做得较大。但是固有电感和损耗都比较大，用于低频电路	
金属化纸介电容器	结构和纸介电容器基本相同。它是在电容器纸上覆上一层金属膜来代替金属箔，体积小，容量较大，一般用在低频电路中，具有自愈作用	
油浸纸介电容器	它是把纸介电容器浸在经过特别处理的油里，能增强它的耐压。它的特点是电容量大，耐压高，但是体积较大	
陶瓷电容器	用陶瓷做介质，在陶瓷基体两面喷涂银层，然后烧成银质薄膜做极板制成。它的特点是体积小，耐热性好，损耗小，绝缘电阻高，但容量小，适用于高频电路。 铁电陶瓷电容器容量较大，但是损耗和温度系数较大，适用于低频电路	
薄膜电容器	结构和纸介电容器相同，介质是涤纶或者聚苯乙烯。涤纶薄膜电容器介电常数较高，体积小，容量大，稳定性较好，适宜做旁路电容。聚苯乙烯薄膜电容器介质损耗小，绝缘电阻高，但是温度系数大，可用于高频电路	
云母电容器	用金属箔或者在云母片上喷涂银层做电极板，极板和云母一层一层叠合后，再压铸在胶木粉或封固在环氧树脂中制成。它的特点是介质损耗小，绝缘电阻大，温度系数小，适用于高频电路	

续表

电容器种类	电容器结构和特点	实物图片
钽、铌电解电容器	它用金属钽或者铌做正极，用稀硫酸等溶液做负极，用钽或铌表面生成的氧化膜做介质制成。它的特点是体积小，容量大，性能稳定，寿命长，绝缘电阻大，温度特性好，用在要求较高的设备中	
半可变电容器	也称为微调电容器。它由两片或者两组小型金属弹片，中间夹着介质制成。调节的时候改变两片之间的距离或者面积。它的介质有空气、陶瓷、云母、薄膜等	
可变电容器	它由一组定片和一组动片组成，它的容量随着动片的转动可以连续改变。把两组可变电容器装在一起同轴转动，称为双连。可变电容器的介质有空气和聚苯乙烯两种。空气介质可变电容器体积大，损耗小，多用在电子管收音机中。聚苯乙烯介质可变电容器做成密封式的，体积小，多用在晶体管收音机中	

二、电容器的型号表示

根据部颁标准（SJ—73）规定，电容器的命名由下列四部分组成：第一部分（主称）；第二部分（材料）；第三部分（分类特征）；第四部分（序号）。它们的型号及意义如表 4-2 及表 4-3 所示。

表 4-2　电容器的型号表示的意义

第一部分									第三部分		第四部分
用字母表示主称	用字母表示材料								用数字或字母表示特征		序号
符号	意义	符号	意义	符号	意义	符号	意义	符号	意义	符号	意义	
C	电容器	C I O Y V	瓷介 玻璃釉 玻璃膜 云母 云母纸	Z J B F L	纸介 金属化纸 聚苯乙烯 聚四氟乙烯 涤纶	S Q H D A	聚碳酸酯 漆膜 纸膜复合 铝电解 钽电解	G N T M E	金属电解 铌电解 钛电解 压敏 其他材料	T W J X S D M Y C	铁电 微调 金属化 小型 独石 低压 密封 高压 穿心式	包括：品种、尺寸、代号、温度特性、直流工作电压、标称值、允许误差、标准代号

表4-3 电容器型号第三部分为数字时代表的意义

符号	特征（型号的第三部分）的意义			
（数字）	瓷介电容器	云母电容器	有机电容器	电解电容器
1	圆片	非密封	非密封	箔式
2	管型	非密封	非密封	箔式
3	叠片	密封	密封	烧结粉液体
4	独石	密封	密封	烧结粉固体
5	穿心		穿心	
6	支柱等			
7				无极性
8	高压	高压	高压	
9			特殊	特殊

三、电容器的电容量

把电容器的两极分别与直流电源的正、负极相接后，与电源正极相接的极板将带正电荷，而另一个极板则带等量的负电荷，从而使电容器储存了电荷。使电容器储存电荷的过程叫充电。充电后，电容器两极板总是带等量异种电荷。我们把电容器每个极板所带电荷量的绝对值称为电容器所带电荷量，简称带电量。充电后，电容器的两极板之间形成电场，具有电场能，电容器充电后两极板间便产生电压，实验证明：对任何一个电容器来说，两极板的电压 U 都随所带电荷量 q 的增加而增加，并且电荷量与电压成正比。其比值 $\dfrac{q}{U}$ 是一个恒量；而不同的电容器这个比值一般是不同的。可见，比值 $\dfrac{q}{U}$ 表示了电容器的固有特性。我们把电容器所带电荷量 q 跟它的端电压 U 的比值称为电容器的电容量，简称电容。显然，当电容器两极板电压 U 一定时，这个比值越大，电容器容纳的电荷量越多，所以电容器的电容表征了电容器容纳电荷的本领，这就是电容的物理意义。

如果用 q 表示电容器所带电荷量，用 U 表示两极板间的电压，用 C 表示它的电容，则

$$C = \frac{q}{U} \tag{4-1}$$

在国际单位制中，电量 q 的单位是库仑（C），电压 U 的单位是伏特（V），电容 C 的单位是法拉（F），简称法。

电容量在数值上等于在单位电压作用下，电容器每个极板所储存的电荷量。如果在电容器两极板间加1伏特（V）电压，每个极板所储存的电荷量为1库仑（C），则其电容就为1法拉（F）。

$$1F = 1\frac{C}{V}$$

法拉（F）是个很大的单位，在实际应用中常用较小的辅助单位毫法（mF）、微法（μF）、纳法（nF）、皮法（pF），它们之间的换算关系是

$$1F = 10^3\,mF = 10^6\,μF = 10^9\,nF = 10^{12}\,pF$$

若电容器的电容量为 C（F），端电压为 U（V），则该电容器所带电荷量为

$$q = CU$$

习惯上，电容器常简称为电容。

电容器的电容值及误差，一般会标示于电容器外壳之上。常用的表示方法有以下几种。

1. 字母数字混合标法

用 2～4 位数字和一个字母表示标称容量，字母前为电容容量的整数，字母后为电容容量的小数部分。用于标注的字母有四个，p、n、m、μ 分别表示 pF、nF、mF 与 μF。例如：

$$33m = 33 \times 10^3 \mu F = 33\,000 \mu F \qquad 47n = 47 \times 10^{-3} \mu F = 0.047 \mu F$$

2. 不标单位的直接表示法

这种方法是用 1～4 位数字表示，容量单位为 pF。当数字部分大于 1 时，单位为皮法；当数字部分大于 0 小于 1 时，其单位为微法（μF）。例如：

3 300 表示 3 300 皮法（pF），680 表示 680 皮法（pF），7 表示 7 皮法（pF），0.056 表示 0.056 微法（μF）。

3. 数码表示法

一般用三位数表示容量的大小，前面两位数字为电容器标称容量的有效数字，第三位数字表示有效数字后面零的个数，单位是 pF。特例：当第三位数字是 9 时，表示为 10^{-1}，如：

$$102 = 10 \times 10^2 pF = 1\,000 pF \qquad 221 = 22 \times 10^1 pF = 220 pF$$

$$229 = 22 \times 10^{-1} pF = 2.2 pF \qquad 475 = 47 \times 10^5 pF = 4\,700\,000 pF = 4.7 \mu F$$

4. 色码表示法

用不同的颜色表示不同的数字，其颜色和识别方法与电阻色环表示法一样，单位为 pF。

5. 电容器容量误差的表示法

第一种表示方法是将电容量的绝对误差范围直接标示在电容器上，即直接表示法，如 2.2±0.2pF。

第二种表示方法是直接将字母或百分比误差标示在电容器上。字母表示的百分比误差是：D 表示±0.5%；F 表示±0.1%；G 表示±2%；J 表示±5%；K 表示±10%；M 表示±20%；N 表示±30%；P 表示±50%。如电容器上标有 334K 则表示 0.33μF，误差为±10%；如电容器上标有 103P 则表示这个电容器的容量误差为±50%。注意，在此处 P 不能误认为是电容的单位 pF。

6. 在电路图上电容器容量单位的标注规则

当电容器的容量大于 100pF 而又小于 1μF 时，一般不注单位，没有小数点的，其单位是 pF，有小数点的，其单位是 μF。如 4 700 就是 4 700pF，0.22 就是 0.22μF。当电容量大于 10 000pF 时，可用 μF 为单位；当电容量小于 10 000pF 时，用 pF 为单位。

四、电容器的工作电压

在对电容器进行充电时，随着两极板上电荷量的积累，两极板间的电压 U 逐渐升高，当达到一定程度时，就会超过电容器内部的电介质的绝缘承受能力，电容器被击穿，发生放电，甚至炸裂等现象。这个能保证电容器在长时间下工作而不出现意外的电压值称为电容器的工作电压，又称为电容器的耐压值。

电容器的耐压值一般会标示于电容器外壳之上。电容耐压等级：16V、25V、35V、50V、

63V、100V、160V、250V、400V、630V、1 000V、1 250V、2 000V、3 000V 到更高耐压，实际有的电容器耐压值只写上"1250"，不写 1 250V。

需要特别注意的是：电容器的耐压值指的是加在电容器两极间的直流电压值。比如耐压值为 220V 的电容器，是不能用于 220V 的交流电路中的。

五、平行板电容器

平行板电容器是最常见的一种电容器，如图 4-1 所示。就像电阻是导体固有的特性，其大小仅由导体本身因素决定（ $R = \rho \dfrac{l}{a}$ ）；同样，电容也是电容器的固有特性，其大小也由电容器的结构决定，而与外界条件变化无关。经过理论推导和实践证明：平行板电容器的电容与两极板的正对面积 A 成正比，与两极板间的距离 d 成反比，并且与两极板间的电介质的性质有关，即

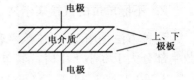

图 4-1　平行板电容器

$$C = \varepsilon \frac{A}{d} = \varepsilon_r \varepsilon_0 \frac{A}{d} \tag{4-2}$$

式中，A 表示两极板的正对面积（单位：m^2）；d 表示两极板间距离（单位：m）；ε 表示内部电介质的介电常数（单位：F/m）；C 表示电容器的电容量（单位：F）。

介电常数 ε 又称电容率，其大小由电介质的性质决定。在实验中测出真空的介电常数为 $\varepsilon_0 = 86 \times 10^{-12}$ F/m，是个恒量。某种电介质的介电常数 ε 与 ε_0 的比值称为该电介质的相对介电常数，用 ε_r 表示，即 $\varepsilon_r = \dfrac{\varepsilon}{\varepsilon_0}$ 或 $\varepsilon = \varepsilon_r \varepsilon_0$。介质为真空时，电容 $C_0 = \dfrac{\varepsilon_0 A}{d}$，插入相对介电常数为 ε_r 的电介质后，电容为 $C = \varepsilon_r C_0$。表 4-4 列出了常见电介质的相对介电常数。

表 4-4　常见电介质的相对介电常数

介 质 名 称	ε_r	介 质 名 称	ε_r	介 质 名 称	ε_r
空气	1	聚苯乙烯	2.2	云母	7.0
三氧化二铝	8.5	酒精	35	纯水	80
石英	4.3	五氧化二钽	11.6	超高频瓷	7.0～8.5
电容纸	4.3	变压器油	2.2	钛酸钡陶瓷	$10^3 \sim 10^4$

值得注意的是，任何两个相互绝缘的导体间都存在着电容，在电气设备中，常存在着分布电容，例如在输电线之间，输电线与大地之间，电子仪器的外壳与导线之间及线圈的匝与匝之间都存在分布电容。虽然，一般分布电容的数值很小，其作用可忽略不计，但在长距离传输线路中，或传输高频信号时，分布电容的存在有时会对正常工作产生干扰，在工程设计时必须加以预防。

一、电解电容器引脚的极性判断

对于有极性的电解电容器，在电路中要区别其引脚的极性，若极性接反，会出现电容器炸

裂或电容器被击穿等现象。对于新的有极性电容器的正、负极的区分，我们可以从它们的外形给予判别，如图 4-2 所示。

（1）采用不同的端头形状来表示引脚的极性，如图 4-2（b），（c）所示，这种方式往往出现在两根引脚轴向分布的电解电容器中。

（2）标出负极性引脚，如图 4-2（d）所示，在电解电容器的绝缘套上画出像负号的符号，以表示这一引脚为负极性引脚。

（3）采用长短不同的引脚来表示引脚极性，通常长的引脚为正极性引脚，如图 4-2（a）所示。

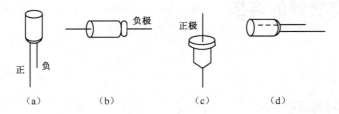

图 4-2　有极性电容的极性表示方式

对于旧的已经失去外部标志的电解电容器，我们可以通过用指针式万用表测量电解电容器的漏电电阻的方法来判定正、负极。具体做法是：测量该电容器的漏电电阻，并记下这个阻值的大小，然后将红、黑表笔对调再测电容器的漏电电阻，将两次所测得的阻值对比，漏电电阻小的一次，黑表笔所接触的是负极。

二、用指针式万用表检测电容器

1. 漏电电阻的测量

（1）用万用表的欧姆挡（R×10k 或 R×1k 挡），当两表笔分别接触电容器的两根引线时，表针首先朝顺时针方向（向右）摆动，然后又慢慢地向左回归至∞位置的附近，此过程为电容器的充电过程。

（2）当表针静止时所指的电阻值就是该电容器的漏电电阻（R）。在测量中如表针距无穷大较远，表明电容器漏电严重，不能使用。有的电容器在测漏电电阻时，表针退回到无穷大位置时，又顺时针摆动，这表明电容器漏电更严重。一般要求漏电电阻 $R \geqslant 500\text{k}\Omega$，否则不能使用。

（3）对于电容量小于 5 000pF 的电容器，不能用万用表测它的漏电阻。

2. 电容器的断路（又称开路）、击穿（又称短路）检测

检测容量为 6 800pF～1μF 的电容器，用 R×10k 挡，红、黑表笔分别接电容器的两根引脚，在表笔接通的瞬间，应能见到表针有一个很小的摆动过程。

如若未看清表针的摆动，可将红、黑表笔互换一次后再测，此时表针的摆动幅度应略大一些。若在上述检测过程中表针无摆动，说明电容器已断路。

若表针向右摆动一个很大的角度，且表针停在那里不动（没有回归现象），说明电容器已被击穿或严重漏电。

注意：在检测时手指不要同时碰到两支表笔，以避免人体电阻对检测结果的影响。同时，检测大电容如电解电容器时，由于其电容量大，充电时间长，要根据电容器容量的大小，适

当选择量程，电容量越小，量程越要放小，否则就会使电容器的充电过程时间较长，会误认为击穿。

检测容量小于6 800pF的电容器时，由于容量太小，充电时间很短，充电电流很小，万用表检测时无法看到表针的偏转，所以此时只能检测电容器是否存在漏电故障，而不能判断它是否开路，即在检测这类小电容器时，表针应不偏，若偏转了一个较大角度，则说明电容器漏电或击穿。关于这类小电容器是否存在开路故障，用这种方法是无法检测到的。可采用替代检查法，或用具有测量电容功能的数字万用表来测量。

任务二 电容器的连接

一、电容器的串联

把几个电容器的电极一个个首尾相接，连成一个无分支路的连接方式，称为电容器的串联，如图4-3所示，图4-3可等效为图4-4所示电路。

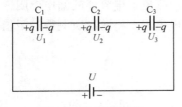

图4-3 电容的串联

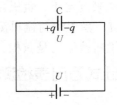

图4-4 等效电路

串联电容器组两端极板分别与电压为U的电源正、负极相接后，电源对这两端极板充以等量异种电荷$+q$或$-q$；同时，由于静电感应，又使得中间各极板也带等量异种电荷$+q$或$-q$。所以，电容器串联时每个电容器所带电量都是q，串联电容器组所带电荷量也是q，即

$$q_1 = q_2 = q_3 = \cdots = q_n \tag{4-3}$$

由基尔霍夫电压定律可得：串联电容器组的总电压等于各电容器端电压之和，即

$$U = U_1 + U_2 + \cdots + U_n \tag{4-4}$$

设三个电容器的电容分别为C_1，C_2，C_3，电压分别为U_1，U_2，U_3，串联电容器组的等效电容为C，则由于

$$U_1 = \frac{q}{C_1}, \quad U_2 = \frac{q}{C_2}, \quad U_3 = \frac{q}{C_3}, \quad U = \frac{q}{C}$$

而

$$U = U_1 + U_2 + U_3$$

所以

$$\frac{q}{C} = \frac{q}{C_1} + \frac{q}{C_2} + \frac{q}{C_3}$$

化简得

$$\frac{1}{C} = \frac{1}{C_1} + \frac{1}{C_2} + \frac{1}{C_3}$$

若有n个电容器串联，则：$\dfrac{1}{C} = \dfrac{1}{C_1} + \dfrac{1}{C_2} + \dfrac{1}{C_3} + \cdots + \dfrac{1}{C_n}$ (4-5)

即串联电容器组的等效电容（总电容）的倒数等于各电容器电容的倒数和。

若电容 C_1 与 C_2 串联，则等效电容 $C = \dfrac{C_1 C_2}{C_1 + C_2}$；若有 n 个相同的电容 C_0 串联，则等效电容 $C = \dfrac{C_0}{n}$。

电容器串联后，每个电容器承受电压都小于外加总电压，所以当电容器的耐压值小于外加电压时，除可选用耐压值不低于外加电压的电容器外，还可采用电容器串联的方法来获得较高的耐压值。

【例 4-1】　两个电容器 $C_1 = 60\mu F$，$C_2 = 40\mu F$，现将它们串联后，接在 100V 直流电源上。试求：（1）串联后的等效电容；（2）每个电容器的带电量；（3）每个电容器的电压。

解：（1）串联后的电容值为

$$C = \frac{C_1 C_2}{C_1 + C_2} = \frac{60 \times 40}{60 + 40} = 24 \quad (\mu F)$$

（2）串联后的各个电容的带电量为

$$q_1 = q_2 = q = 24 \times 10^{-6} \times 100 = 2.4 \times 10^{-3} \quad (C)$$

（3）各个电容的电压为

$$U_1 = \frac{q}{C_1} = \frac{2.4 \times 10^{-3}}{60 \times 10^{-6}} = 40 \quad (V)$$

$$U_2 = \frac{q}{C_2} = \frac{2.4 \times 10^{-3}}{40 \times 10^{-6}} = 60 \quad (V)$$

在求解电容器串联问题时，求出带电量也是解决问题的关键。我们要抓住电容器串联时各电容器电量都等于总电量这个特性，其他问题就可以迎刃而解了。

二、电容器的并联

在实际电路中，有时需要对几个电容器进行并联连接，以满足电路对电容值的要求。如图 4-5（a）所示，把几个电容器的一个极板连接在一起，另一个极板也连在一起的连接方式称为电容器的并联。

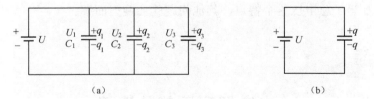

（a）　　　　　　　　　　　　　（b）

图 4-5　电容器的并联

显然，在电容器并联电路中，每个电容器两端的电压都是相同的，都等于总电压，即

$$U_1 = U_2 = U_3 = \cdots = U_n = U \tag{4-6}$$

同时，并联电容器组的总电荷量 q，应该等于各电容器的电荷量之和，即

$$q = q_1 + q_2 + \cdots + q_n \tag{4-7}$$

设各个并联电容器的电容分别为 $C_1, C_2, C_3, \cdots, C_n$，它们所带电量分别为 $q_1, q_2, q_3, \cdots, q_n$，并设此并联电容器组的等效电容（总电容）为 C，则

由于　　　　　　　　$q_1 = C_1 U$，$q_2 = C_2 U$，$q_3 = C_3 U$，$\cdots$，$q_n = C_n U$

又　　　　　　　　　　　$q = CU$

代入式（4-7）得
$$CU = C_1U + C_2U + C_3U + \cdots + C_nU = (C_1 + C_2 + C_3 + \cdots + C_n)U$$

所以
$$C = C_1 + C_2 + C_3 + \cdots + C_n \tag{4-8}$$

即并联电容器组的等效电容（总电容）等于各电容器的电容之和。电容器并联后相当于增大了极板的正对面积，所以其等效电容大于其中任何一个电容。若有 n 个相同电容 C_0 的电容器并联，那么总电容 $C = nC_0$。

电容器并联后，可增大电容值，加在每个电容器上的电压都等于电路总电压。并联电容器组的耐压值等于其中耐压值最小的一个。若任何一个电容器的耐压值小于并联电路电压，则该电容器将会被击穿而短路，因此在使用并联电容器增大电量时需注意这个问题。

【例4-2】 电容 $C_1 = 0.004\mu F$，耐压值为120V，电容 $C_2 = 600pF$，耐压值为200V，将它们并联使用。试求：（1）等效电容；（2）电容器组的耐压值；（3）若将它们接入电压为100V的电路中，求每个电容器所带的电荷量和并联电容器组的电荷量。

解：

（1）并联电容器组的等效电容
$$C = C_1 + C_2 = 0.004\mu F + 600pF = 0.004\,\mu F + 0.000\,6\,\mu F = 0.004\,6\,\mu F$$

（2）电容器并联时，各电容器的两端电压都相等，取耐压值最小的电容器的耐压值作为电容器组的耐压值，所以该电容器组的耐压值为120V。

（3）电容器组接入100V电路时：$U_1 = U_2 = U = 100$（V），那么
$$q_1 = C_1U = 0.004\mu F \times 100V = 4 \times 10^{-9}F \times 100V = 4 \times 10^{-7}\,（C）$$
$$q_2 = C_2U = 600pF \times 100V = 6 \times 10^{-10}F \times 100V = 6 \times 10^{-8}\,（C）$$

所以
$$q = q_1 + q_2 = 4 \times 10^{-7}C + 6 \times 10^{-8}C = 4.6 \times 10^{-7}\,（C）$$

或直接利用公式
$$q = CU = 0.004\,6\,\mu F \times 100V = 4.6 \times 10^{-9}F \times 100V = 4.6 \times 10^{-7}\,（C）$$

在求解电容器并联问题时，求出电容器两端电压是解决问题的关键。我们抓住电容器并联时各电容器电压都等于总电压这个特点，其他问题就会迎刃而解。

基本技能

电容器耐压值的选择

在实际电路中可以用串联电容器的方法获得较高的耐压值，比如当 n 个相同电容（容量与耐压值都相同）的电容器串联时，可以获得单个电容耐压值 n 倍的电容器组。但是当耐压值相同而容量不同的电容器串联时，我们能不能认为电容器组的耐压值是原来耐压值的 n 倍呢？下面通过例题的分析来回答此问题。

【例4-3】 有三个电容器 C_1、C_2、C_3 串联，已知它们的电容分别是 $3\mu F$、$4\mu F$、$6\mu F$，耐压值都是500V，求电容器组的总电容和耐压值 U。

解：电容器串联时总电容的倒数等于各个串联电容的倒数的和，故
$$\frac{1}{C} = \frac{1}{C_1} + \frac{1}{C_2} + \frac{1}{C_3} = \frac{1}{3} + \frac{1}{4} + \frac{1}{6} = \frac{9}{12}$$

所以

$$C=\frac{12}{9}=\frac{4}{3}\approx 1.33 \ （\mu F）$$

下面来求耐压值 U，U 是否等于 3×500=1 500（V）呢？

由电容定义式可知：$U=\frac{q}{C}$，电容器串联后，总的电容器组的带电量等于每个电容器的带电量，此时 q 应取什么？我们先来求一下每个电容器的最大极限带电量。

$$q_1=3\times10^{-6}\times500=1.5\times10^{-3}C$$
$$q_2=4\times10^{-6}\times500=2.0\times10^{-3}C$$
$$q_3=6\times10^{-6}\times500=3.0\times10^{-3}C$$

很显然，三个极限带电量中的最小值就是此电容器组的极限带电量，即此串联电容器组的极限带电量：$q=1.5\times10^{-3}C$。

所以，此电容器组的耐压值为

$$U=\frac{q}{C}=\frac{1.5\times10^{-3}}{\frac{4}{3}\times10^{-6}}=1\ 125 \ （V）$$

显然：U 不等于 3×500=1 500（V）。

从上例可以看出，当不同电容器串联使用时，必须使任何一个电容器的工作电压不能超过其耐压值，而在求电容器组的耐压值时，绝不能把串联的几个电容器的耐压值相加作为电容器组的耐压值。而在分析计算串联电容器组的耐压值时，应先求出电容器组的等效电容，再求出每个电容器的极限带电量，取其中的最小值作为电容器组的极限带电量 q，再利用公式 $U=\frac{q}{C}$ 求出耐压值。从中还可以看出，电容器串联时，电压的分配与电容量成反比，小的电容器在串联电路中分得的电压大，所以在进行电容器的串联连接时，应首先考虑小电容器上的工作电压不能超过其耐压值。

任务三　电容器充、放电现象的认知

一、电容器的充电过程

电容器作为一种储能元件，具有储存和释放电能的性质，表现为电容器的充、放电现象，在电路中所起到的各种作用也都是靠充放电过程来实现的。通过实验来观察和分析电容器在充、放电过程中的规律，可以加深对电容器基本特性的了解和认识。

在图 4-6 所示的电路中，U_S 为恒压源，C 为电容量很大的电容器，A_1 和 A_2 是电流表，S 是单刀双掷开关，EL 是小灯泡，V 是电压表。先将开关 S 与 1 接通，电源对电容器充电。

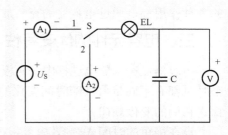

图 4-6　电容充放电实测电路

实验证明：在将 S 与 1 接通的瞬间，灯泡开始最亮，然后逐渐变暗，最后熄灭；同时电流表 A_1 上的读数也由最大开始逐渐减小，直到为零，而电压表的读数则由零开始逐渐增大。

电容器两极板之间是由电介质绝缘的，但电容器充电时灯泡会亮，说明电路中是有电流的。这个电流是怎样形成，同时又是怎样变化的呢？

可以做这样的思考：当电容器的两个极板与恒压源相接后，在直流电压作用下，电容器上方极板上的负电荷被电源正极吸引，经导线和电源再移到下方极板，形成充电电流。所以在充电过程中并没有电荷直接通过电容器内部的电介质，而是电子由电容器的正极板→灯泡→电流表Ⓐ₁→电源正极→电源负极→电容器负极板做定向移动形成电流的，如图 4-7（a）所示。当开关 S 刚与 1 接通瞬间，由于电容器的极板上还没有电荷，两极板之间电压等于 U_S（最大），所以开始时充电电流最大，灯泡最亮；随着电容器两极储存电荷量增多，两极板之间电压也随之升高，在此过程中可以看到电压表的读数逐渐增大，此时，电容器两极板间电压与电源电压逐渐接近，所以充电电流也越来越小。当电容器端电压上升到 $U_c=U_S$ 时，电容器上下两极板与电源正负极分别等电位，电流变为零，充电结束。此时，电容器储存的电荷量为 $q=CU_S$。

二、电容器的放电过程

下面再来分析电容器的放电过程。当开关 S 由 1 扳向 2 时，电容器脱离电源，与灯泡、电流表Ⓐ₂形成回路。此时，充电后的电容器相当于电源，通过灯泡、电流表构成放电回路（见图 4-7（b）），形成放电电流。开始时电容器端电压为 U_S（最大），所以放电电流最大，灯泡最亮，随着电容器两极板正、负电荷不断中和，电容器端电压逐渐减小，放电电流也随之减小。当电容器两极板正、负电荷全部中和时，端电压 $U_c=0$，电流也为零，放电结束。由图 4-7（b）可以看到，电容器在放电过程中，也没有电荷通过电容器内部电介质。

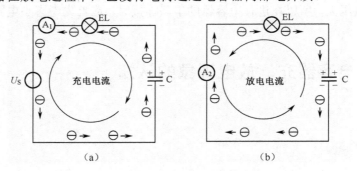

图 4-7　电容器的充、放电电流的形成

电容器的充、放电过程，也就是电容器储存能量与释放能量的过程，电容器在电路中所起的各种作用都是通过电容器的充、放电过程而实现的。

三、电容元件的伏安特性

电容器在充、放电过程中，极板上的电荷 q、电容电压 u_c 和电流 i_c 都随时间变化，而且每个时刻都有不同量值（随时间变化的电压、电流、电荷量均以小写字母表示）。下面，我们来探索它们的变化规律。

设在极短的时间 Δt 内，电容极板上电荷的变化量为 Δq，由电流的定义式可得，电路中电流为

$$i_c = \frac{\Delta q}{\Delta t}$$

又因 $q=Cu_c$，可得 $\Delta q=C\Delta u_c$，所以

$$i_c = \frac{\Delta q}{\Delta t} = C\frac{\Delta u_c}{\Delta t} \tag{4-9}$$

这就是电容元件的伏安关系式，它阐明了电容元件电压与电流的关系，即电容电流与电容电压的变化率成正比。显然，它与电阻元件伏安关系完全不同。

根据电容元件的伏安关系式，我们可推导出电容器的重要特性。

（1）若电容电压没有变化，即 $\Delta u_c=0$，则 $\frac{\Delta u_c}{\Delta t}=0$，$i_c = C\frac{\Delta u_c}{\Delta t}=0$。所以电容器具有隔直流作用。

（2）若将交变电压加在电容器两端，则电路中有交替的充、放电流通过，即电容器具有通交流电作用。

一、电容器充、放电电路的制作

按图 4-8 制作电容器充、放电的实验电路，图中 VD_1 为红色发光二极管，VD_2 为绿色发光二极管，A_1 为电流计，A_2 为灵敏电流计，V 为电压表，S 为单刀双掷开关，U_S 可采用实验电源（可调），C 为电容器。实训要求：

（1）调节 U_S 的大小进行多次实验。

（2）更换不同容量的电容器 C 进行多次实验。

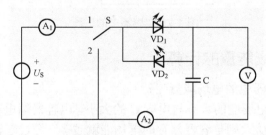

图 4-8　电容器充、放电实验电路

二、观察与思考

（1）充、放电过程中 A_1、A_2、V 的指针摆动情况。

（2）VD_1、VD_2 分别在什么时刻被点亮。

（3）改变 U_S 或 C 的值时，发光管发光的时间长短与亮度有怎样的变化。

（4）VD_1、VD_2 为什么会交替发光？

（5）当 U_S 减小到什么值时，VD_1、VD_2 不会被点亮？为什么？

（6）把 S 放在和 1、2 两个位置都不相接时，V 的读数会不会变化？为什么？

任务四　电容器中的电场能量

一、电容器中的电场

电容器最基本的功能就是储存电荷。通过观察分析电容器充、放电现象的实验，我们可以清楚地描绘出电容器储存、释放电能的特性。

电容器充电时，两极板上电荷 q 逐渐增多，$q=CU_C$，所以端电压 U_C 也成正比地逐渐增大。两极板上的正、负电荷就在电容器的电介质内部建立电场，如图 4-9 所示。电场是具有电场能的，电场能是能量存在的一种方式。所以，电容器充电时，从电源吸取电能，转化为电场能，储存在电容器内部的电场中；电容器放电时，极板上电荷不断减少，电压不断降低，电场不断减弱，把充电时储存的电场能量释放出来，转化为灯泡的光能和热能。从能量转换的角度看，电容器的充、放电过程，实质是电容器转化、储存、释放电能的过程，是电容器与外部能量的交换过程。在电容器充、放电整个过程中，电容器本身只是转化、储存电能，而没有消耗能量，所以说电容器是一种储能元件，与电阻元件的区别在于：电流通过电阻时要做功，把电能转换为热能，这种能量的转换是不可逆的，所以电阻是一种耗能元件。

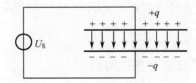

图 4-9　电容器中的电场

二、电容器中电场能量的计算

怎样来定量计算电容器中的电场能量呢？

实验证明，电容器中电场能的大小与电容 C 的大小、电容器端电压 U 的大小有关。电容 C 越大，电容器端电压 U 越大，则电容器储存的电场能就越多，经过理论推导总结出电容器中的电场能的计算公式为

$$W_C = \frac{1}{2}CU^2 \tag{4-10}$$

将电容定义式 $C = \dfrac{q}{U}$ 代入上式，即可得到电容器中电场能量的另一个表达式。

$$W_C = \frac{1}{2}qU \tag{4-11}$$

上述两式中，电容 C 的单位为法拉（F），电压 U 的单位为伏特（V），电荷量 q 的单位为库仑（C），电场能的单位为焦耳（J）。

从上述的公式中，可以看出电容器可以储存的电场能量与电容成正比，与电容器端电压的平方成正比。因此，在一定电压下，电容 C 越大，储能能力越大，电容值同时也是电容器储能本领的标志。

【例 4-4】 一个电容为 $100\mu F$ 的电容器已被充电到 100V，若再继续充电到 400V，则电容器储存的电场能增加了多少？

解：电容器中储存的能量在 100V 与 400V 时分别为

$$W_1 = \frac{1}{2}CU_1^2 = \frac{1}{2}\times100\times10^{-6}\times100^2 = 0.5 \text{（J）}$$

$$W_2 = \frac{1}{2}CU_2^2 = \frac{1}{2}\times100\times10^{-6}\times400^2 = 8 \text{（J）}$$

所以，电容器由 100V 充电到 400V 后储存的电场能增加了 7.5J。

电容器作为电路的一种重要元件，通过充、放电实现它在电路中的功能与作用，所以电容器的储能能力是衡量电容器优劣的一个重要的性能指标。

还应指出的是，只有理想化的电容器，即纯电容元件才只储能而不耗能。对于实际的电容器，由于其介质不可能完全绝缘，在电压的作用下，总有一些漏电流，即它仍有一些电阻成分，会消耗一些能量，使电容器发热。由于介质损耗及其他原因产生的能量消耗称为电容器的损耗。一般电容器能量损耗很小，可以忽略不计。

电容器的储能功能在实际中得到广泛应用。例如，照相机的闪光灯就是先让电池给电容器充电，再将其储存的电能在按到快门的极短时间内释放出来，产生闪光。储能焊也是利用电容器储存电能并在极短时间内释放出来，使被焊金属在极小的局部区域熔化而焊接在一起。但是，电容器的储能功能有时也会给人造成伤害。例如，在工作电压很高的电容器断电后，电容器内仍储有大量电能，若用手去触摸电容器，就有触电危险。所以，断电后应用适当大小的电阻与电容器并联（电工实验时，也可用绝缘导线将电容器两极板短接），将电容器中的电能释放后，再进行操作。

一、电容器质量的判定

焊装电容器之前，必须认真检查，对短路、断路、漏电和失效者一律剔出不用。用普通的指针式万用表就能判断电容器的质量、电解电容器的极性，并能定性比较电容器容量的大小。

1．质量判定

用万用表 R×1k 挡，将表笔接触电容器（1μF 以上的容量）的两引脚，接通瞬间，表头指针应向顺时针方向偏转，然后逐渐逆时针回复。如果不能回复，则稳定后的读数就是电容器的漏电电阻，阻值越大表示电容器的绝缘性能越好。

对于电容量小于 1μF 的电容器，由于电容充、放电现象不明显，检测时表头指针偏转幅度很小或根本无法看清，但并不说明电容器质量有问题。

2．容量判定

检测过程同上，型号、标称值相同的电容器，在检测时表头指针向右摆动的角度越大，说明电容器的容量越大，反之则说明容量越小。

3．可变电容器碰片检测

用万用表的 R×1k 挡，将两表笔固定接在可变电容器的定、动片端子上，慢慢转动可变电容器的转轴（转轴转动应灵活均匀），如表头指针发生摆动说明有碰片，否则说明是正常的。

二、电容器的选用

电容器的种类很多，生产厂家不同，性能指标各异，合理选用电容器是十分重要的。一般应从以下几方面进行考虑。

1．额定电压

所选电容器的额定电压一般是在线电容工作电压的 1.5～2 倍。不论选用何种电容器，都不得使其额定电压低于电路的实际工作电压，否则电容器将会被击穿；也不要使其额定电压太高，否则不仅提高了成本，而且电容器的体积必然增大。但选用电解电容器（特别是液体电介质电容器）应特别注意，一是由于电解电容器自身结构的特点，应使线路的实际电压相当于所选额定电压的 50%～70%，以便充分发挥电解电容器的作用。如果实际工作电压相当于所选额定电压的一半，反而容易使电解电容器的损耗增大。二是在选用电解电容器时，还应注意电容器的存放时间（存放时间一般不超过一年）。长期存放的电容器可能会因电解液干涸而老化。

2．标称容量和精度

大多数情况下，对电容器的容量要求并不严格，容量相差一些是无关紧要的。但在振荡回路、滤波、延时电路及音调电路中，电容量的要求则非常精确，电容器的容量及其误差应满足电路要求。

3．使用场合

根据电路的要求合理选用电容器，云母电容器或瓷介电容器一般用在高频或高压电路中。在特殊场合，还要考虑电容器的工作温度范围、温度系数等参数。

4．体积

设计时一般希望使用体积小的电容器，以便减小电子产品的体积和重量，更换时也要考虑电容器的体积大小能否正常安装。

5．音频电路中电容器的选择

通常音频电路中包括滤波、耦合、旁路、分频等电容器，如何在电路中更有效地选择使用各种不同类型的电容器对音响音质的改善具有较大的影响。

（1）滤波电容：整流后由于滤波用的电容器容量较大，故必须使用电解电容器。滤波电容用于功率放大器时，其值应为 10 000μF 以上，用于前置放大器时，容量为 1 000μF 左右即可。当电源滤波电路直接供给放大器工作时，其容量越大音质越好。但大容量的电容器将使阻抗从 10kHz 附近开始上升。这时应采取几个稍小电容并联成大电容，同时也应并联几个薄膜电容，在大电容旁以抑制高频阻抗的上升。

（2）耦合电容：耦合电容的容量一般在 0.1～1μF 之间，以使用云母、丙烯、陶瓷等损耗较小的电容音质效果较好。

（3）前置放大器、分频器等：前置放大器、音频控制器、分频器上使用的电容，其容量在

100pF～0.1μF 之间，而扬声器分频 LC 网络一般采用 1μF 到几十 μF 之间容量较大的电容，目前高档分频器中采用 CBB 电容居多。小容量时宜采用云母、苯乙烯电容。而 LC 网络使用的电容，容量较大，应使用金属化塑料薄膜或无极性电解电容器，其中无极性电解电容器如采用非蚀刻式，则更能获取极佳音质。

项目评价

一、思考与练习

1. 填空题

（1）耦合电容的容量一般在 0.1～1μF 之间，以使用_____、_____、_____等损耗较小的电容音质效果较好。

（2）电解电容器长期存放时可能会因_____而老化。

（3）可以通过用指针式万用表测量电解电容器的漏电电阻的方法来判定_____、_____极。

（4）电解电容器通常长的引脚为_____极性引脚。

（5）万用表测量电容时，表针向右摆动一个很大的角度，且表针停在那里不动（没有回归现象），说明电容器已被_____或_____严重。

（6）串联电容器组两端极板分别与电压为 U 的电源正、负极相接后，电源对这两端极板充以_____电荷+q 或−q。

（7）串联电容器组的等效电容（总电容）的_____等于各电容器电容的_____和。

（8）并联电容器组的等效电容（总电容）等于_____的电容之和。

（9）任何两个彼此绝缘而又互相靠近的导体均可构成_____。

2. 选择题

（1）电容器是存储（　　）的容器。

    A．电压　　　　　　B．电流　　　　　　C．电荷　　　　　　D．电位

（2）电容组件是储存（　）能量的理想组件。

    A．磁场　　　　　　B．电场　　　　　　C．电磁场　　　　　D．引力场

（3）关于电容器，下列说法正确的是（　　）。

    A．电容器两极板上所带的电荷量相等，种类相同。

    B．电容器两极板上所带的电荷量相等，种类相反。

    C．电容器既是储能元件又是耗能元件。

    D．电容器的电容量是无限大的。

（4）关于电容，下列说法正确的是（　　）。

    A．电容器没带电的时候没有电容　　　B．电容器带电的时候才有电容

    C．电容与电容器是否带电没关系　　　D．电容器带电越多，电容就越大

（5）型号为 CD11 的电容器是（　　）。

    A．箔式电容器　　　　　　　　　　　B．铝电容器

    C．电解电容器　　　　　　　　　　　D．铝电解电容器

3．判断题

（1）几个电容元件相串联，其电容量一定增大。 （　　）

（2）电容器串联后，其等效电容量总是小于其中任一电容器的电容量。 （　　）

（3）电容器漏电，一般要求漏电电阻 $R \geqslant 500\text{k}\Omega$，否则不能使用。 （　　）

（4）电容器的电容量要随着它所带电荷量的多少而发生变化。 （　　）

（5）平行板电容器的电容量只与极板的正对面积和极板之间的距离有关，而与其他无关。

（　　）

（6）电容器作为电路的一种重要元件，所以电容器的储能能力是衡量电容器优劣的一个重要的性能指标。 （　　）

（7）纯电容元件不储能而只耗能。 （　　）

4．问答题

（1）用万用表电阻挡检测大电容器质量时，若指针偏转后回不到起始位置，而停在刻度盘的某处，则说明什么问题？

（2）两个电容器，C_1=30μf，耐压 12V，C_2=50μf，耐压 12V，将它们串联后接入 24V 电源上，则出现什么问题？

（3）电容器串联时为什么小的电容器在串联电路中分得的电压大？

（4）电容元件根据什么关系，得到哪两个重要特性？

（5）选用电解电容器（特别是液体电介质电容器）应特别注意什么？

（6）可变电容器碰片检测要注意什么？

5．计算题

（1）有 C_1=20μF，C_2=30μF 的两电容器，耐压值都是 30V，欲将它们并联使用，试求它们并联后的等效电容值与最大可能储存电场能各是多少。

（2）一个 C=300μF 的电容器在 1s 内，端电压由 0 上升到 60V，试求充电平均电流的大小与储存的电场能。

（3）把两只电容量为 2000PF 的电容串联，串联后的电容量为多少 PF？

（4）某电容器两端的电压为 40V 时，它所带的电荷量是 0.2C，若它两端的电压降到 10V 时，则发生什么样变化？

（5）把两只电容量为 2000PF 的电容并联，并联后的电容量为多少 PF？

（6）电容器 C_1 和一个电容为 8μF 的电容器 C_2 并联，总电容为电容器 C_1 的 3 倍，那么电容器 C_1 的电容量是多少？

6．技能题

（1）在生活中哪些地方用到电容器？找到一个，说明其外壳标识所代表的意义。

（2）怎样从电解电容的外观来判断电解电容的好坏？

（3）如何用万用表检测电解电容器的好坏？

（4）洗衣机启动电容容量有多大？耐压是多少伏？是有极性，还是无极性？

（5）瓷片电容耐压是多少伏？

（6）电解电容常用在什么电路中？

（7）电力电容在交流电路中起什么作用？

二、项目评价标准

项目评价标准如表 4-5 所示。

表 4-5　项目评价标准

项目检测	分　值	评分标准	学生自评	教师评估	项目总评
电容器参数的识读	20	能准确识读电容器的各项参数			
电容器材料的辨别	20	能基本分辨常用电容器的制造材料，基本明确材料不同的常用电容器的性能特点			
电容器质量的检测	20	能判别电容器的开路、短路、漏电严重等故障，能分辨不同厂家、相同规格的电容器的质量优劣			
电容器的使用选择	20	根据电路功能与使用场合，基本上能选择合适的电容器			
安全操作	10	能保证工作场所器材与人身安全，会应用防护基本技能			
现场管理	10	服从指导教师管理，工作环境整洁有序			

三、项目小结

（1）电容器是电能储存元件，文字符号为 C，是电路的基本元件之一，在电工和电子技术中有很重要的应用。任何两个彼此绝缘而又互相靠近的导体均可构成电容器。组成电容器的两个导体称为极板，中间的绝缘物质称为电介质。常见电容器的电介质有空气、纸、油、云母、塑料、陶瓷等。

（2）根据部颁标准（SJ—73），电容器的命名由下列四部分组成：第一部分是主称；第二部分是材料代号；第三部分是分类特征；第四部分是序号。

（3）电容器每个极板所带电荷量的绝对值称为电容器的带电量，极板带电后两极板间便产生电压。电容器所带电荷量 q 跟它的端电压 U 的比值称为电容器的电容量，简称电容。电容器的电容量表征了电容器容纳电荷的本领，这就是电容的物理意义。电容量的单位是法拉，简称法。常用单位还有微法、皮法等。

（4）电容器的电容值及误差一般会标示于电容器外壳之上，常用的表示方法有：字母数字混合标法、直接表示法、数码表示法、色码表示法。电容器容量误差的表示法有直接表示法和直接将字母或百分比误差标示在电容器上。

（5）能保证电容器在长时间下工作而不出现意外的电压值称为电容器的工作电压，又称为电容器的耐压值。电容器的耐压值指的是加在电容器两极间的直流电压值。

（6）平行板电容器是最常见的一种电容器，其电容与两极板的正对面积 A 成正比，与两极板间的距离 d 成反比，并且与两极板间的电介质的性质有关，即 $C = \varepsilon \dfrac{A}{d} = \varepsilon_r \varepsilon_0 \dfrac{A}{d}$。

（7）用指针式万用表的欧姆挡可以简单检测电容器的质量与好坏。

（8）把几个电容器并联或串联连接可以构成不同容量与耐压值的电容器。串联电容器组的等效电容（总电容）的倒数等于各电容器电容的倒数和。并联电容器组的等效电容（总电容）等于各电容器的电容之和。

（9）电容器作为一种储能元件，具有储存和释放电能的性质，表现为电容器的充、放电现象，充电过程中充电电流逐渐减小，放电过程中放电电流也是逐渐减小的。

（10）电容器中电场能的大小与电容 C 的大小、电容器端电压 U 的大小有关，电容 C 越大，

电容器端电压 U 越大，电容器中的电场能也越大。电容器中的电场能为：$W_C = \dfrac{1}{2}CU^2$。在一定电压下，电容 C 越大，储能能力越大，电容值同时也是电容器储能本领的标志。

（11）电容器的选用一般应考虑：额定电压、标称容量和精度、使用场合与功能、体积大小等因素，当然还有性价比等。

 教学微视频

扫一扫

项目五　磁场及电磁感应的认知

磁现象是最早被人类认识的物理现象之一，磁与电有着密不可分的关系，一些仪表、电动机、发电机、变压器等都是依据电磁理论制造和工作的。

任务一　磁场的基本概念

一、磁场的基本特征

1. 磁现象、磁铁与磁极

人们把物体能够吸引铁、镍、钴等金属及其合金的性质称为磁性，把具有磁性的物体称为磁铁，又称磁体、磁钢，俗称吸铁石。可分为永久性磁铁（硬磁）与非永久性磁铁（软磁）两类，又可分为天然和人造两类。天然磁体的磁性一般较弱，实际应用的大多是人造磁铁。人造磁铁也可分为永久磁铁和非永久磁铁两种，永久磁铁的磁性能够长期保存。常见磁铁形状有条形、蹄形和针形等，如图 5-1 所示。在磁铁上磁性最强的部分称为磁极，一个磁铁都有两个磁极：N 极与 S 极，在越靠近磁极的地方，磁性就越强，在远离磁极的地方，磁性就弱。

2．磁场与磁力线

在磁体或电流的周围都存在着磁场，磁体之间、电流之间、磁体与电流之间的相互作用力都是通过各自的磁场进行的，我们把这种作用力称为磁场力。磁场也是一种特殊物质，具有力和能的性质。

磁场是有方向的，在磁场中的任一点，小磁针 N 极受力的方向，即小磁针水平静止时 N 极所指的方向，就是该点的磁场方向。

磁力线是在磁场中实实在在存在的曲线，用以表示磁场的空间分布，曲线上每一点的切线方向都与该点磁场方向相同。磁力线的疏密表示磁场强弱：磁力线密集处，磁场强；磁力线稀疏处，磁场弱。磁力线在磁体外部由 N 极出来进入 S 极，在磁体内部由 S 极指向 N 极，组成不相交的闭合曲线，如图 5-2 所示。

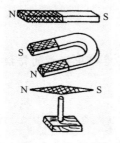

图 5-1　常见磁铁形状

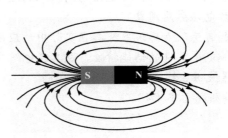

图 5-2　条形磁铁的磁场

3．电流的磁场和磁力线方向

1820 年丹麦物理学家奥斯特通过实验首先发现电流也能产生磁场，揭示了电现象和磁现象之间密切的内在联系，为电磁学的发展奠定了基础。

直线电流的磁场如图 5-3 所示，其磁力线是一系列以导线上各点为圆心的同心圆，这些同心圆都在与导线垂直的平面上。可以看到，远离导线地方，磁力线稀疏一些，也就是说靠近导线的地方磁场强些，远离导线的地方磁场弱些。

图 5-3　直线电流的磁场

直线电流磁力线与电流方向之间的关系可以用安培定则（也叫右手螺旋定则）来判定：用右手握住导线，让伸直的大拇指所指的方向与电流方向一致，则弯曲的四指所指方向就是磁力线环绕方向。

将直导线弯曲成圆环形，通电后形成环形电流。其磁力线是一系列围绕环形导线的闭合曲线。在环形导线的中心轴上，磁力线和环形导线平面垂直。环形电流的磁力线与环形电流方向之间的关系，也可用安培定则判定：让右手弯曲的四指与环形电流的方向一致，则伸直的大拇指所指方向就是环形电流中心轴线的磁力线方向。

螺线管线圈可看做由多匝环形导线串联而成，通电螺线管产生的磁力线形状与条形磁铁相似。在通电螺线管外部，磁力线由 N 极出来进入 S 极；在通电螺线管内部，磁力线与螺线管轴线平行，方向由 S 极指向 N 极，并与外部磁力线连成闭合曲线，如图 5-4 所示。改变电流方向，它的磁极将对调。

通电螺线管的电流方向与它的磁力线方向之间的关系，也可用安培定则来判定，用右手握住螺线管，让弯曲的四指所指方向与电流的方向一致，则拇指所指方向即为螺线管内部的磁力线方向，即大拇指所指为通电螺线管的 N 极。

电流磁场的磁力线方向与电流方向的关系，都可用安培定则来判定，这是直线电流、环形电流和通电螺线管所具有的共性，它们之间存在着内在联系。但由于电流有直线电流和环形电流之分，所以对应的磁力线方向在安培定则的表述中有明显区别，四指与大拇指所指的方向有不同的含义：在直线电流的安培定则中，伸直的大拇指方向表示电流方向，弯曲的四指方向表示磁力线的环绕方向；而在环形电流和通电螺线管的安培定则中，伸直的大拇指所指方向则表示轴线处磁力线方向，弯曲的四指方向表示电流方向，与前者正好相反。在应用安培定则时，必须要注意这些联系与区别。

二、磁场的基本物理量

1. 磁感应强度

通过与磁场方向垂直的某一面积的磁力线总数，称为通过该面积的磁通量，简称磁通，用字母Φ表示。垂直通过单位面积的磁力线数目，称为磁感应强度，又称磁通密度。磁感应强度用字母 B 表示，单位是 T（特）。在均匀磁场中，磁感应强度

$$B = \frac{\Phi}{A} \tag{5-1}$$

磁感应强度不仅表示了磁场中某点处磁场的强弱，而且表示出该点磁场的方向。它是一个矢量。某点磁力线的切线方向，就是该点磁感应强度的方向。

磁感应强度是用来表示磁场强弱的。磁场的基本特性之一是对处于其中的电流有磁场力的作用。可以从分析载流导体在磁场中受到磁场力的强弱入手，来分析描述磁场强弱的物理量磁感应强度。

把一段通电导体 AB 垂直放在磁场中，改变导体长度和电流大小，通电导体所受磁场力也变化。实验表明：当导线长度 l 和通入电流 I 增大时，磁场对导线的磁场力也成正比地增加，在磁场中的同一点，比值 $F/(Il)$ 是个恒量；不同的磁场或磁场中的不同点，这个比值可以不同。因此，我们可以用比值 $F/(Il)$ 来定量描述磁场的强弱。

在磁场中垂直于磁场方向上的通电导体，所受的磁场力 F 与电流 I 和导线长度 l 的乘积 Il 的比值称为通电导体所在处的磁感应强度，又称磁通密度，用字母 B 表示，即

$$B = \frac{F}{Il} \tag{5-2}$$

在国际单位制中，F 单位为牛顿（N），I 的单位为安培（A），l 的单位为米（m），B 的单位为特斯拉（T），简称特。

磁感应强度 B 是个矢量，大小由公式 $B = \frac{F}{Il}$ 来决定，方向就是该点的磁场方向。

特斯拉是一个很大的单位。在实际应用中，常使用电磁学单位制中磁感应强度的单位：高斯（Gs）。

$$1\,\text{Gs} = 10^{-4}\,\text{T}$$

磁感应强度可用"高斯计"等专门仪器来测量。一般在永磁体的磁极附近 $B \approx$（0.8～0.7）T，在电动机和变压器铁芯中，$B \approx 0.8～1.4$（T），而地面地磁场 $B \approx 5 \times 10^{-5}$（T）。

将磁感应强度定义式 $B = \frac{F}{Il}$ 做变换，可得磁场对电流的作用的安培力公式为

$$F = BIl \qquad (5-3)$$

在这个公式中，要求通电导体与磁场方向相互垂直，若电流 I 与磁感应强度 B 成任一角度 α，公式则为

$$F = BIl \sin \alpha \qquad (5-4)$$

当 B 平行于 I 时，$\alpha = 0°$，$\sin \alpha = 0$，$F = BIl \sin \alpha = 0$，即电流与磁场方向平行时，不受安培力；当 B 垂直于 I 时，$\alpha = 90°$，$\sin \alpha = 1$，$F = BIl$，即电流与磁场方向垂直时，所受安培力最大。

安培力的方向可用左手定则判定：伸出左手，使大拇指与其余四指垂直，并与手掌在同一平面内，让磁力线垂直穿过手心，四指指向电流方向，则大拇指所指方向为通电导体所受安培力的方向，如图5-5所示。

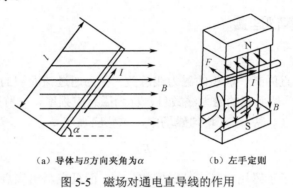

（a）导体与B方向夹角为α　　　（b）左手定则

图 5-5　磁场对通电直导线的作用

【例 5-1】　在图 5-5 中，若 $l = 0.5\text{m}$，$B = 100\text{Gs}$，$\alpha = 60°$，$I = 20\text{mA}$，求导线 l 所受的磁场力，并说明受力方向。

解： 利用公式 $F = BIl \sin \alpha$，其中

$$B = 100\text{Gs} = 100 \times 10^{-4}\text{T} = 1.0 \times 10^{-2} \ (\text{T})$$

$$I = 20\text{mA} = 20 \times 10^{-3}\text{A} = 2 \times 10^{-2} \ (\text{A})$$

那么：$F = BIl \sin \alpha = 1.0 \times 10^{-2} \times 2 \times 10^{-2} \times 0.5 \times \sin 60° = 8.66 \times 10^{-5} \ (\text{N})$。在这里要注意各个量的单位必须采用统一的国际单位制单位。

用左手定则加以判断可知：此导体所受的安培力方向垂直纸面向里背向读者。

在这个例题中，导线与磁感应强度方向呈一定的夹角，这时我们可以折合一下导线在垂直磁场强度方向上的有效长度，可知这个长度刚好等于 $l \sin \alpha$。遇到同样问题时，我们也可以采用同样的办法来处理。

2. 磁导率

磁场的强弱不仅与电流和导体的形状有关，还与磁场中媒介质的导磁性能有关。磁导率 μ 就是一个用来描述媒介质导磁性能的物理量，和不同材料有不同电阻率一样，不同媒介质有不同的磁导率。磁导率的单位是亨/米（H/m）。

实验可以测定，真空中的磁导率是个常数，用 μ_0 来表示。

$$\mu_0 = 4\pi \times 10^{-7} \ (\text{H/m})$$

由于真空中磁导率 μ_0 是个常数，所以将其他媒介质的磁导率 μ 与它对比是很方便的。任一媒介质的磁导率 μ 与真空的磁导率 μ_0 的比值称为这种媒介质的相对磁导率，用 μ_r 表示，即

$$\mu_r = \frac{\mu}{\mu_0} \qquad (5-5)$$

相对磁导率μ_r无量纲。它表明在其他条件相同时，媒介质中的磁感应强度是真空中的μ_r倍。各种材料的相对磁导率可以从《电工手册》中查到，表 5-1 中所示为常用铁磁性材料的相对磁导率。

表 5-1　常用铁磁性材料的相对磁导率

铁磁性物质	μ_r	铁磁性物质	μ_r
在真空中熔化的电解铁	12 950	软钢	2 180
C 型坡莫合金	115 000	已退火的铁	7 000
锰锌铁氧体	300～5 000	变压器硅钢片	7 500
镍铁合金	60 000	未退火的铸铁	240
镍锌铁氧体	10～1 000	铝硅铁粉芯	2.5～7
已退火的铸铁	620	钴	174
镍	1 120		

根据各种物质导磁性能的不同，可把物质分为三类：

$\mu_r < 1$ 的物质叫反磁性物质，如石墨、银、铜等，μ_r 在 0.999 995～0.999 970 之间。

$\mu_r > 1$ 的物质叫顺磁性特质，如空气、锡、铝等，μ_r 在 1.000 003～1.000 014 之间。

顺磁性物质与反磁性物质的相对磁导率约等于 1，统称为非铁磁性物质。

$\mu_r \gg 1$ 的物质叫铁磁性物质，如铁、镍、钢、坡莫合金等。在其他条件相同的情况下，铁磁性物质所产生的磁场要比真空中磁场增长成千上万倍，因此在电工技术中应用广泛。

3．磁场强度

由于磁场中各点的磁通密度 B 的大小与媒介质的性质有关，并且铁磁介质的磁导率并不是一个常数，这就使磁场的计算比较复杂、烦琐。为了使磁场的计算简单方便，我们引入磁场强度这个物理量来描述磁场的性质。磁场强度的大小仅与产生磁场的电流大小和导体的形状有关，而与磁场中的媒介质性质无关。

磁场中某点的磁通密度 B 与媒介质磁导率μ的比值称为该点的磁场强度，用 H 来表示，即

$$H = \frac{B}{\mu} = \frac{B}{\mu_r \mu_0}$$

在国际单位制中，B 的单位是特斯拉（T），μ的单位是亨利/米（H/m），则 H 的单位是安培/米（A/m），工程技术中常用辅助单位安培/厘米（A/cm），1 A/cm =100 A/m。磁场强度 H 也是矢量，在均匀媒介质中，其方向与磁通密度 B 的方向一致。

三、铁磁性物质（材料）基本概念

客观世界的物质从导磁性能好坏角度看，可分为铁磁材料和非铁磁材料。

能被磁化的材料称为铁磁材料，如铁、钴、镍等都是铁磁材料。铁磁材料的导磁性能好，对磁通的阻碍作用很小。当把铁磁材料放在磁场中时，磁通将集中通过铁磁材料，因此说铁磁物质是磁场的"良导体"。

非铁磁材料很难被磁化，如空气、木材等，这些材料导磁性能很弱，对磁通的阻碍作用很大。

1．铁磁物质的磁化曲线

铁磁物质在磁化过程中的 B-H 关系曲线称为磁化曲线，如图 5-6 所示。由于 B 落后于 H

变化（磁滞性），磁化曲线不是一条曲线，而是一个回线，又称磁滞回线。

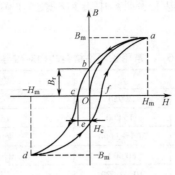

图 5-6　磁化曲线

从图 5-6 中我们可看到，磁滞回线的过程（路径）是 $O{\to}a{\to}b{\to}c{\to}d{\to}e{\to}f{\to}a$。同时可以了解剩磁和矫顽力两个参数的基本概念。

（1）剩磁。剩余磁化强度的简称，符号 B_r，单位高斯 Gs 或毫特 mT，1mT=10Gs。它在图中指 b 点到 O 点的磁感应强度的数值，这个数值存在是铁磁物质在磁化过程中，当磁场强度 H 增加到磁场强度 H_m 时，磁感应强度 B 增长非常慢（趋近于一个相对稳定值，即图中 a 点）；此时 H_m 减小到 $H=0$ 时（坐标 O 点），磁感应强度 B 并不等于 0（或者说 B 有一定的数值）。例如：学习中我们用吸铁石吸住大头针时间长，当将吸铁石与大头针分离后，这根大头针可吸住其他的大头针，这就说明大头针被磁化并且有剩磁。

（2）矫顽力。铁磁物质在磁化过程中当反向磁场 H 增大到某一值时的磁感应强度 B 为 0，称该反向磁场 H 值为该材料的矫顽力 H_c。单位奥斯特 Oe。

2．磁饱和性

当 H 增大到一定值时，B 几乎不再随 H 变化，即达到了饱和值，这种现象称为磁饱和。或者说："B 不会随 H 的增强而无限增强，H 增大到一定值时，B 不能继续增强。"

3．高导磁性

磁导率可达 $10^2 \sim 10^4$，由铁磁材料组成的磁路磁阻很小，在线圈中通入较小的电流即可获得较大的磁通。

4．磁滞性

铁芯线圈中通过交变电流时，H 的大小和方向都会改变，铁芯在交变磁场中反复磁化，在反复磁化的过程中，B 的变化总是滞后于 H 的变化。

5．铁磁材料的类型

（1）软磁材料。磁导率高，磁滞特性不明显，矫顽力和剩磁都小，磁滞回线较窄，磁滞损耗小，如图 5-7（a）所示。

（2）硬磁材料。剩磁和矫顽力均较大，磁滞性明显，磁滞回线较宽，如图 5-7（b）所示。

（3）矩磁材料。只要受较小的外磁场作用就能磁化到饱和，当外磁场去掉的，磁性仍保持，磁滞回线几乎成矩形，如图 5-7（c）所示。

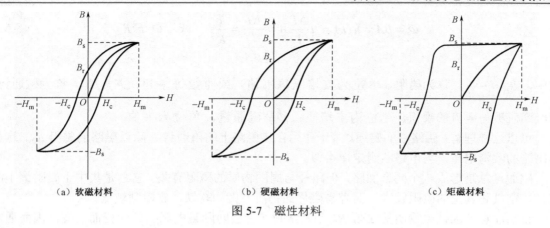

（a）软磁材料　　　　　　　　（b）硬磁材料　　　　　　　　（c）矩磁材料

图 5-7　磁性材料

四、磁路基本定理

在电工技术中不仅要讨论电路问题，还将讨论磁路问题。因为很多电工设备与电路和磁路都有关系，如电动机、变压器、电磁铁及电工测量仪表等。

磁路问题与磁场有关，与磁介质有关，但磁场往往与电流相关联，所以要讲磁路和电路的关系以及磁和电的关系。

1．磁路、主磁通和漏磁通

（1）磁路。线圈通有电流将有磁场产生，有磁场就有磁通。通过某一单位面积的磁通就是磁感应强度。磁感应强度与磁力线具有同样的性质，形成闭合回路。所以，通常由硅钢片制成铁芯能使磁通集中通过的回路称为磁路，如图 5-8 所示。通俗地说，磁路就是磁通通过的路径。可以说，磁路就是局限在一定路径内部的磁场。

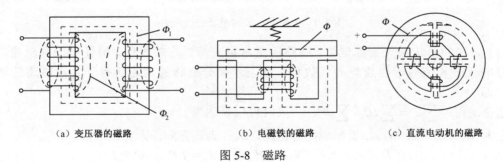

（a）变压器的磁路　　　　　　（b）电磁铁的磁路　　　　　　（c）直流电动机的磁路

图 5-8　磁路

（2）主磁通与漏磁通。在电动机和变压器内，常把线圈套装在铁芯上。当线圈内通有电流时，就会在线圈周围的空间形成磁场，由于铁芯的导磁性能比空气好得多，所以绝大部分磁通 Φ_1 将在铁芯内通过，这部分磁通称为主磁通。围绕载流线圈和部分铁芯周围的空间，还存在少量分散的磁通 Φ_2，这部分磁通称为漏磁通，如图 5-9（a）、图 5-9（b）所示。

2．磁路基本定律

考虑到磁路和电路有可比性，所以在分析磁路时，可以借鉴电路的分析思路。

（1）磁路的欧姆定律。一个磁路中的磁阻等于"磁通势"与磁通量的比值。这个定义可以表示为

$$\Phi = BA = \mu HA = \mu \frac{NI}{l} A = \frac{NI}{\dfrac{l}{\mu A}} = \frac{F}{R_m} \quad 或 \quad \Phi = F/R_m \qquad (5\text{-}6)$$

式中，$R_m = \dfrac{l}{\mu A}$，称为磁阻，单位为安培匝每韦伯，或匝数每亨利；$F = NI$，称为磁通势，即线圈匝数与电流的乘积，单位为安培匝；Φ 是磁通量，单位为韦伯。

可以这样理解：磁路中的磁通 Φ 等于作用在该磁路上的磁通势 F 除以磁路的磁阻 R_m，这就是磁路的欧姆定律，与电路欧姆定律类似。

磁通量总是形成一个闭合回路，但路径与周围物质的磁阻有关。它总是集中于磁阻最小的路径。空气和真空的磁阻较大，而容易磁化的物质，例如软铁，磁阻则较低。

特别注意：因铁磁物质的磁阻 R_m 不是常数，它会随励磁电流 I 的改变而改变，因而通常不能用磁路的欧姆定律直接计算，但可以用于定性分析很多磁路问题。

（2）磁路的基尔霍夫第一定律。一个分支磁路如图 5-9（c）所示。

磁路的基尔霍夫第一定律表明：进入和穿出任一封闭面的总磁通的代数和等于零，或穿入任一封闭面的磁通量总是等于穿出该封闭面的磁通量，即

分支磁路：$\sum \Phi = 0 \quad 或 \quad \Phi_1 + \Phi_2 + \Phi_3 = 0$ \qquad (5-7)

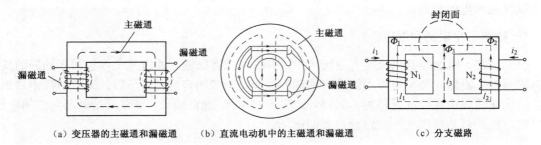

（a）变压器的主磁通和漏磁通　　（b）直流电动机中的主磁通和漏磁通　　（c）分支磁路

图 5-9　主磁通、漏磁通及分支磁路

（3）磁路的基尔霍夫第二定律。磁路的基尔霍夫第二定律表明：沿任一闭合磁路，$\sum Hl$ 磁压降的代数和恒等于磁通势的代数和。或表示闭合磁路的磁通势等于各段磁路的磁压降之和，即

闭合磁路：$\sum F = \sum Hl = \sum \Phi R_m$；同时可以表达为 $F = \sum \Phi R_m$ \qquad (5-8)

在图 5-9（c）中，沿 l_1、l_2 组成闭合磁路，取 l_1 为正方向，则有

$$F_1 - F_2 = N_1 i_1 - N_2 i_2 = H_1 l_1 - H_2 l_2 = \Phi_1 R_{m1} - \Phi_2 R_{m2}$$

（4）磁路和电路的基本物理量及公式的对比。磁路和电路的基本物理量及公式的对比有助于同学们更好地理解磁路的物理量和磁路基本定理及定律，具体如表 5-2 所示。

表 5-2　磁路和电路的基本物理量及公式的对比

电　路			磁　路		
基本物理量	表达式	单　位	基本物理量	表达式	单　位
电流	i	A（安）	磁通	Φ	Wb（韦伯）
电动势	e	V（伏）	磁通势	F	A（安培匝）
电压降	$u = iR$	V（伏）	磁压降	$\Phi R_m = Hl$	A（安培匝）

续表

电　路			磁　路		
基本物理量	表达式	单　位	基本物理量	表达式	单　位
电阻	$R = \rho \dfrac{l}{A}$	Ω （欧姆）	磁阻	$R_m = \dfrac{l}{\mu A}$	1/H （安培匝每韦伯）
电阻率	$\rho = \dfrac{RA}{l}$	Ω·m （欧姆·米）	磁导率	$\mu = \dfrac{B}{H}$	H/m （亨利/米）
欧姆定律	$i = \dfrac{E}{R}$			$\Phi = F/R_m = F\Lambda_m$	
基尔霍夫第一定律	$\sum i = 0$			$\sum \Phi = 0$	
基尔霍夫第二定律	$\sum e = \sum u$			$\sum F = \sum Hl = \sum \Phi R_m$	

磁路和电路的差别如下。

（1）电路中有电流 I 时，就有功率损耗；而在直流磁路中，维持一定的磁通量，铁芯中没有功率损耗。

（2）在电路中可以认为电流全部在导体中流通，导线外没有电流；在磁路中则没有绝对的磁绝缘体，除铁芯中的主磁通外还必须考虑有漏磁通散布在周围。

（3）电路中电阻率 ρ 在一定温度下恒定不变，而由铁磁材料构成的磁路中，磁导率 μ 不是常值，它随 B 变化而变化，即磁阻 R_m 随磁路饱和度增大而增大。

（4）对线性电路计算时可以采用叠加定理，但对于铁芯磁路，饱和时为非线性，计算时不能采用叠加定理。

所以，磁路和电路仅是一种数学形式上的类似，而不是物理本质的相似。

一、磁铁磁极的认知

磁铁上磁性最强的部分叫磁极。一个磁体无论如何大小都有两个磁极，一个磁极叫北极（N），一个磁极叫南极（S），也就是说，N 极和 S 极总是成对出现的。磁极具有指向南北极的性质。把小磁针自由悬挂，通常把指向南极的磁极叫南极，用 S 表示；指向北极的磁极叫北极，用 N 表示。同性磁极互相排斥，异性磁极互相吸引，磁极之间的这种相互作用力叫磁力。

将一长磁铁棒或圆饼形磁铁，沿 S 极与 N 极之间连线，横断折成数段时，则在每一断口处，都会有相异的磁极生成，因此每一段都变成一个具有 S 极和 N 极的新磁铁，如图 5-10（a）所示。但若折断的形式是由 S 极和 N 极的连线纵切，其断口处并不会有新的磁极生成，只是将磁铁一分为二，形成两个新的磁铁，如图 5-10（b）所示。

二、磁铁磁极的判断

地球是一个大磁体，其 N 极在地球南极附近，S 极在地球北极附近。利用地磁场的极性可以判断一个未知磁铁的 N、S 极，把磁铁用细线悬挂起来，指南的一端为南极（S 极），另一端为北极（N 极）。也可以用一个已知磁极的磁铁去靠近磁铁的一端，若相互排斥则它们的磁极相同，否则相反。

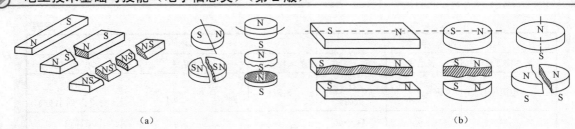

图 5-10　成对出现的磁极

任务二　电磁感应现象及电磁定律的认知

一、电磁感应

1820 年丹麦物理学家奥斯特发现电流的磁效应后，许多物理学家开始了寻找它的逆效应——"磁生电"的探索与研究。经历了无数次挫折和失败，英国物理学家法拉第在 1831 年通过实验发现了电磁感应现象，使人们"磁生电"的梦想终于成真，对人类的文明进步和科学发展做出了卓越贡献。

如图 5-11 所示，均匀磁场中放置一根导体，两端连接一个检流计 G，当导体垂直于磁力线向上运动时，检流计的指针发生偏转，说明此时回路中有电流存在；当导体平行于磁力线方向运动时，检流计不发生偏转，此时回路中无电流存在；当导体不运动时也没有电流通过检流计。

如图 5-12 所示，在线圈两端接上检流计构成回路，当磁铁插入线圈时，检流计指针发生偏转；磁铁在线圈中不动时，检流计不偏转；将磁铁迅速由线圈中拔出时，检流计指针又向另一个方向偏转。

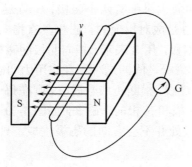

图 5-11　直导体的电磁感应

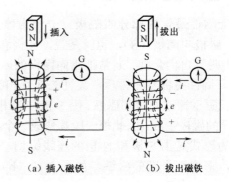

（a）插入磁铁　　　（b）拔出磁铁

图 5-12　磁铁在线圈中运动

在上述两个实验中，我们都看到电路中有电流通过。那么，维持电流的电动势从何而来呢？答案只有一个，就是从磁场来。但是，当图 5-11 中导体不运动，或图 5-12 中磁铁完全不动时，也没有电流。那么就可以得出这样的结论：当导体做切割磁力线运动或线圈中磁通发生变化时，在直导体或线圈中都会产生感应电动势；若导体或线圈闭合，就会有感应电流产生。这种由导体切割磁力线或在闭合线圈中磁通量发生变化而产生电动势的现象，称为电磁感应。而由电磁感应产生的电动势称为感应电动势，由感应电动势产生的电流称为感应电流或感生电流。由以上分析可知，产生电磁感应的条件：一是导体与磁力线间发生相对切割运动，二是线圈中的磁通量发生变化。

二、感应电流的方向及楞次定律

闭合电路中的部分导体做切割磁力线运动时，产生的感应电流的方向，可以用右手定则来判定：伸开右手，使大拇指与其余四指垂直，且在同一平面内，让磁力线垂直穿过手心，大拇指指向导体切割磁力线的方向，则其余四指所指的方向就是感应电流的方向，如图 5-13 所示。

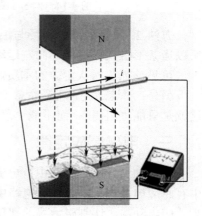

图 5-13　右手定则

用右手定则来判定导体与磁场发生相对运动时产生的感应电流方向较为方便，那么如何来判定因穿过闭合回路的磁通量发生变化而产生感应电流的方向呢？1834 年，德国物理学家楞次，总结出判断感应电流方向的楞次定律。楞次定律指出：感应电流具有这样的方向，它产生的磁场总是阻碍引起感应电流的磁通量的变化。

应用楞次定律判定感应电流方向的具体步骤是：

（1）明确原磁场的方向，确定穿过闭合回路的磁通量是增加还是减小。

（2）根据楞次定律确定感应电流的磁场方向，穿过闭合回路的磁通量增加，则感应电流磁场的方向与原磁场的方向相反；若穿过闭合回路的磁通量减少，则感应电流磁场的方向与原磁场的方向相同。

（3）根据安培定则，由感应电流的磁场方向，确定感应电流的方向。

【例 5-2】　如图 5-14 所示，当闭合或断开开关 S 的瞬间导线 *cd* 中都有电流产生。试用楞次定律分析确定这两种情况下导线 *cd* 中感应电流的方向。

解：（1）开关 S 闭合前，穿过闭合电路 *cdef* 的磁通量为零。S 闭合瞬间，导线 *ab* 中电流 *I* 方向为 *a→b*，由直线电流安培定则可判定，穿过闭合回路 *cdef* 的磁力线垂直纸面向外，磁通量增大。

（2）由楞次定律可知，感应电流产生的磁场方向应阻碍磁通量增加，即与原磁场方向相反，其磁力线在 *cdef* 线框区域内应垂直纸面向里。

（3）由电流安培定则可知，闭合电路 *cdef* 中感应电流为顺时针方向，即导线 *cd* 中的感应电流方向为 *d→c*。

利用同样的分析方法与过程，可得到开关 S 由闭合到打开的瞬间，导线 *cd* 中的电流方向与上述相反，为 *c→d*。

【例 5-3】　如图 5-15 所示，一个闭合的轻质铝环，穿在一根光滑的水平绝缘杆上，当条形磁铁的 N 极自右向左向铝环中插去时，铝环将如何运动？

解：本题可用两种方法来解。

方法 1：根据楞次定律的表述，原磁场穿过铝环的磁力线方向是向左的，随着磁铁向左运动，穿过铝环的磁通量增加，所以感应电流的磁场方向与原磁场方向相反，即在铝环中心轴线上的感应电流的磁场是向右的，根据右手螺旋定则，感应电流的方向在铝环前半圈是向下的。再用左手定则判断通电铝环在条形磁铁的磁场中受到的安培力方向是向左的，所以铝环将向左运动。

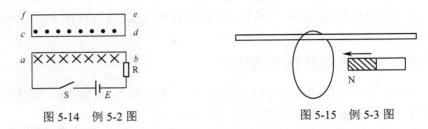

图 5-14　例 5-2 图　　　　　　　图 5-15　例 5-3 图

方法 2：条形磁铁的磁场与铝环之间有相对运动时，感应电流的磁场要阻碍这种相对运动。所以当条形磁铁相对铝环向左运动时，为削弱这种影响，铝环也就只有向左运动。

可见，抓住楞次定律的本质，加以灵活运用，会大大简化问题的分析过程。

另外，对这道题，还要注意一个问题：就是铝环向左运动的速度一定比磁铁的运动速度小，这就是只能"阻碍"，而不能"阻止"，也就是"有其心而力不足"。

三、电磁感应定律

我们知道，闭合电路中有电流，该电路中必有电动势。因此在电磁感应现象中，闭合电路中有感应电流产生，那么该电路中也必定有电动势存在。我们把在电磁感应中产生的电动势称为感应电动势。切割磁力线的那部分导体、磁通量发生变化的那个线圈相当于电源，无论电路是否闭合，只要穿过电路的磁通量发生变化就有感应电动势产生。若电路闭合，就有感应电流；若电路不闭合，则没有感应电流。感应电动势的方向与感应电流方向相同，仍用右手定则或楞次定律来判断（若电路不是闭合的，我们可以假设电路闭合）。

在上述研究电磁感应的实验中，我们还可观察到，导线切割磁力线的速度越快，检流计偏转的角度越大，即产生的感应电流越大；磁铁插入或拔出的速度越快，产生的感应电流也越大。

物理学家法拉第用精确实验证明：电路中感应电动势的大小与穿过电路的磁通量的变化率成正比，这就是法拉第电磁感应定律。它适用于所有的电磁感应现象，是确定感应电动势大小的最普遍的规律。

设在 t_1 时刻穿过某一匝线圈的磁量是 Φ_1，在 t_2 时刻穿过同一匝线圈的磁通量是 Φ_2，则在 $\Delta t = t_2 - t_1$ 的时间内，磁通量的变化量是 $\Delta\Phi = \Phi_2 - \Phi_1$，磁通量的变化率就是 $\dfrac{\Delta\Phi}{\Delta t}$，由法拉第电磁感应定律可得，单匝线圈产生的感应电动势为

$$e = -K\frac{\Delta\Phi}{\Delta t}$$

式中 K 为比例系数，其数值与单位选择有关。在国际单位制中，$\Delta\Phi$ 用韦伯（Wb）作为单位，Δt 用秒（s）作为单位，e 用伏特（V）作为单位，此时 $K=1$。负号表示感应电动势的方向总是阻碍磁通量的变化，在计算感应电动势的数值时，不必代入负号。

如果线圈有 N 匝，则可看做由 N 个单匝线圈串联而成，且每匝线圈内磁通量变化情况相同，所以 N 匝线圈的感应电动势大小是单匝时的 N 倍，即

$$e = N\frac{\Delta\Phi}{\Delta t}$$

用法拉第电磁感应定律，可以推导出导体做切割磁力线运动时的感应电动势大小的公式，应用更为方便。如图 5-16 所示，矩形线框 abcd 放在磁通密度为 B 的匀强磁场中，线框平面与磁力线垂直。线框内导线 ab 长为 l，在磁力线垂直方向上以速度 v 向右做切割磁力线运动，设

在时间Δt内由原来位置ab移动到$a'b'$，则该线框面积变化量$\Delta A=lv\Delta t$，穿过闭合线框磁通量变化量为$\Delta\varPhi=B\Delta A=Blv\Delta t$，代入公式$e=N\dfrac{\Delta\varPhi}{\Delta t}$，此时$N=1$，可得

$$e = Blv \qquad\qquad (5-9)$$

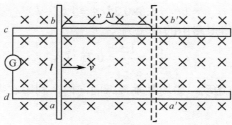

图 5-16　导线切割磁力线

式中各单位都须用国际单位制，即B单位为特斯拉（T），l单位为米（m），e单位为伏特（V），v单位为米每秒（m/s）。

若导体运动速度与导体本身垂直，与磁力线成θ角，如图5-17（a）所示，则可将速度v分解为平行于磁力线的分速度$v_-=v\cos\theta$和垂直于磁力线的分速度$v_\perp=v\sin\theta$。由于平行于磁力线的分速度不切割磁力线，所以导线切割磁力线时所产生的感应电动势的一般公式为

$$e = Blv\sin\theta \qquad\qquad (5-10)$$

上式一般适用于计算感应电动势的瞬时值，式中l为导线的有效长度，θ为B与v之间的夹角。若匝数为N，面积为A的线框在匀强磁场中沿与磁力线垂直的方向，以角速度ω匀速转动，如图5-17（b）所示，则产生的最大感应电动势为

$$E_{\mathrm{m}} = NB\omega A \qquad\qquad (5-11)$$

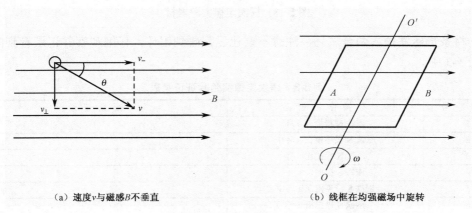

（a）速度v与磁感B不垂直　　　　　　　　（b）线框在均强磁场中旋转

图 5-17　速度v与磁感B不垂直

公式$E_{\mathrm{m}}=NB\omega A$适用于任何形状的线框。

法拉第电磁感应定律公式$e=-K\dfrac{\Delta\varPhi}{\Delta t}$，一般适用于计算在时间$\Delta t$内的平均电动势。由公式可能看出，感应电动势不是由磁通量$\varPhi$决定的，也不是由磁通变化量$\Delta\varPhi$决定的，而是由磁通变化率$\dfrac{\Delta\varPhi}{\Delta t}$决定的。为了计算方便，公式中也可以不加负号，$\Delta\varPhi$不论增、减都取绝对值，求出的$e$值也只表示大小，其极性由楞次定律确定。

【例5-4】　在图5-16所示的实验中，若$B=1.5T$，回路的总电阻$R=2\Omega$，导线l在导轨之间

的长度为 25cm，那么在导线以 4m/s 速度运动的时刻，（1）电路中的电流为多大？（2）ab 中的电流方向如何？

解：（1）利用法拉第电磁感应定律在导体做切割磁力线时的表达形式 $e = Blv$，先求得电路中的感应电动势为

$$e = Blv = 1.5 \times 0.25 \times 4 = 1.5 \text{（V）}$$

再利用欧姆定律，可求得电路中的电流为

$$I = \frac{e}{R_\text{总}} = \frac{1.5}{2} = 0.75 \text{（A）}$$

（2）导体 ab 沿导轨向右运动，磁场是垂直纸面向内，利用右手定则判断电流方向为 a→b。

楞次定律的验证

如图 5-18 所示，自己制作楞次定律的验证实验器材，进行验证实验。图中 a 为闭合铝环，b 为开口铝环（可采用易拉罐剪制而成，剪取相同的宽度，一环剪断即可），c 为绝缘小木条，d 为顶端倒插一大头针的绝缘支杆，e 为底座，a、b 黏合在杆 c 上，中点放于支杆 d 上端的大头针上，使其平衡，并能够自由转动。

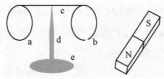

图 5-18　楞次定律实验器材

（1）将条形磁铁插入两金属环，注意不要让磁铁碰到铝环，仔细观察并记录看到的现象，填写在表 5-3 中。

表 5-3　楞次定律实验验证记录表

操 作 序 号	操 作 记 录	观 察 记 录
1	磁铁 N 极插入 a 环	
2	磁铁 N 极停留在 a 环中	
3	磁铁 N 极拔出 a 环	
4	磁铁 S 极插入 a 环	
5	磁铁 S 极停留在 a 环中	
6	磁铁 S 极拔出 a 环	
7	磁铁 N 极插入 b 环	
8	磁铁 N 极停留在 b 环中	
9	磁铁 N 极拔出 b 环	
10	磁铁 S 极插入 b 环	
11	磁铁 S 极停留在 b 环中	
12	磁铁 S 极拔出 b 环	

（2）归纳观察到的现象，可以得出什么样的结论？

（3）思考：① 用楞次定律解释观察到的现象。

② 在此实验过程中，磁铁插入速度的快慢对实验现象有没有影响？为什么？

③ 在此实验中，是用铝环进行实验的，为什么不用铁环？

任务三 电感器及电感

一、电感器

用导线绕制而成的线圈就是一个电感器，也称电感元件，用文字符号 L 表示。电流通过电感线圈时产生磁场，磁场具有能量，所以电感器与电容器一样，也是一种储能元件。

电感器分为空心线圈（如空心螺线管等）和铁芯线圈（如日光灯镇流器等）两种，其图形符号如图 5-19（a），（b）所示。

电路理论中的电感元件是理想化了的线圈，它忽略了导线电阻的能量损耗和匝间分布电容的影响，称为纯电感元件。

若实际电感线圈的导线电阻 R 不能忽略，则可以用电阻 R 与纯电感 L 串联来等效表示，如图 5-19（c）所示。

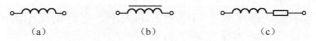

|（a）|（b）|（c）|

图 5-19　几种电感的表示方法

二、电感

如图 5-20 所示，当电流 I 通过有 N 匝的线圈时，在每匝线圈中产生磁通量 Φ，则该线圈的磁链 ψ 为

$$\psi = N\Phi \tag{5-12}$$

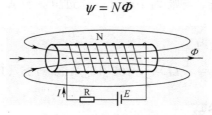

图 5-20　电感线圈的磁链

磁通量和磁链的单位都是韦伯（Wb），磁链是导电线圈匝数与穿过该线圈各匝的平均磁通量的乘积。

图中标出的磁通量 Φ 的正方向，可由电流 I 方向根据通电螺线管的安培定则（右手螺旋定则）确定。

上述线圈的磁通量和磁链是由通过线圈本身的电流所产生的，并随本线圈的电流变化而变化，因此将它们分别称为自感磁通 Φ_L 和自感磁链 Ψ_L。

实践证明，空心线圈的磁通量 Φ_L 和磁链 ψ_L 与电流 I 成正比，即

$$\psi_L = LI \text{ 或 } L = \frac{\psi_L}{I} \tag{5-13}$$

我们把线圈的自感磁链 ψ 与电流 I 的比值称为线圈的自感系数，简称电感，用字母 L 表示。在国际单位制中，磁链单位是韦伯（Wb），电流 I 单位是安培（A），则电感 L 单位是亨

利（H），简称亨。电感的单位还有毫亨（mH）和微亨（μH）。它们的关系是

$$1H = 10^3 \, mH = 10^6 \, \mu H$$

电感的物理意义是：它在数值上等于单位电流通过线圈时所产生的磁链，即表征线圈产生磁链（磁通）本领的大小，线圈电感 L 越大，通过相同电流时，产生的磁链也越大。

电感 L 是线圈的固有特性，其大小只由线圈本身因素决定，即与线圈匝数、几何尺寸、有无铁芯及铁芯的导磁性质等因素有关，而与线圈中有无电流或电流大小无关。理论和实践都证明：线圈截面积越大，长度越短，匝数越多，线圈的电感越大；有铁芯时的线圈比空心时的电感要大得多。

值得注意的是：只有空心线圈，且附近不存在铁磁材料时，其电感 L 才是一个常数，不随电流的大小而变化，称为线性电感。铁芯线圈的电感不是常数，其磁链 ψ_L 与电流 I 不成正比关系，它的大小随电流变化而变化，称为非线性电感。为了增大电感，实际应用中常在线圈中放置铁芯或磁芯。例如收音机的中周、调谐电路中的线圈都是通过在线圈中放置磁芯来获得较大电感，减小元件体积的。非线性电感的有关性质将在后面学到。

三、电感器中磁场能量的计算

怎样来定量计算电感器中的磁场能量呢？

实验证明，电感器中磁场能的大小与电感 L 的大小、电感器端电流 I 的大小有关。经过理论推导总结出电感器中的磁场能的计算公式为

$$W_L = \frac{1}{2} LI^2 \tag{5-14}$$

式中，电感 L 的单位为亨利（H），电流 I 的单位为安培（A），磁场能的单位为焦耳（J）。同时，可以看出电感器可以储存的磁场能量与电感成正比，与电感器端电流的平方成正比。因此，在一定电流下，电感 L 越大，储能能力越大，电感值同时也是电感器储能本领的标志。

【例 5-5】 有一个电感器，电感为 100mL，通过电流 50A 时，试求电感器所储存的磁场能量。

解：电感器中储存的能量为

$$W_L = \frac{1}{2} LI^2 = \frac{1}{2} \times 100 \times 10^{-3} \times 50^2 = 125 \, (J)$$

四、电感器的主要参数

（1）感抗：电感线圈对交流电呈现出一种特殊的阻碍作用。电感器的感抗大小由电感量和频率两个因素确定，感抗的计算公式为

$$X_L = 2\pi f L \tag{5-15}$$

式中，X_L 为电感器的感抗，f 为通过电感器交流电的频率，L 为电感器的电感量。

（2）标称电流：又称额定电流，是电感器的一个主要参数，指电感器在正常工作时所允许通过的最大电流。使用中，电感器的实际工作电流必须小于标称电流，否则电感线圈将会严重发热甚至烧毁。

（3）品质因数：是衡量线圈品质好坏的一个物理量，用字母"Q"表示。Q 值表示线圈的品质，Q 值越高，说明电感线圈的功率损耗越小，效率越高。

（4）分布电容：是线圈匝与匝之间，线圈与屏蔽罩之间，线圈与底板间存在的电容。它的存在使线圈的品质因数降低，稳定性变差，所以分布电容越小越好。

识别不同种类的电感

一、电感的种类

电感是用漆包线在绝缘骨架上绕制而成的。电感按有无芯可划分为两种：一是空心电感，二是有芯电感。空心电感电感量一般较小，有芯电感的电感量一般较大；有芯电感分为磁芯和铁芯。电感按安装形式分为立式、卧式、小型固定式等；按工作频率高低分为高频电感线圈和低频电感线圈。如表 5-4 所示是常见各种电感的实物图。

表 5-4　常见电感的实物图

名　称	实　物　图	名　称	实　物　图
铁芯电感		空心电感	
工字电感		色码电感	
贴片电感		可调电感	

二、电感的标称方法及参数

常用电感的标称方法有三种。

（1）直标法：将电感量直接印在电感器上，如图 5-21 所示。

图 5-21　电感器的直标法

（2）色标法：用色环表示电感量，第一、二位表示有效数字，第三位表示倍率，第四位为误差。数字与颜色的对应关系和色环电阻标注法相同，单位为μH。

例如：四道环分别为棕、黑、金、金，表示 1μH、±5%的电感。

（3）数码法：标称电感值采用三位数字表示，前两位数字表示电感值的有效数字，第三位数字表示 0 的个数，单位为μH。

例如：104 表示 $10×10^4$μH，即 0.1H。

*任务四　线圈的自感、互感与变压器

一、自感现象

在图 5-22（a）所示的电路中，当开关 S 合上瞬间，灯泡 L_1 立即正常发光，此后灯的亮度不发生变化；但灯泡 L_2 的亮度却是由暗逐渐变亮，然后正常发光。在图 5-22（b）所示的电路中，当开关 S 断开瞬间，S 的刀口处会产生火花。上述现象是由于线圈电路在接通或断开瞬间，发生了电流从无到有或从有到无的突然变化，线圈中产生了较高的感应电动势引起的。图 5-22（a）所示电路中，根据楞次定律可知，感应电动势要阻碍线圈中电流的变化，L_2 支路中电流的增大必然要比 L_1 支路来得迟缓些，因此灯泡 L_2 也亮得迟缓些。图 5-22（b）所示电路中，线圈在开关 S 打开瞬间所产生的感应电动势，则使 S 的刀口处空气电离而产生火花。

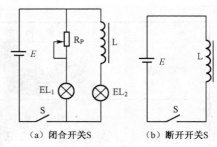

（a）闭合开关S　　　　（b）断开开关S

图 5-22　自感实验电路

这种由于流过线圈本身的电流发生变化，而引起的电磁感应现象叫自感现象，简称自感。通过对上述两个实验的观察与分析可以看出，当通过线圈的电流发生变化时，穿过导体的磁通量也发生变化，线圈两端就产生感应电动势。这个电动势总是阻碍导体中原来电流的变化。在自感现象中产生的感应电动势叫自感电动势，用 e_L 表示。自感电流用 i_L 表示。

二、自感电动势

自感电流的方向可以用楞次定律来判断，即线圈中的外电流 i 增大时，感应电流 i_L 的方向与外电流 i 的方向相反；外电流 i 减小时，感应电流 i_L 的方向与外电流 i 的方向相同，如图 5-23 所示。知道了自感电流的方向，当然可以得出自感电动势的方向。

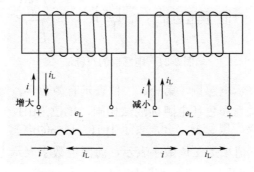

图 5-23　自感电动势大小与方向

实验表明：自感电动势的大小可由下面公式来计算。

$$e_L = -L \frac{\Delta i}{\Delta t}$$

（5-16）

式中　Δi——线圈中外电流在 Δt 时间内的变化量，单位为 A；

　　　Δt——线圈中外电流变化 Δi 所用的时间，单位为 s；

　　　L——线圈的电感，单位为 H；

　　　e_L——自感电动势，单位为 V；

　　　$\Delta i / \Delta t$——外电流的变化率，单位为 A/s。

上述公式是法拉第电磁感应定律在自感现象中的表达形式。从中可以看出，自感电动势的大小与线圈的电感及线圈中外电流变化的快慢（变化率）成正比。负号表示自感电动势的方向与外电流的变化趋势相反。

自感对人们来说，既有利又有弊。例如：日光灯是利用镇流器中的自感电动势来点燃灯管的，同时也利用它来限制灯管的电流；但在含有大量电感元件的电路被切断的瞬间，电感两端的自感电动势会很高，在开关处会产生电弧，甚至烧坏开关或者损坏设备的元器件，这种情况要尽量避免。通常在含有大电感的电路中都设有灭弧装置，最简单的办法就是在开关或电感两端并联一个适当的电阻或电容，或先将电阻和电容串联后再接到电感两端，以吸收储藏在线圈中的磁场能，达到保护设备的目的。

三、互感现象

所谓互感现象，是指一个线圈中的电流变化而引起与它相近的其他线圈产生感应电动势的现象。

在图 5-24 中，线圈 1 叫原线圈或一次线圈，线圈 2 叫副线圈或二次线圈。在开关 S 闭合或打开瞬间，与线圈 2 相连的检流计指针都发生偏转，这是因为线圈 1 中变化的电流要产生变化的磁通 Φ_{11}，这个变化的磁通中有一部分（Φ_{12}）要通过线圈 2，使线圈 2 产生感应电动势，并因此产生感应电流使检流计发生偏转。由互感现象产生的感应电动势称为互感电动势。

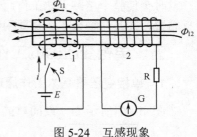

图 5-24　互感现象

互感电动势的方向可用楞次定律来判断，但需要知道线圈的绕向。对已经制造好的互感器，从外观上无法知道线圈的绕向，判断互感电动势的方向就更加困难。为此，引入描述线圈绕向的概念——同名端。所谓同名端，就是绕在同一铁芯上的线圈，产生感应电动势的极性始终保持一致的端点，在电路图中用"·"或"*"表示。如图 5-25 中 1、4、5 端点是一组同名端；2、3、6 端点也是同名端。那么，同名端跟各自产生的互感电动势的方向有什么关系呢？在图 5-25（a）中，S 闭合瞬间，线圈 A 的"1"端电流增大，根据楞次定律和右手螺旋定则可以判断出各线圈感应电动势的极性，如图 5-25（b）所示。从图中看出，1、4、5 三个端点的感应电动势（线圈 A 是自感，线圈 B、C 是互感）的极性都为"+"；而 2、3、6 三个端点都为"-"。断开 S 瞬间，则 1、4、5 三个端点的极性一起变为"-"；而 2、3、6 三个端点的极性又一起变为"+"。由此可见，无论通入线圈中的电流如何变化，其自感或互感电动势的极性始终是相同的。这也是人们把绕向相同的端点称为同名端的原因所在。

有了同名端的概念以后，再来判断互感电动势的方向就很容易了。如图 5-25（b）所示，假设电流 i 从 B 线圈 3 端流出且减小，根据楞次定律，线圈 B 产生的自感电动势要阻碍电流 i 减小，故自感电动势在 3 端的极性为"+"，又根据同名端的概念，线圈 A、C 产生互感电动势的极性是 2、6 端为"+"。

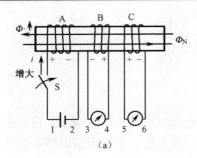
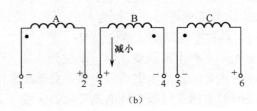

图 5-25　互感电动势的同名端

同名端的概念为实际工作中使用电感器件带来方便，人们只要通过器件外部的同名端符号，就可以知道线圈的绕向。如果同名端符号脱落，还可用实验的方法确定同名端。

四、互感电动势

互感电动势的大小正比于穿过本线圈磁通的变化率，或正比于另一线圈中电流的变化率。当两个线圈互相平行且第一个线圈磁通的变化全部影响到第二个线圈时，互感电动势最大；当两个线圈互相垂直时，互感电动势最小。互感电动势的计算比较复杂，这里不做介绍。

和自感一样，互感也有利有弊。在工业生产中具有广泛用途的各种变压器、电动机都是利用互感原理工作的；但在电子电路中，若线圈的位置安放不当，各线圈产生的磁场就会互相干扰，严重时会使整个电路无法工作。为此人们常把互不相干的线圈的距离拉大或把两个线圈的位置垂直布置，在某些场合下还需要用铁磁材料把线圈或其他元器件封闭起来，进行屏蔽。

五、单相变压器的工作原理

1．单相变压器基本工作原理

图 5-26 所示为一最简单的单相双绕组变压器，它由一个作为电磁铁的铁芯和绕在铁芯柱上的两个或两个以上的绕组组成。其中接电源的绕组 N_1 为一次绕组，接负载的绕组 N_2 为二次绕组。

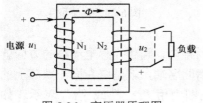

图 5-26　变压器原理图

变压器的工作原理是以铁芯中集中通过的磁通 Φ 为桥梁的典型的互感现象，一次绕组加交变电流产生交变磁通，二次绕组受感应而生电。它是电—磁—电转换的静止电磁装置。两个绕组只有磁耦合没有电联系。

2．变压器的空载运行及变压器的变压比 k_u

变压器的空载运行即一次绕组接交流电源，二次绕组不带负载（和负载断开）时的运行状况，如图 5-26 所示。当一次绕组接交流电源后，就有励磁电流存在，该电流在铁芯中可产生一个交变的主磁通 Φ。磁通 Φ 在两个绕组中分别产生感应电势，若一次绕组和二次绕组的电流、电压、电势正方向的规定符合楞次定律，则根据电磁感应定律有

$$e_1 = -N_1 \frac{\Delta \Phi}{\Delta t}$$

$$e_2 = -N_2 \frac{\Delta \Phi}{\Delta t}$$

进一步研究可以证明：空载时，变压器的变压比 k_u，即一次绕组电压有效值 U_1 与二次绕

组电压有效值 U_2 之比近似等于一次绕组匝数 N_1 与二次绕组匝数 N_2 之比。

$$k_u = \frac{U_1}{U_2} \approx \frac{N_1}{N_2} \tag{5-17}$$

即 $\dfrac{U_1}{U_2} = \dfrac{N_1}{N_2}$ ，说明一次、二次绕组中电压与其匝数成正比。从此式还可以看出，若固定 U_1，只要改变匝数比即可达到改变电压的目的。即若使 $N_2 > N_1$，则为升压变压器；若使 $N_2 < N_1$，则为降压变压器；若使 $N_2 = N_1$，则为隔离变压器。

3. 变压器的负载运行及变压器的变流比 k_i

把变压器的二次绕组与负载接通后，二次侧电路中就有电流 i_2 通过。这时变压器便在带负载状态下运行，如图 5-27 所示。

设此时一次绕组的电流为 i_1，则根据磁通势的概念，可以证明当变压器接近满载时，

$$I_1 N_1 \approx I_2 N_2$$

即

$$\frac{I_1}{I_2} \approx \frac{N_2}{N_1} = \frac{1}{k_u} = k_i \tag{5-18}$$

式（5-18）说明当变压器带负载运行时，一次、二次绕组中电流与其匝数成反比，这便是变流作用，其中 k_i 称为变压器的变流比。

注意： 实际上，变压器在绕定后，即变流比不变的情况下，一次绕组电流 I_1 的大小就由二次绕组电流 I_2 的大小决定；当二次绕组断开时，此时一次绕组中也只有很小的空载电流。

4. 变压器的阻抗变换作用

变压器的阻抗变换作用是电子技术中的一种典型应用，即阻抗匹配。意即为使某一特定负载从信号源中获取最大功率，常在其前面配置一个变压器，使其满足 $|Z'_L| = |Z_0|$ 的匹配条件。

$|Z'_L|$ 为负载 $|Z_L|$ 配置变压器后的等效阻抗，$|Z_0|$ 为信号源内阻抗。$|Z'_L|$ 又称为 $|Z_L|$ 的等效阻抗，如图 5-28 所示，也即将 $|Z_L|$ 折算到一次侧时的等效阻抗。

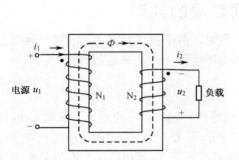
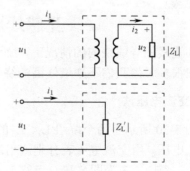

图 5-27　单相变压器的负载运行　　图 5-28　用等效阻抗 $|Z'_L|$ 代替一次、二次绕组和 $|Z_L|$

由图 5-28 中 $|Z_L| = \dfrac{U_2}{I_2}$，则

$$|Z'_L| = \frac{U_1}{I_1} = \frac{k_u U_2}{I_2 / k_u} = k_u{}^2 \frac{U_2}{I_2} = k_u{}^2 |Z_L| = \left(\frac{N_1}{N_2}\right)^2 |Z_L| \tag{5-19}$$

上式说明两点：

（1）当变压器二次侧接入负载阻抗 $|Z_L|$ 时，相当于一次侧电路中具有等效阻抗 $|Z'_L| =$

$$\left(\frac{N_1}{N_2}\right)^2 |Z_L|。$$

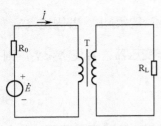

图 5-29　例 5-6 电路图

（2）当二次侧的阻抗$|Z_L|$一定时，通过选取不同匝数比的变压器，就可在一次侧电路中得到不同的等效阻抗。

这就是所谓变压器的阻抗变换作用，只要配备合适变压比的变压器，便可使信号源提供最大功率给负载，这时，我们说负载和电源相匹配。

【例 5-6】　图 5-29 中交流信号源 $E=120\text{V}$，$R_0=800\Omega$，负载电阻为 $R_L=8\Omega$的扬声器。

（1）若 R_L折算到一次侧的等效电阻 $R_L' = R_0$，求变压器的变压比和信号源的输出功率；

（2）若将负载直接与信号源连接，则信号源输出多大功率？

解：（1）由 $R_L' = \left(\frac{N_1}{N_2}\right)^2 R_L$

则变压比　$k_u = \sqrt{\dfrac{R_L'}{R_L}} = 10$

信号源的输出功率　$P_L = \left(\dfrac{E}{R_0 + R_L'}\right)^2 R_L' = 4.5$（W）

（2）直接接负载时，$P_L = \left(\dfrac{E}{R_0 + R_L}\right)^2 R_L = 0.176$（W）

可以证明：阻抗匹配情况下，负载获得最大功率是阻抗不匹配时的 25.57 倍。

互感线圈的同名端的判别

在知道线圈导线绕向的情况下，绕线方向一致时，两个头端为同名端，两个尾端也是同名端。但在很多时候我们不知道线圈的绕向，可以用下面两个方法来进行判别。

1．交流电压法

如图 5-30 所示将两个绕组 L_1、L_2 的任意两端连在一起，其中的一个绕组如 L_1 的两端加一个交流低电压，用交流电压表分别测出端电压 U_1、U_2 和 U_3。若 U_3 是两个绕组的电压之差，即 $U_3=U_1-U_2$，则 1、3 为同名端，当然 2、4 也为同名端。若 U_3 两端电压为两绕组端电压之和，即 $U_3=U_1+U_2$，则 1、4 为同名端，当然 2、3 也为同名端。

2．直流电压法

用干电池一节，万用表一块，接成如图 5-31 所示的电路。将万用表打在直流电压挡位（如 5V 以下）或直流电流挡（如 5mA），在开关 S 闭合的瞬间，如果万用表的指针正向偏转，或在开关断开的瞬间反向偏转，红表笔接的头 3 和电池正极接的头 1 为同名端，反向摆动时黑表笔接的头 4 和电池正极接的头 1 是同名端。

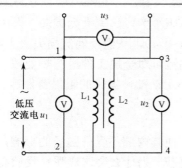

图 5-30　交流法测定线圈同名端

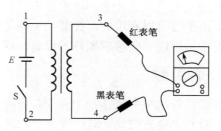

图 5-31　直流法测定线圈同名端

 知识拓展

*拓展　涡流及磁屏蔽

一、涡流产生的原因

涡流是电磁感应作用在导体内部感生的电流。如图 5-32 所示，这样的感应电流，看起来就像水中的旋涡，所以将它称为涡电流，又称为傅科电流。

导体在磁场中运动，或者导体静止但周围存在着随时间变化的磁场，或者两种情况同时出现，都可以造成磁力线与导体的相对切割。按照电磁感应定律，在导体中就产生感应电动势，从而产生电流。这样引起的电流在导体中的分布随

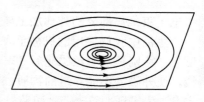

图 5-32　涡电流

着导体的表面形状和磁通的分布而不同，其路径往往有如水中的旋涡，因此称为涡流。

二、涡流存在的利弊及其应用

导体在非均匀磁场中移动或处在随时间变化的磁场中时，因涡流而导致能量的损耗称为涡流损耗。涡流损耗的大小与磁场的变化方式、导体的运动、导体的几何形状、导体的磁导率和电导率等因素有关。涡流损耗的计算需根据导体中的电磁场的方程式，结合具体问题的上述诸因素进行。

电动机、变压器的线圈都绕在铁芯上。线圈中流过变化的电流，在铁芯中产生的涡流使铁芯发热，不仅浪费能量，还可能损坏电器。因此，我们要想办法减小涡流。途径之一是增大铁芯材料的电阻率，常用的铁芯材料是硅钢。如果我们仔细观察发电机、电动机和变压器，就可以看到，它们的铁芯都不是整块金属，而是用许多薄的硅钢片叠合而成的。为什么这样呢？将金属置于随时间变化的磁场中或让它在磁场中运动时，金属块内必将产生感应电流，也就是涡流。这种电流在金属块内自成闭合回路，整块金属的电阻很小，所以涡流常常很强。当交流电流经过导线时，穿过变压器的铁芯的磁通量不断随时间变化，它在二次绕组产生感应电动势，同时也在铁芯中产生感应电动势，从而产生涡流。这些涡流使铁芯大量发热，浪费大量的电能，效率降低。为减少涡流损耗，交流电动机、电器中广泛采用表面涂有薄层绝缘漆或绝缘氧化物的薄硅钢片叠压制成的铁芯，这样涡流被限制在狭窄的薄片之内，磁通穿过薄片的狭窄截面时，

这些回路中的净电动势较小，回路的长度较大，回路的电阻很大，涡流大为减弱。再由于这种薄片材料的电阻率大（硅钢的涡流损失只有普通钢的 1/5～1/4），从而使涡流损失大大降低。

但涡流也是可以利用的，在感应加热装置中，利用涡流可对金属工件进行热处理。还可以利用涡流作用做成一些感应加热的设备，或用来做成减小运动部件振荡的阻尼器件等。

三、磁屏蔽

用导磁性好的材料制作一个外壳，可将外磁场屏蔽，使其内部不受外磁场的影响，使其中的铁磁性材料不会被磁化。这种现象在物理学中称为磁屏蔽。为什么会这样呢？我们看下面的现象。

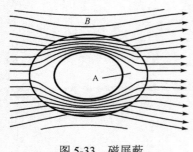

图 5-33　磁屏蔽

把磁导率不同的两种介质放到磁场中，在它们的交界面上磁场要发生突变，这时磁场强度 B 的大小和方向都要发生变化，也就是说，引起了磁力线的折射。例如，当磁力线从空气进入铁时，磁力线对法线的偏离很大，因此强烈地收缩。如图 5-33 所示是磁屏蔽示意图。图中 A 为一磁导率很大的软磁材料（如坡莫合金或铁铝合金）做成的屏蔽罩，放在外磁场中。可以发现，绝大部分磁场线从罩壳的壁内通过，而罩壳内的空腔中，磁力线是很少的。这样就可以达到磁屏蔽的目的。为了防止外界磁场的干扰，常在示波管、显像管中电子束聚焦部分的外部加上磁屏蔽罩，就可以起到磁屏蔽的作用。

生活中我们使用的机械手表，其机芯都是钢制的。如果手表放在磁铁附近，钢制机芯就会磁化。特别是当游丝磁化后，表马上就会停止工作。因此，手表需要在外面罩一层能防御磁力线，使外磁场不能穿透的物质。有意思的是，能够遮住外磁场的物质，原来就是容易磁化的铁本身。为了证明这一点，可将一个小指南针放在一个铁环里，可以看到小磁针就不会被环外的磁铁吸引了。所以，如果你有一块用铁或钢做外壳的手表，就可以保护表内的钢制机件不受磁力影响。即使将表放在强磁场附近，它的精确度一点也不会降低。至于用金或银做外壳的金表和银表，虽然很贵重，但是千万不能放到磁铁附近，因为它不能防磁。可见，用铁制包皮就能把外面的磁场遮住，使内部不受外磁场的影响，放在其中的铁制品也就不会被磁化。

磁屏蔽中，设计性价比高的屏蔽体的关键因素是对磁屏蔽的透彻理解。其目的是要减少所规定的磁场，这样使其对所屏蔽的器件或系统不形成威胁。一旦这一目标被确定，就应考虑材料的选择、主要技术参数和加工工艺等。

项目评价

一、思考与练习

1. 填空题

（1）磁铁都有两个磁极：_____极与_____极。

（2）电感线圈是一种储能元件，它能把_____转换成_____。

（3）直线电流磁力线与电流方向之间的关系是右手握住导线，让伸直的大拇指所指的方向与_____方向一致，则弯曲的四指所指方向就是_____环绕方向。

（4）通电螺线管产生的磁力线与电流方向之间的关系是右手握住螺旋管导线，让右手弯曲的四指与_____的方向一致，则伸直的大拇指所指方向就是环形电流中心轴线的_____方向。

（5）左手定则判定：伸出左手，使大拇指与其余四指垂直，并与手掌在同一平面内，让_____垂直穿过手心，四指指向_____方向，则大拇指所指方向为通电导体所受的_____方向。

2．选择题

（1）当电感组件中的电流不为零时，就有（　　　）存在。

  A．磁场   B．功率   C．电荷   D．电压

（2）电感组件的伏安特性表达式为（　　　）。

  A．$u = -e_L = L\dfrac{\Delta i}{\Delta t}$ B．$u = -e_L = L\dfrac{\Delta t}{\Delta i}$

  C．$u = e_L = L\dfrac{\Delta i}{\Delta t}$ D．$u = -e_L = -L\dfrac{\Delta i}{\Delta t}$

（3）电感组件是储存（　　　）能量的理想组件。

  A．电磁场   B．电场   C．磁场   D．引力场

（4）电感器的类型有固定电感器、片式叠层电感器、（　　　）电感器、高频电感线圈，以及各种专用电感器。

  A．线性   B．平面   C．可变   D．集成

（5）线性电感组件是指电感量为（　　　）的电感。

  A．整数   B．常数   C．变数   D．自然数

3．判断题

（1）如果通过某一截面的磁通为零，则该截面处的磁感应强度一定为零。 （　　　）

（2）只要闭合线圈中的磁场发生变化才能产生感应电流。 （　　　）

（3）感应电流产生的磁场方向总是跟原磁场的方向相反 （　　　）

（4）线圈中有磁场存在，但不一定会产生电磁感应现象。 （　　　）

（5）通过法拉第电磁感应定律结合左手定则有时也能判断感应电流的方向。 （　　　）

4．问答题

（1）简述什么是右手螺旋定则？

（2）在判断直导线和螺旋管使用右手螺旋定则时，它们的电流方向与磁力线方向是一样的吗？为什么？

（3）什么是左手定则？

（4）什么是磁感应强度？

（5）法拉第电磁感应定律表达式中的负号表示什么意义？

（6）电感器分别在强电和弱电领域中应用在哪些装置？

（7）电感线圈在使用时应该注意什么？

5．计算题

（1）若有两个线圈，第一个线圈的电感是 L_1=0.8H，第二个线圈的电感是 L_2=0.2H，它们

之间的耦合系数 K=0.5。求当它们顺串和反串时的等效电感。

（2）有一个电感器，电感为 100mL，通过电流 40A 时，试求电感器所储存的磁场能量为多少？

（3）1μF 与 2μF 的电容器串联后接在 30V 的电源上，则 1μF 的电容器的端电压为多少伏？

（4）在 f=50HZ 的交流电路中，若感抗 X_L=314Ω，电感 L 等于多少？

（5）一个交流 RC 串联电路，已知 U_R=3V，U_C=4V，则总电压等于多少伏？

6．技能题

（1）简述用万用表如何判断电感线圈的好坏？

（2）如何制作收音机磁棒天线？

（3）用指针式万用表的电阻挡来判别电感器的质量时，如果指针根本无偏转，则说明什么？

（4）怎样判断电感器出现匝间短路？

（5）怎样用万用表来判断变压器的同名端？

二、项目评价标准

项目评价标准见表 5-5。

表 5-5　项目评价标准

项目检测	分　值	评分标准	学生自评	教师评估	项目总评
磁场与磁极的认知	10	知道磁铁磁场强弱的分布规律，能判别磁铁的两个未知磁极			
磁场基本特征的认知	15	知道描述磁场的物理量有哪些，会计算载流导体在磁场中的受力并能进行方向的判断。能利用安培定则判断直线电流与环形电流产生的磁场的方向，知道磁场强弱的分布规律			
电磁感应现象的认知	20	掌握感应电流产生的条件，能判断导体切割磁力线时，闭合回路中磁通量发生变化时感应电流的方向，并能进行感应电流与感应电动势的简单计算			
电感器的认知	20	能识别各种常见电感器，会识读其参数，初步具备电感器的检测与判别能力，初步了解电感器的应用			
自感与互感现象的认知	15	能分析简单的自感与互感现象，了解自感与互感现象的应用，能判别互感线圈的同名端			
安全操作	10	能保证工作场所器材与人身安全，会应用防护基本技能			
现场管理	10	服从指导教师管理，工作环境整洁有序			

三、项目小结

（1）物体能够吸引铁、镍、钴等金属及其合金的性质称为磁性，把具有磁性的物体称为磁铁，在磁铁或电流的周围都存在着磁场，在磁场中的任一点，小磁针水平静止时 N 极所指的方向，就是该点的磁场方向。磁力线的疏密表示磁场强弱，磁力线在磁体外部由 N 极出来进入 S 极，在磁体内部由 S 极指向 N 极，组成不相交的闭合曲线。

（2）直线电流磁力线与电流方向之间的关系，环形电流的磁力线与环形电流方向之间的关系可以用安培定则（也叫右手螺旋定则）来判定。在本项目的学习中，应能够判断直线电流与通电螺线管的磁场。

（3）描述磁场的量有：磁通量、磁感应强度（又称磁通密度）、磁导率、磁场强度等。

（4）磁场对电流的作用力称为安培力，其计算公式为：$F = BIl\sin\alpha$。

（5）磁铁上磁性最强的部分叫磁极。磁铁都有 N 和 S 两个磁极。一个无论多么小的磁体都有两个磁极，磁极是不可分割的。地球是一个大磁体，其 N 极在地球南极附近，在学习中要学会利用地磁场来区分磁铁的 N、S 极。

（6）产生电磁感应的条件：一是导体与磁力线间发生相对切割运动，二是线圈中的磁通量发生变化。要学会用右手定则和楞次定律来判断感应电流的方向，并能用法拉第电磁感应定律来计算感应电动势的大小，即能用公式 $e = -K\dfrac{\Delta\Phi}{\Delta t}$ 和 $e = Blv$ 解决实际的计算问题。

（7）用导线绕制而成的线圈就是一个电感器，也称电感元件，用文字符号 L 表示。与电容器一样，电感器也是一种储能元件。

（8）线圈的自感磁链 ψ 与电流 I 的比值称为线圈的自感系数，简称电感。电感 L 是线圈的固有特性，其大小只由线圈本身因素决定，即与线圈匝数、几何尺寸、有无铁芯及铁芯的导磁性质等因素有关，而与线圈中有无电流或电流大小无关。

（9）电感的主要参数有：电感量、误差、额定电流、品质因数、分布电容等。掌握和识别各种各样的电感及电感的各个参数是本项目学习中重要的技能要求之一。同时应掌握电感的测量及好坏判断的本领。

（10）自感和互感现象是在一个线圈内部或两个线圈之间存在的电磁感应现象。自感电动势的大小，可由公式 $e_L = -L\dfrac{\Delta i}{\Delta t}$ 来计算。互感电动势的大小正比于穿过本线圈磁通的变化率，或正比于另一线圈中电流的变化率。自感与互感电动势的方向都可用楞次定律来判断。

（11）对于绕在同一铁芯上的线圈，由于绕向一致而产生感应电动势的极性始终保持一致的端点叫线圈的同名端。互感线圈的同名端的判别也是本项目应掌握的技能之一，常用的有交流电压法和直流电压法两种方法。

 教学微视频

项目六 正弦交流电路

现代技术中广泛应用的电能大部分是交流电，如发电厂提供的电能、生活生产用电、科学实验用电等。另外，一些需要直流电的场合，也常常是用整流设备把交流电变换成直流电。

大小和方向都随时间做周期性变化的电动势、电压和电流，统称为交流电。在交流电作用下的电路称为交流电路。常用的交流电是按正弦规律随时间变化的，称为正弦交流电。本项目讨论的交流电和交流电路，除特别指明外都是指正弦交流电和正弦交流电路。

 知识目标

1. 了解什么是正弦交流电及其产生过程。
2. 掌握正弦交流电的三要素。
3. 掌握正弦交流电的表示方法。
4. 掌握纯电阻电路中电压与电流的关系。
5. 掌握纯电阻电路的功率。
6. 理解电感对交流电的阻碍作用。
7. 掌握纯电感电路中电压与电流的关系。
8. 掌握纯电感电路的功率。
9. 理解电容对交流电的阻碍作用。
10. 掌握纯电容电路中电压与电流的关系。
11. 掌握纯电容电路的功率。

 技能目标

1. 熟练使用万用表测量单相交流电压。
2. 正确使用信号源。
3. 正确使用示波器观察正弦交流电的波形。
4. 掌握电烙铁的使用和维护。
5. 能熟练地安装日光灯电路。
6. 能对日光灯电路的常见故障进行维修。
7. 测量纯电容电路中电压与电流。
8. 了解配电的含义，会安装配电板。

任务一　正弦交流电的基本概念

一、正弦交流电的产生过程

法拉第发现电磁感应现象使人类"磁生电"的梦想成真。发电机就是根据电磁感应原理制成的。正弦交流电由交流发电机产生。图 6-1 所示就是最简单的交流发电机的原理示意图，可用来说明交流发电机工作的基本原理。

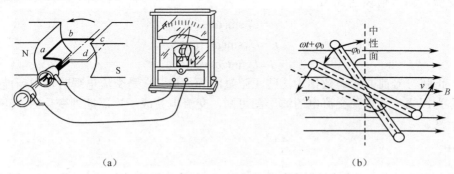

（a）　　　　　　　　　　　　　　　　　　（b）

图 6-1　交流发电机的原理示意图

如图 6-1（a）所示，线圈 abcd 在匀强磁场中绕固定轴匀速转动，把线圈的两根引线接到随线圈一起转动的两个铜环上，铜环通过电刷与电流表相连接。当线圈每旋转一周时，指针就左右摆动一次。这就表明旋转的线圈里产生了感应电流，并且感应电流的大小和方向都随时间做周期性变化——线圈中有交流电产生。

图 6-1（b）所示的是线圈的截面图。线圈 abcb 以角速度 ω 沿逆时针方向匀速转动，当线圈转动到线圈平面与磁力线垂直位置时，线圈 ab 边和 cd 边的线速度方向都与磁力线平行，导线不切割磁力线，所以线圈中没有感应电流产生，我们把线圈平面与磁力线垂直的位置叫中性面。设在起始时刻时，线圈平面与中性面的夹角为 φ_0，则 t 时刻线圈平面与中性面夹角为 $\omega t+\varphi_0$。从图中可以看出，cd 边运动速度 v 与磁力线方向的夹角也是 $\omega t+\varphi_0$。设 cd 边的长度为 l，磁场的磁感应强度为 B，则由于 cd 边做切割磁力线运动所产生的感应电动势为

$$e_{cd}=Blv\sin(\omega t+\varphi_0)$$

同样的道理，ab 边产生的感应电动势为

$$e_{ad}=Blv\sin(\omega t+\varphi_0)$$

由于这两个感应电动势是串联的，所以整个线圈产生的感应电动势为

$$e = e_{cd} + e_{ad} = 2Blv\sin(\omega t+\varphi_0)=E_m\sin(\omega t+\varphi_0) \tag{6-1}$$

式中，$E_m = 2Blv$ 是感应电动势的最大值，又叫振幅。

可见，发电机产生的电动势是按正弦规律变化的，可以向外电路输送正弦交流电。

应当指出，实际的发电机构造比较复杂，线圈匝数很多，而且嵌在硅钢片制成的铁芯上，称为电枢，磁极一般是由电磁铁构成的，而且多采用旋转磁极式，即电枢不动，磁极转动。

公式 $e = E_m\sin(\omega t + \varphi_0)$ 为电动势的瞬时值表达式，$i = I_m\sin(\omega t + \varphi_0)$ 和 $u = U_m\sin(\omega t + \varphi_0)$ 分别是电流和电压的瞬时值表达式。它们统称为交流电的解析式，都是正弦量。

交流电的变化规律除了用解析式表示外，还能用波形图直观地表示出来。如图 6-2 所示是 $e = E_m\sin(\omega t + \varphi_0)$ 的波形图。

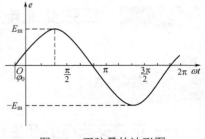

图 6-2 正弦量的波形图

二、交流电的三要素

1．最大值

正弦交流电瞬时值表达式为

$$e = E_m\sin(\omega t + \varphi_0)$$
$$u = U_m\sin(\omega t + \varphi_0)$$
$$i = I_m\sin(\omega t + \varphi_0)$$

其中，正弦符号前面的系数称为这些正弦量的最大值，它是交流电瞬时值中所能达到的最大值，又称为振幅。从正弦交流电的波形图可知，交流电完成一次周期性变化时，正、负最大值各出现一次。

2．初相

在交流电解析式中，正弦符号后面的量 $(\omega t + \varphi_0)$，称为交流电的相位，又称相角。因为 $(\omega t + \varphi_0)$ 里含有时间 t，所以相位是随时间变化的量。当 $t = 0$ 时，相位等于 φ_0，称为初相位（简称初相），它反映了正弦交流电起始时刻的状态。

初相的大小和时间起点的选择有关，正弦量的初相不同，初始值就不同，到达最大值和某一特定值所需的时间也不同。

注意：习惯上初相的绝对值用小于 180° 的角度表示。凡大于 180° 的正角就改用负角表示，如 270° 改用 −90° 来表示；图 6-3 所示是几种初相不同的正弦波。

初相 $\varphi_0 = 0$ 的波形图如图 6-3（a）所示。

初相 $\varphi_0 > 0$ 的波形图与图 6-3（a）相比，仅在于纵轴向右平移了一个 φ_0 角，如图 6-3（b）所示。

初相 $\varphi_0 < 0$ 的波形与图 6-3（a）相比，仅在于纵轴向左平移了一个 φ_0 角，如图 6-3（c）所示。

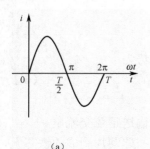

(a)

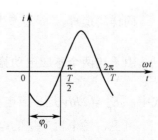

(c)

图 6-3 几种初相不同的正弦波

3．角频率、周期和频率

角频率是描述正弦交流电变化快慢的物理量。我们把交流电每秒钟变化的电角度，称为交流电的角频率，用字母ω表示，单位是弧度/秒（rad/s）。

在工程中，常用周期或频率来表示交流电变化的快慢。交流电完成一次周期性变化所需的时间，称为交流电的周期，用字母T表示，单位是秒（s）。交流电在1 s内完成的周期变化的次数，称为交流电的频率，用字母f表示，单位是赫兹（Hz），简称赫。

根据定义，周期和频率互为倒数，即

$$T=\frac{1}{f} \text{ 或 } f=\frac{1}{T} \tag{6-2}$$

因为交流电完成1次周期变化所对应的电角度为2π，所用时间为T，所以角频率ω与周期T和频率f的关系是

$$\omega=\frac{2\pi}{T}=2\pi f \tag{6-3}$$

我国采用50Hz作为电力标准频率，也称为工频交流电，其周期是0.02s，即20ms，角频率是100πrad/s或314rad/s，电流方向每秒钟变化100次。

任何一个正弦量的最大值、角频率和初相确定后，就可以写出它的解析式，计算出这个正弦量任一时刻的瞬时值。因此，最大值、频率（或周期、角频率）和初相为正弦量的三要素。

4．正弦交流电的相位差

设有两个同频率的正弦交流电

$$u=U_\mathrm{m}\sin(\omega t+\varphi_u)$$

$$i=I_\mathrm{m}\sin(\omega t+\varphi_i)$$

式中，$(\omega t+\varphi_u)$是电压u的相位；$(\omega t+\varphi_i)$是电流i的相位。

两个同频率正弦量的相位之差，称为它们的相位差，用φ表示，即

$$\varphi=(\omega t+\varphi_u)-(\omega t+\varphi_i)=\varphi_u-\varphi_i \tag{6-4}$$

上式表明：两个同频率正弦量的相位差等于它们的初相之差，是个常量，不随时间而改变。相位差是描述同频率正弦量相互关系的重要特征量，它表征两个同频率正弦量变化的步调，即在时间上超前或滞后到达正、负最大值或零值关系。

我们规定，用绝对值小于π的角度来表示相位差。图 6-4 所示为两个同频率正弦交流电压和电流的相位关系。

图 6-4（a）中$\varphi_u>\varphi_i$，相位差$\varphi=\varphi_u-\varphi_i>0$，称为电压$u$超前电流$i$角度$\varphi$，或称电流$i$滞后电压$u$角度$\varphi$。它表示电压$u$比电流$i$要早到达正（或负）最大值或零值的时间是$\dfrac{\varphi}{\omega}$。

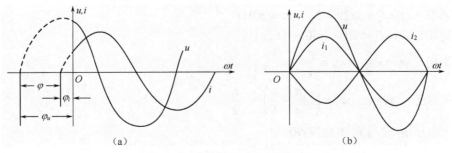

图 6-4 同频率正弦量的相位关系

图 6-4（b）中，u 和 i_1 具有相同的初相位，即相位差 $\varphi = 0$，称 u 与 i_1 同相；而 u 和 i_2 相位正好相反，称为反相，即 u 与 i_2 的相位差为 $\pm 180°$。如果两个正弦交流电的相位差 $\varphi = \dfrac{\pi}{2}$，那么称两者为正交。

5. 正弦交流电的有效值和平均值

交流电和直流电具有不同的特点，但是从能量转换的角度来看，二者是可以等效的。因此引入有效值来表示交流电的大小。如果交流电和直流电通过同样阻值的电阻，在同一时间内产生的热量相等，即热效应相同，就把该直流电的数值称为交流电的有效值。

交流电动势和交流电压的有效值也可以用同样的方法来确定，用 E、U、I 表示交流电的有效值。正弦交流电的有效值和最大值的关系是

$$E = \frac{E_m}{\sqrt{2}} = 0.707 E_m$$

$$U = \frac{U_m}{\sqrt{2}} = 0.707 U_m \tag{6-5}$$

$$I = \frac{I_m}{\sqrt{2}} = 0.707 I_m$$

注意：常用的测量交流电的各种仪表，所指示的数字均为有效值。电动机和电器的铭牌上标的也都是有效值。

我国照明电路的电压是 220V，其最大值是 311V，因此接入 220V 交流电路的电容器耐压值必须不小于直流 400V 或交流 250V。

电工、电子技术中，有时要求交流电的平均值。交流电压或电流在半个周期内所有瞬时值的平均数，称为该交流电压或电流的平均值。理论和实践都可以证明：交流电的平均值是最大值的 $\dfrac{2}{\pi}$，即为最大值的 0.637，或有效值的 0.9。

【例 6-1】 已知交流电压 $u_1 = 220\sqrt{2}\sin\left(314t - \dfrac{\pi}{4}\right)$（V），$u_2 = 110\sqrt{2}\sin\left(314t + \dfrac{\pi}{4}\right)$（V）。求各交流电的最大值、有效值、平均值、角频率、频率、周期、初相和它们之间的相位差，指出它们之间的"超前"或"滞后"关系。

解：（1）最大值　$U_{1m} = 220\sqrt{2} = 311$（V），$U_{2m} = 110\sqrt{2} = 155.5$（V）

（2）有效值　$U_1 = 220$（V），$U_2 = 110$（V）

（3）平均值　$\bar{U}_1 = 0.637 \times 311 = 198$（V），$\bar{U}_2 = 0.637 \times 155.5 = 99$（V）

（4）角频率　$\omega_1 = \omega_2 = 314\,\text{rad/s}$

（5）频率　$f_1 = f_2 = \omega/2\pi = 314/2\pi = 50\text{Hz}$

（6）周期　$T_1 = T_2 = 1/f = 1/50 = 0.02\text{s}$

（7）初相　$\varphi_1 = -\dfrac{\pi}{4}$，$\varphi_2 = \dfrac{\pi}{4}$

（8）相位差　$\varphi = \varphi_1 - \varphi_2 = \left(-\dfrac{\pi}{4} - \dfrac{\pi}{4}\right) = -\dfrac{\pi}{2}$

所以，电压 u_1 滞后 u_2 电角度 $90°$。

三、正弦交流电的表示方法

为了便于分析问题和解决问题，一个正弦量可采用多种不同方法来表示。

1．波形图表示法

如图 6-5 所示，横坐标表示角度 ωt（或时间 t），纵坐标表示随时间变化的电动势、电压和电流的瞬时值，这就是正弦交流电的波形图表示法。波形图的优点是它不仅可以反映出交流电的最大值、初相及角频率，还可以看出交流电随时间的变化趋势，以及同频率的不同正弦量间的超前和滞后关系。

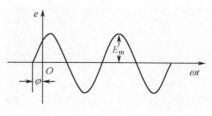

图 6-5　交流电的波形图

2．解析式表示法

解析式表示法即函数表示法，如图 6-5 所示正弦电动势的解析式为

$$e = E_{\text{m}}\sin(\omega t + \varphi_0)$$

如果知道了交流电的有效值（或最大值）、频率（或周期）和初相，就可以确定它的解析式。解析式的优点是：可以方便地算出交流电任何瞬间的值。

3．正弦交流电的旋转向量表示法

为了对正弦量进行加减运算引入了旋转向量表示法。

如图 6-6 所示，以坐标原点 O 为端点作一条有向线段，线段的长度为正弦量的最大值 E_{m}，旋转向量的起始位置与 x 轴正方向的夹角为正弦量的初相 φ_0，它以正弦量的角频率 ω 为角速度，绕原点 O 逆时针匀速转动，则在任一瞬间，旋转向量在纵轴上的投影就等于该时刻正弦量的瞬时值。旋转向量既可以反映正弦量的三要素，又可以通过它在纵轴上的投影求出正弦量的瞬时值。旋转向量可以完整地表示正弦量。如果有向线段的长为正弦量的有效值，就称为有效值向量，用 $\dot{E}$、$\dot{U}$、$\dot{I}$ 表示。

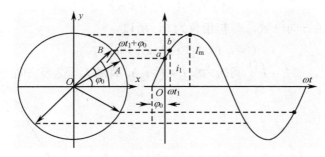

图 6-6　正弦量的旋转向量表示法

在同一坐标系中，画出几个同频率的正弦量的旋转向量，它们以相同的角速度逆时针旋转，各旋转向量间的夹角（相位差）不变，相对位置不变，各个旋转向量是相对静止的。因此，将它们作为静止情况处理，并不影响分析和计算结果，正弦量用旋转向量来表示就可以简化为用 $t = 0$ 时的向量来表示。

要进行同频率正弦量加、减运算，先作出与正弦量相对应的向量，再用平行四边形法则求和，向量和的长度表示正弦量和的最大值（如果用有效值向量表示，则为有效值），向量和与 x

轴正方向的夹角为正弦量的初相，角频率不变。

同频率的几个正弦量的向量可以画在同一图上，这样的图叫向量图。有效值向量用符号 $\dot{E}$、$\dot{U}$、$\dot{I}$ 表示，最大值向量用 $\dot{E}_\mathrm{m}$、$\dot{U}_\mathrm{m}$、$\dot{I}_\mathrm{m}$ 表示。

注意： 若无特殊说明，今后提到的向量都是指有效值向量。

【例 6-2】 作出下列电流、电压、电动势的向量图。

$$e = 220\sqrt{2}\sin\left(314t + \frac{\pi}{6}\right)\ (\mathrm{V})$$

$$u = 220\sqrt{2}\sin\left(314t + \frac{\pi}{2}\right)\ (\mathrm{V})$$

$$i = 10\sqrt{2}\sin\left(314t - \frac{2\pi}{3}\right)\ (\mathrm{A})$$

解：（1）作基准线 x 轴，如图 6-7 所示。

（2）确定比例单位。

（3）从 O 作三条有向直线，与基准线的夹角分别是 $\frac{\pi}{6}$、$\frac{\pi}{2}$ 和 $-\frac{2\pi}{3}$。

（4）在三条直线上截取线段，使线段的长度符合 e、u、i 的有效值与比例单位的比例，并在线段末加上箭头。

【例 6-3】 已知：$i_1 = 10\sqrt{2}\sin\left(314t + \frac{\pi}{3}\right)\ (\mathrm{A})$，$i_2 = 10\sqrt{2}\sin\left(314t - \frac{\pi}{3}\right)\ (\mathrm{A})$，求 i_1、i_2 的和。

解：（1）如图 6-8 所示作出与 i_1、i_2 相对应的向量 $\dot{I}_1$、$\dot{I}_2$，并作平行四边形，画出对角线 $\dot{I}$。

（2）由平行四边形法则知

$$\dot{I} = \dot{I}_1 + \dot{I}_2$$

（3）由于 $I_1 = I_2 = 10\mathrm{A}$，并且 $\dot{I}_1$ 和 $\dot{I}_2$ 与 x 轴正方向的夹角均为 $\frac{\pi}{3}$，有

$$I = I_1 = I_2 = 10\ (\mathrm{A})$$

（4）$\dot{I}$ 与水平轴正方向一致，即初相角为 0，所以

$$i = i_1 + i_2 = 10\sqrt{2}\sin 314t\ (\mathrm{A})$$

若求两矢量的差时，如 $\dot{I}_1 - \dot{I}_2$，可改为求 $\dot{I}_1 + (-\dot{I}_2)$，即将 $\dot{I}_2$ 画为反方向向量，再与 $\dot{I}_1$ 相加。

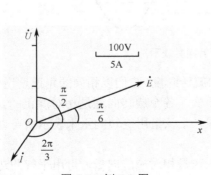

图 6-7　例 6-2 图

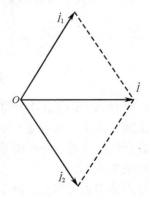

图 6-8　例 6-3 图

注意：只有同频率正弦量才能画在同一向量图中，也只有同频率正弦量才能借助平行四边形法则进行加减运算。

一、单相插座的认知与交流电压的测量

1. 插座

插座一般不用开关控制，始终带电。插座插孔的分类和极性如图 6-9 所示。双孔插座水平安装时左零右火；竖直排列时下零上火；三孔插座左零右火上地；三相四孔插座，下面三个较小的孔分别接三相电源的相线，上面较大的孔接保护地线。

2. 交流电压测量

将结果填入表 6-1 中。

表 6-1　万用表测量教室单相交流电压值

测　量　内　容	250V 挡	500V 挡
单相交流电压		

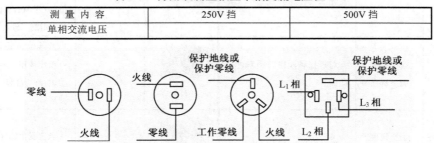

图 6-9　插座插孔的分类和极性

二、低频信号发生器的使用

下面以 AT8602B 函数信号发生器（以后简称信号发生器）为例，介绍低频信号发生器的使用。这种仪器是一种精密的测量仪器，它可以连续地输出正弦波、矩形波和三角波三种波形，它的频率和幅度均可连续调节。

信号发生器能产生频率为 0.2Hz～2MHz 的正弦波、矩形波和三角波的信号电压。它的频率比较稳定，输出幅度可调。

1. 信号发生器面板结构的认识

AT8602B 函数信号发生器面板如图 6-10 所示。

图 6-10　AT8602B 函数信号发生器面板

2．信号发生器面板旋钮及按键功能（如表 6-2 所示）

表 6-2　信号发生器面板旋钮及按键功能

旋钮、开关、数码显示	名　称	功　能	旋钮、开关、数码显示	名　称	功　能
OUT（1）	函数信号的输出端	输出信号的最大幅度为：20V$_\text{p-p}$（1MΩ负载）	WAVE（9）	函数波形选择按钮	按下该键钮可由五位 LED 的最高位数码循环显示波形输出
DADJ（2）	占空比调节	函数波形占空比调节旋钮，调节范围 20%～80%	RANGE（10）	"频段"挡位选择按钮	由五位 LED 最后一位循环显示数码 1～7 个频段
（3）	频率显示	输出波形频率显示窗口：为 5 位 LED 数码管显示，单位为 Hz 或 kHz，分别由两个发光二极管显示	（4）	幅度显示	输出波形幅度显示：为三位 LED 数码管显示，显示单位为 V$_\text{p-p}$ 或 mV$_\text{p-p}$，分别由两个发光二极管显示，显示值为空载时信号幅度的电压峰−峰值，对于 50Ω负载，数值应为显示值的二分之一
FADJ（5）	输出频率调节旋钮	对每挡频段内的频率进行微调	RUN（11）	"确认"按钮	当其他按钮已置位后即可按此按钮。本仪器即可开始运行，并出现选择的函数波形
AADJ（6）	输出幅度调节旋钮	调节范围大于 20dB	RESET（12）	"复位"按钮	当仪器出错时，按此按钮可复位重新开始工作
ATT 20dB 40dB（7）（8）	衰减按钮	20dB 的衰减、40dB 的衰减			

3．技术性能

（1）输出频率：0.2Hz～2MHz，按每挡十倍频程覆盖率分类，共分 7 挡，具体如下。

1 挡　0.2～2Hz；2 挡　2～20Hz；3 挡　20～200Hz；4 挡　200Hz～2kHz；

5 挡　2～20kHz；6 挡　20～200kHz；7 挡　200kHz～2MHz。

（2）输出信号阻抗：50Ω。

（3）输出信号波形：正弦波、三角波、方波。

（4）输出信号幅度（1MΩ负载）：

正弦波：不衰减（1～18V$_\text{p-p}$）4%～10%　连续可调。

方波：　不衰减（1～20V$_\text{p-p}$）4%～10%　连续可调。

三角波：不衰减（1～16V$_\text{p-p}$）±10%　连续可调。

说明：对于 50Ω负载，数值应为上述值的二分之一。

（5）函数输出占空比调节 20%～80%，±5%连续可调。

（6）信号频率稳定度：±0.1%/min。

以上（4）～（6）项测试条件是：10kHz 频率输出，整机预热 20min。

（7）电源适应性及整机功耗：电压 110V/220V+10%，50Hz/60Hz±5%，功耗小于等于 20W。

（8）工作环境温度 0～40℃。

4．信号发生器的使用

（1）开机：插入 220V 交流电源线后，按下开关，整机开始通电。

（2）按频率挡位（RANGE）按钮选择适合频率挡位，在按此按钮时，频率显示窗口 5 位 LED 码的后一位循环显示的是挡位号 1～7。

（3）按波形选择按钮 5，LED 窗口的最高位出现循环显示：显示 1 表示正弦波，显示 2 表示方波，显示 3 表示三角波。

（4）按"确认"键，仪器开始输出波形，LED 窗口显示频率，并同时在另一窗口显示幅度。

（5）调节"调频"（FADJ）和"调幅"（AADJ）旋钮及衰减旋钮（ATT）并根据显示调整到自己所需要的频率和幅度。

（6）"OUT"输出所需要的函数波形。

5．注意事项

函数信号发生器上所有开关及旋钮都有一定的调节限度，调节时用力要适当。

三、双踪示波器的使用及注意事项

1．GOS-620CH 示波器面板控制及功能说明

GOS-620CH 双踪示波器的最大灵敏度为 5mV/div，最大扫描速度为 0.2μs / div，并可扩展 10 倍使扫描速度达到 20 ns/div。该示波器采用 6 英寸并带有刻度的矩形 CRT，操作简单，稳定可靠。其面板如图 6-11 所示。

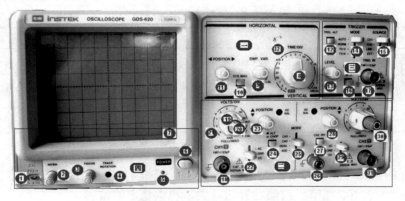

图 6-11　GOS-620CH 双踪示波器面板结构图

2．示波器的使用

（1）寻找扫描光迹。接通电源开关，若显示屏上不出现光点或扫描线，可按表 6-3 进行操作。

表 6-3 示波器的使用

开关或旋钮	名　称	位　置	开关或旋钮	名　称	位　置
 INTEN（2）	亮度旋钮 INTENSITY	亮度适中位置	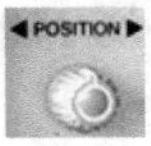 POSITION（11）	水平位移	置中间位置
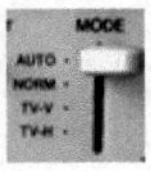 MODE AUTO NORM TV-V TV-H（14）	触发方式	置自动扫描（AUTO）方式	 FOCUS（3）	聚焦旋钮	置适中位置，使扫描线清晰
 POSITION（23）、（28）	垂直位移	置中间位置			

（2）出现扫描线后，从 CH1 或 CH2 加入电信号，若波形不出现请按表 6-4 操作。

表 6-4 加入电信号若波形不出现时的操作

开关或旋钮	名　称	位　置	开关或旋钮	名　称	位　置
（CH1）（22）  AC GND DC （CH2）（29）	耦合选择开关	置"AC"或"DC"	 VOLTS/DIV VAR PULL&MAG CH2（19）、（30）	衰减开关	顺时针旋转使幅值减小，逆时针旋转使幅值增加，波形幅值适中即可定量分析时，微调旋钮置锁定位置

（3）波形不稳定，请按表 6-5 操作。

表 6-5 波形不稳定的操作

开关或旋钮	名称	位　置	开关或旋钮	名称	位　置
 SOURCE CH1 CH2 LINE EXT（15）	内触发选择开关	电信号从 CH1 通道输入置 CH1，信号从 CH2 通道输入置 CH2，双通道输入时任选 CH1 或 CH2	 LEVEL（13）	电平	电平锁定顺时针旋到底

（4）观察信号波形。

① 将调好的电信号（信号发生器）接到示波器 Y 轴输入端（CH1 或 CH2）上。

② 按表 6-3～表 6-5 调节示波器各旋钮开关，观察稳定的波形。

（5）测量正弦波电压。在示波器上调节出大小适中、稳定的正弦波形，如图 6-12 所示。选择其中一个完整的波形，先测算出正弦波电压峰-峰值 U_{p-p}，即

$$U_{p-p}=（峰-峰值在垂直方向占的格数）×（衰减开关 V/div）×（探头衰减率）$$

然后求出正弦波电压有效值 U 为

$$U=\frac{U_{p\text{-}p}}{2\sqrt{2}}$$

（6）测量正弦波周期和频率。在示波器上调节出大小适中、稳定的正弦波形，选择其中一个完整的波形，先测算出正弦波的周期 T，即

$$T=（一个周期在水平方向占的格数）\times（挡位\ Time/div）$$

然后求出正弦波的频率

$$f=\frac{1}{T}$$

（7）测量正弦波的相位差。两个信号之间相位差的测量可以利用仪器的双踪显示功能进行。如图 6-13 给出了两个具有相同频率的超前和滞后的正弦波信号用双踪示波器显示的例子。此时，"内触发源"开关必须置于超前信号相连接的通道，同时调节扫描时间因数开关"Time/div"，使显示的正弦波波形大于 1 个周期，如图 6-13 所示。一个周期占 6 格，则 1 格刻度代表波形相位 $60°$，故相位差 $\varphi=$ 相位差水平占的格数 $\times 2\pi/$ 一个周期水平方向占的格数 $=1.5\times360°/6=90°$。

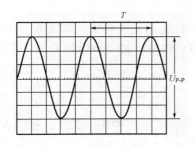

图 6-12　电压和周期的测量

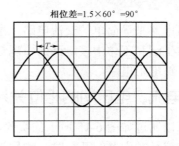

图 6-13　相位差的测量

3. 用双踪示波器测量观察波形

在此技能训练中只要求会接线、会测量和绘画波形图。利用双踪示波器观察测量电压的波形（操作说明栏要求：说明相位关系，分清楚超前与滞后的概念。需要等到学习完任务二、任务三和任务四后，再完成一遍），并画在表 6-6 中。其中 $R_1=R_2=100\Omega$，$C=3.3\sim100\mu F$，$L=50\sim100mH$，频率 1kHz。

表 6-6　观察测量电压的波形

序　号	测量接线图	波　形	操 作 说 明
1	测量纯电阻电路相位接线图		测量观察 0—4 和 0—2 间的波形，指出波形中的幅度、周期和频率，说明相位关系，分清楚超前与滞后的概念
2	测量纯电感电路相位接线图		观察 0—4 和 0—2 间的波形，指出波形中的幅度、周期和频率，说明相位关系，分清楚超前与滞后的概念

序　号	测量接线图	波　形	操作说明
3	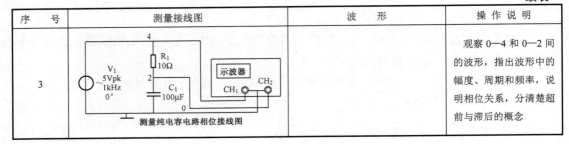 测量纯电容电路相位接线图		观察 0—4 和 0—2 间的波形，指出波形中的幅度、周期和频率，说明相位关系，分清楚超前与滞后的概念

任务二　纯电阻电路

纯电阻电路是最简单的交流电路，由交流电源和纯电阻元件组成，如图 6-14 所示。

在日常生活和工作中接触到的白炽灯、电炉、电烙铁等，都是电阻性负载，它们与交流电源连接组成纯电阻电路。

一、电流、电压间的相位关系

我们可以通过如图 6-15 所示的实验，来研究电流、电压间的相位关系。按图连接好电路，当闭合低频信号发生器的开关时，测量观察 0—4 和 0—2 间的波形（需要说明：其一，0—4 间的波形，实际是信号源加到 R₁、R₂ 的总电压波形，为什么测量这个波形？是因为示波器 Y 轴输入 CH₁、CH₂ 在仪器内部共地。实际操作中不共地时，如果分别在电阻 R₁、R₂ 测量波形就会造成短路，有一个波形就不会显示出来。所以采用图 6-15 所示的接线方式，解决这个问题。其二，采用间接测量电流波形的方法，要计算出电流峰峰值。即总电压峰峰值的二分之一，除以 R₁ 则是电流的峰峰值，为画波形图提供电流波形峰峰值的幅度。其三，总电压峰峰值的二分之一是 R₁ 上的电压，这个电压波形是不是正弦波？笔者根据理论知识认定是正弦波，所以大胆假设总电压波形代替 R₁ 上的电压波形。其四，如果用仿真软件做这个实验，就不存在这个问题）。当调节输出幅度和输出频率的旋钮时，仔细观察示波器的波形，可以看到它们的幅度同时到达最大值，同时回到零值，它们的周期同步变化。实验表明纯电阻电路中，电流与电压频率相同，相位相同，相位差为零，即

$$\varphi = \varphi_u - \varphi_i = 0$$

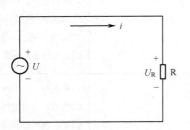

图 6-14　纯电阻电路

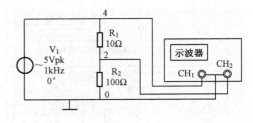

图 6-15　纯电阻电路电流、电压间相位关系实验

设电流为参考正弦量，通过 R 的电流为

$$i = I_m \sin \omega t$$

则电阻两端的电压 u_R 为

$$u_R = U_R \sin \omega t$$

根据上述两式作出纯电阻电路中电流与电压的波形图如图 6-16（a）所示，向量图如图 6-16（b）所示。

二、电流与电压间的数量关系

纯电阻电路中电流、电压间的数量关系可以通过图 6-17 所示的实验来研究。按图连接好电路，改变信号发生器的输出电压（0.1～5V）和频率（1～500Hz），从电流表和电压表的读数可知，电压与电流成正比，比值等于电阻的阻值。实验表明电压有效值与电流有效值遵循欧姆定律，即

$$I = \frac{U_R}{R} \tag{6-6}$$

若将上式两边同乘以 $\sqrt{2}$ ，则

$$\sqrt{2}I = \frac{\sqrt{2}U_R}{R}$$

$$I_m = \frac{U_m}{R} \tag{6-7}$$

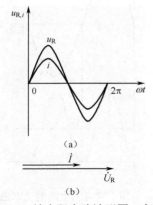

（a）

（b）

图 6-16　纯电阻电路波形图、向量图

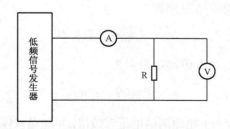

图 6-17　纯电阻电路电流、电压间数量关系实验原理图

这表明，纯电阻电路中，电流与电压最大值之间服从欧姆定律。

纯电阻电路中，由于电流与电压同相，设流过电阻的电流为

$$i = I_m \sin \omega t$$

则电阻两端的电压为

$$u_R = U_m \sin \omega t$$

由此可以得到

$$i = \frac{u_R}{R} \tag{6-8}$$

上式表明纯电阻电路的电压、电流的瞬时值服从欧姆定律，这是纯电阻电路所特有的公式。

三、纯电阻电路的功率

在纯电阻交流电路中，某一时刻的功率称为瞬时功率，它等于电压瞬时值与电流瞬时值的乘积，瞬时功率用小写字母 p 表示。

$$p = ui \tag{6-9}$$

以电流为参考正弦量，有

$$i = I_m \sin \omega t$$

则 R 两端电压为

$$u_R = U_m \sin \omega t$$

代入式（6-9）得

$$p = ui = U_m \sin \omega t I_m \sin \omega t = U_m I_m \sin^2 \omega t$$

按照上式作出瞬时功率曲线，如图 6-18 所示。由图像和函数式都可以看出：在纯电阻电路中，由于电流、电压同相，所以瞬时功率 $p \geq 0$，其最大值是 $2UI$，最小值是零。这表明，电阻总是消耗功率，把电能转化为热能，这种能量转化是不可逆转的。所以，电阻是一种耗能元件。由于瞬时功率是随时间变化的，测量和计算都不方便，所以在实际工作中常用平均功率来表示。瞬时功率在一个周期内的平均值称为平均功率，也称有功功率，用大写字母 P 表示。

这样，纯电阻电路的平均功率为

$$P = UI \tag{6-10}$$

根据欧姆定律有

$$I = \frac{U}{R} \qquad U = IR$$

平均功率还可以表示为

$$P = UI = I^2 R = \frac{U^2}{R}$$

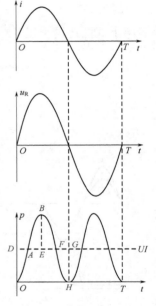

图 6-18　纯电阻电路的功率曲线

式中　U——电阻两端电压有效值，单位是伏[特]，符号为 V；

　　　I——流过电阻的电流有效值，单位是安[培]，符号为 A；

　　　R——用电器的电阻值，单位是欧[姆]，符号为 Ω；

　　　P——电阻消耗的功率，单位是瓦[特]，符号为 W。

通过以上讨论，可以得到如下结论。

（1）纯电阻交流电路中，电流和电压同相位。

（2）电压与电流的最大值、有效值和瞬时值之间，都服从欧姆定律。

（3）平均功率（有功功率）等于电流有效值与电阻两端电压的有效值之积。

【例 6-4】　一个标有"220V，100W"的灯泡，加在灯泡两端的电压 $u = 220\sqrt{2} \sin 314t$（V），求通过灯泡的电流有效值、瞬时值以及灯泡的热态电阻。

解：加在灯泡两端的电压为 $u = 220\sqrt{2} \sin 314t$（V），则灯泡两端的电压有效值为

$$U = \frac{U_m}{\sqrt{2}} = \frac{220\sqrt{2}}{\sqrt{2}} = 220 \quad (\text{V})$$

根据纯电阻电路的平均功率公式

$$P = UI$$

则电流的有效值为

$$I = \frac{P}{U} = \frac{100}{220} \approx 0.455 \quad (\text{A})$$

由于纯电阻电路中电压、电流同频率、同相位，则电流的瞬时值为

$$i = 0.455\sqrt{2}\sin 314t \quad (\text{A})$$

由欧姆定律可以求出灯泡的热态电阻为

$$R = \frac{U}{I} = \frac{220}{0.455} \approx 484 \quad (\Omega)$$

电功测量仪表的使用

一、电能的测量仪表

1. 电度表（电功表）的使用

电度表是用来测量电路消耗电能多少的设备，常见的电度表如图 6-19 所示。

电度表的读数可以直接读出，最后一位为小数，图 6-19 中两电度表的读数分别是 0.2 度和 0.6 度。某一段时间电路所消耗的电能，是电度表在两个时间的读数的差值。

（a）普通电度表

（b）IC 卡电度表

图 6-19　电度表

2. 电度表（电功表）的接线

电度表有四个接线端子，接线端子中的 1、3 端子接进线，2、4 端子接输出线，如图 6-20 所示。

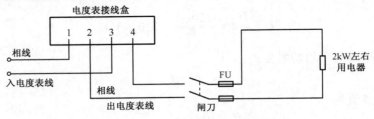

图 6-20　电度表的安装示意图

二、技能练习

1）目的

电度表电路的组装。

2）器材

10A 电度表一个，闸刀一个，2kW 左右用电器一个，导线若干。

3）步骤

（1）按图 6-20 所示的安装示意图连接电路。

（2）记下电度表的读数，闭合闸刀，工作半小时左右，断开闸刀，记下电度表的读数，将电度表的读数填入表 6-7 中，并计算电路所消耗的电能。

表 6-7　电度表的计量

闭合闸刀前读数（kW·h）	断开闸刀后读数（kW·h）	电路消耗电能（kW·h）

任务三　纯电感电路

由交流电源与纯电感元件组成的电路称为纯电感电路，如图 6-21 所示。它是一个理想电路的模型。实际的电感线圈都有一定的电阻，当电阻很小，小到可以忽略不计时，可近似看做纯电感元件，计算出来的结果与实际电感线圈电路的结果近似相同。

一、电感线圈对交流电的阻碍作用

通过图 6-22 所示的实验来研究电感线圈对交流电的阻碍作用。按图接好电路，在保证电压不变的前提下，将低频信号发生器的频率从 1Hz 开始增加到 500Hz，观察交流电流表的指示，发现随着电源频率的增加电流减小，这说明随着频率的增加电感线圈对交流电流阻碍也增加。我们将线圈对通过自身的交流电的阻碍作用称为感抗，用 X_L 表示。

理论和实验证明，感抗的大小和电源频率成正比，和线圈的电感成正比。感抗公式为

$$X_L = 2\pi f L \tag{6-11}$$

式中 f——电源频率，单位是赫[兹]，符号为 Hz；

L——线圈的电感，单位是亨[利]，符号为 H；

X_L——线圈的感抗，简称感抗，单位是欧[姆]，符号为Ω。

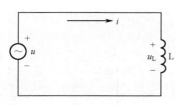

图 6-21 纯电感电路

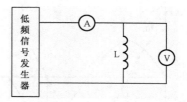

图 6-22 电感线圈对交流电的阻碍作用实验原理图

值得注意的是，虽然感抗 X_L 和电阻 R 的作用相似，但是它与电阻 R 对电流的阻碍作用有本质的区别。线圈的感抗表示线圈所产生的自感电动势对通过线圈的交变电流的反抗作用，它只有在正弦交流电路中才有意义。

由式（6-11）可知，当交流电频率越高，即 f 越大时，$\dfrac{\Delta i}{\Delta t}$ 越大，线圈产生的自感电动势就越大，对电路中的电流所呈现的阻碍作用也就越大。而对直流电，它的频率 $f=0$，则 $X_L=0$。因此直流电路中的电感线圈可视为短路。电感线圈的这种"通直流、阻交流；通低频、阻高频"的特性广泛应用在电子技术中。

二、电流与电压间的相位关系

在项目五中，根据图 5-23 和公式（5-16）可知：线圈两端的电压为

$$u_L = -e_L = -\left(-L\frac{\Delta i}{\Delta t}\right) = L\frac{\Delta i}{\Delta t}$$

从上述公式可以看出，线圈两端的电压 u_L 与自感电动势 e_L 的方向相反，其大小与线圈的电感及线圈中外电流变化的快慢（变化率）成正比。

所以在纯电感线圈的两端加上交流电压，线圈中必定要产生交流电流。由于这一电流时刻都在变化，因而线圈上就产生自感电动势来反抗电流的变化，因此线圈中的电流变化就要落后于两端的电压变化，u_L 和 i 之间就会有相位差。可将电流和电压的一个周期（0～2π）分为 4 个阶段讨论。

在 0～π/2 期间内电流由零增加到最大正值，电流变化率 $\Delta i/\Delta t$ 为正值并且起始值最大，根据上述的电流与电压关系，u_L 从最大正值逐渐变为零。

在 π/2～π 期间内电流由最大正值变化到零，电流变化率 $\Delta i/\Delta t$ 为负值并且从零变到最大负值，根据上述的电流与电压关系，u_L 从零逐渐变为最大负值。

在 π～3π/2 期间内电流由零变化到最大负值，电流变化率 $\Delta i/\Delta t$ 为负值并且从最大负值变到零，根据上述的电流与电压关系，u_L 从最大负值逐渐变为零。

在 3π/2～2π 期间内电流由最大负值变化到零，电流变化率 $\Delta i/\Delta t$ 为正值并且从零变到最大正值，根据上述的电流与电压关系，u_L 从零逐渐变为最大正值。

如图 6-23 所示，从图中看到在纯电感电路中，电压超前电流 $\dfrac{\pi}{2}$。

若以电流为参考，即

$$i = I_m \sin \omega t$$

则电感上电压的瞬时值为

$$u_L = U_m \sin\left(\omega t + \frac{\pi}{2}\right)$$

纯电感电路电压与电流的向量图如图 6-24 所示。

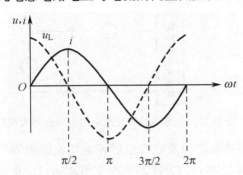

图 6-23　纯电感电路中电流与电压之间的相位关系

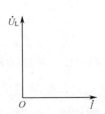

图 6-24　纯电感电路电流、电压的向量图

三、电流与电压间的数量关系

通过图 6-22 所示的实验，来研究纯电感电路电流与电压间的数量关系。按图连接好电路，在保证正弦交流电源频率一定的条件下，任意改变信号源的电压值，从电流表和电压表的读数可知，电压与电流成正比，即

$$U_L = X_L I \tag{6-12}$$

式中　U_L——电感线圈两端的电压有效值，单位是伏[特]，符号为 V；

　　　I——通过线圈的电流有效值，单位是安[培]，符号为 A；

　　　X_L——电感的电抗，单位是欧[姆]，符号为Ω。

将式（6-12）两端同时乘以 $\sqrt{2}$，得到

$$U_m = X_L I_m \tag{6-13}$$

这说明纯电感电路中，电流、电压的有效值、最大值服从欧姆定律。

值得注意的是：由于纯电感电路中电压和电流相位不同，瞬时值不符合欧姆定律。

四、纯电感电路的功率

纯电感电路中的瞬时功率等于电压瞬时值与电流瞬时值的乘积，即

$$p = ui$$

将 $i = I_m \sin\omega t$ 和 $u_L = U_m \sin\left(\omega t + \frac{\pi}{2}\right)$ 代入上式得

$$p = U_m \sin\left(\omega t + \frac{\pi}{2}\right) I_m \sin\omega t$$

$$= \sqrt{2}U \cos\omega t \times \sqrt{2}I \sin\omega t$$

$$= UI \times 2\sin\omega t \cos\omega t = UI \sin 2\omega t$$

由上式可以看出，纯电感电路的瞬时功率 p 随时间按正弦规律变化，其频率为电源频率的 2 倍，最大值为 $U_L I$，其波形图如图 6-25 所示。

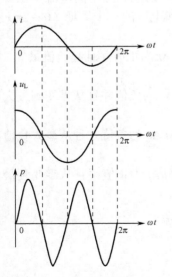

图 6-25　纯电感电路功率曲线

由波形图可知：纯电感电路中平均功率为零，即纯电感电路的有功功率为零。说明纯电感在交流电路中不消耗电能，是储能元件。当线圈中电流不断增大时，线圈储存的磁场能也不断增大，瞬时功率为正值，表明电感线圈从电源吸取了电能，并且转化成磁场能储存起来。同理，当电流不断减小时，线圈将储存的磁场能释放，并且转化成电能返还给电源。

对于不同的电源和不同的电感线圈，它们之间能量转换的多少不同。为反映出纯电感电路中能量的相互转换，把单位时间内能量转换的最大值（瞬时功率的最大值）称为无功功率，用符号 Q_L 表示。

$$Q_L = U_L I \qquad\qquad (6\text{-}14)$$

式中　U_L——线圈两端的电压有效值，单位是伏[特]，符号为 V；

　　　I——通过线圈的电流有效值，单位是安[培]，符号为 A；

　　　Q_L——感性无功功率，单位是乏，符号为 var。

感性无功功率的公式还常常写成

$$Q_L = \frac{U_L^2}{X_L} = I^2 X_L \qquad\qquad (6\text{-}15)$$

必须指出，无功功率中"无功"的含义是"交换"而不是"消耗"，它是相对于"有功"而言的。绝不可把"无功"理解为"无用"。它实质上是表明电路中能量交换的最大值、速率。无功功率在工农业生产中占有很重要的地位，具有电感性质的变压器、电动机等设备都是靠电磁能量转换工作的。因此，如果没有无功功率，即没有电源和磁场间的能量转换，这些设备就无法工作。

通过以上讨论，可以得出如下几点结论。

（1）在纯电感的交流电路中，电流和电压同频不同相，电压超前电流 $\dfrac{\pi}{2}$。

（2）电流、电压最大值和有效值之间都服从欧姆定律，而瞬时值不服从欧姆定律，要特别注意。

（3）电感是储能元件，它不消耗电能，其有功功率为零，无功功率等于电压有效值与电流有效值的乘积。

【例 6-5】　把一个 $L=0.35\text{H}$ 的空心线圈，接到 $u = 220\sqrt{2}\sin(314t+60°)$（V）的交流电源上，试求：（1）线圈的感抗；（2）电流的有效值；（3）电流的瞬时值表达式；（4）电路的无功功率。

解： 由 $u = 220\sqrt{2}\sin(314t+60°)$（V），可以得到

$$U = \frac{220\sqrt{2}}{\sqrt{2}}\text{V} = 220 \text{（V）}, \quad \omega = 314\text{rad/s}, \quad \varphi_u = 60°$$

（1）线圈的感抗为　　　　　$X_L = \omega L = 314 \times 0.35 \approx 110 \text{（Ω）}$

（2）电流的有效值为　　　　$I = \dfrac{U}{X_L} = \dfrac{220}{110} = 2 \text{（A）}$

（3）纯电感电路中，电压超前电流 $\dfrac{\pi}{2}$，即

$$\varphi = \varphi_u - \varphi_i = 90°$$

所以

$$\varphi_i = \varphi_u - 90° = 60° - 90° = -30°$$

电流最大值为　　　　　　　$I_m = \sqrt{2}I = 2\sqrt{2} \text{（A）}$

则电流瞬时值表达式为

$$i = 2\sqrt{2}\sin(314t-30°)\ (A)$$

（4）电路的无功功率为 $Q_L = U_L I = 220 \times 2 = 440$ （var）

日光灯的安装

1．日光灯的结构、功能

日光灯的结构、功能如表 6-8 所示。

表 6-8　日光灯的结构、功能

结 构 名 称	构　造	功　能
灯管	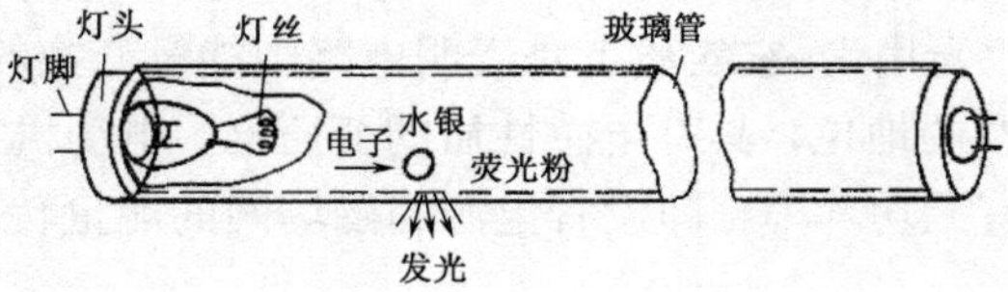 灯头　灯丝　玻璃管　灯脚　电子　水银　荧光粉　发光	当灯丝通过电流而发热时，产生电子，轰击水银蒸汽，使之电离产生紫外线，紫外线射到荧光粉上产生近似日光色的可见光
镇流器		启动时与启辉器配合，产生高压点燃灯管；工作时限流，延长灯管寿命
启辉器	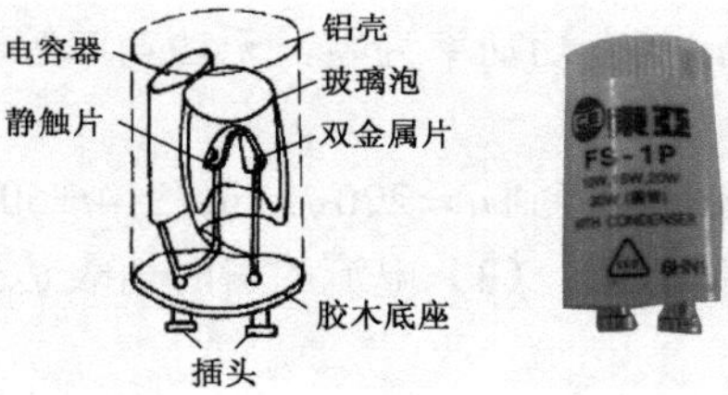 电容器　铝壳　玻璃泡　静触片　双金属片　胶木底座　插头　FS-1P	与镇流器线圈组成启辉回路实现启辉，电容器构成振荡回路，延长灯丝预热时间和维持脉冲放电电压，吸收杂波信号
灯座	 灯座　灯座　（a）　（b）	支撑灯管，连接电路
灯架（木盒）	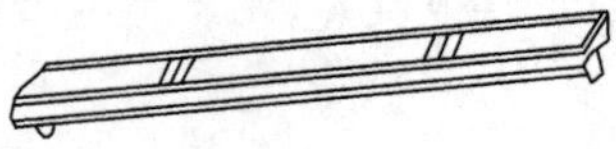	用来装置灯座、灯管、启辉器、镇流器等零配件

2．日光灯的工作原理

日光灯的工作原理分两个部分。

（1）启辉过程：合上开关瞬间，启辉器开路，镇流器空载，电源电压几乎全部加到启辉器动、静触片之间，使其发出辉光而发热，双金属片受热膨胀将电路接通，形成日光灯启辉状态的电流回路（该电流为日光灯启辉电流）。电流流过镇流器和两端灯丝，灯丝被加热而发射电子；同时启辉器接通后，辉光消失，双金属片温度下降，因双金属片弯曲使启辉器电路断开，此时镇流器线圈中由于电流突然中断产生较高的自感电动势，出现瞬时脉冲高压和电源电压叠加后加在灯管两端，使管内惰性气体电离发生弧光放电，管内温度升高，水银汽化并发生电离离子碰撞惰性气体分子产生弧光放电，辐射出紫外线，激发荧光粉发出白色可见光。

（2）工作过程：灯管启辉后，管内电阻下降，日光灯管回路电流增加，镇流器两端电压也增大，加在启辉器氖泡上的电压大大降低，不足以引起辉光放电，继而断开。电流由管内气体导电而形成回路，灯管进入工作状态。

3．日光灯电路的安装

日光灯的安装步骤与方法如表 6-9 所示。

表 6-9　日光灯的安装步骤与方法

步　骤	安装示意图	操 作 方 法
灯架的组装与固定	吊链 吊链盒 启辉器 镇流器 启辉器座 镇流器瓷垫座 固定螺钉 固定螺钉 木盒盖板 灯架（木盒） 活动槽 绝缘导线 灯座支架 盖板 弹簧 导向螺钉 灯座支架 接线螺钉 固定灯座 固定螺钉	将镇流器安装在灯架中央，启辉器安装在灯架一端或一侧，灯座分别装在灯架两端（中间距离要根据灯管长度量好，既要能插入灯脚，又要紧密接触），然后将灯架固定到紧固件上
接线	火线 零线 木盒（或铁皮盒） 原木 天花板 吊链 吊线盒 吊链 灯头与开关的连接线 启辉器座 启辉器 镇流器 灯座 灯座	按照原理图接线。与镇流器连接的导线既可以通过瓷接线柱，又可以直接连接，要恢复绝缘
灯管的安装		插入式灯座：先插入带弹簧的一端，压住弹簧顺势插入另一端。开启式灯座：将灯脚两端同时卡入灯座，握住灯管两端旋转 90°

续表

步　骤	安装示意图	操作方法
启辉器的安装	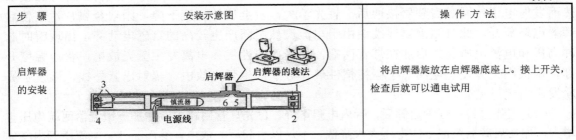	将启辉器旋放在启辉器底座上。接上开关，检查后就可以通电试用

4．日光灯的维修

日光灯常见故障维修如表 6-10 所示。

表 6-10　日光灯常见故障维修

故 障 现 象	可 能 原 因	排 除 方 法
接通电源，灯管不发光	1．启辉器损坏或与底座接触不良 2．灯丝断开或漏气 3．镇流器损坏	1．更换启辉器或底座 2．用万用表检查，更换灯管 3．修理或更换镇流器
灯管两端发红，不启辉	1．启辉器损坏 2．气温太低 3．灯管陈旧	1．更换启辉器 2．给灯管加罩 3．更换灯管
启辉困难，灯管两端不断闪烁	1．启辉器、镇流器与灯管不配套 2．环境温度太低 3．灯管陈旧	1．采用配套的启辉器、镇流器 2．给灯管加罩 3．更换灯管
灯管两端发黑或有黑斑	1．灯管陈旧 2．启辉器内电容击穿	1．更换灯管 2．去掉电容或更换启辉器
灯管启辉后有杂声	1．镇流器硅钢片未插紧 2．镇流器过载或内部短路 3．电压过高 4．启辉器不良	1．更换镇流器 2．更换镇流器 3．设法降压 4．更换启辉器
镇流器过热	1．电压过高或容量过低 2．镇流器内部线圈局部短路 3．灯管闪烁时间过长	1．降压或更换容量较大的镇流器 2．更换镇流器 3．检查闪烁原因并排除

任务四　纯电容电路

把电容器接到交流电源上，如果电容器的漏电电阻和分布电感可以忽略不计，这种电路称为纯电容电路，如图 6-26 所示。

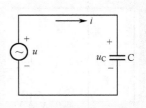

图 6-26　纯电容电路

一、电容器对交流电流的阻碍作用

电容器对交流电流同样具有阻碍作用。我们将电容器对通过自身的交流电的阻碍作用称为容抗，用 X_C 表示。电容的容抗和线圈的感抗一样表示电容对通过自身的交变电流的反抗作用，它只有在正弦交流电路中才有意义。

理论和实验证明，容抗的大小和电源频率成反比，和电容的容量成反比。容抗公式为

$$X_C = \frac{1}{2\pi f C} \tag{6-16}$$

式中　f —— 电源频率，单位是赫[兹]，符号为 Hz；

　　C —— 电容器的电容，单位是法[拉]，符号为 F；

　　X_C —— 电容器的容抗，单位是欧[姆]，符号为 Ω。

由上式可知：对直流电，它的频率 $f=0$，则 X_C 等于无穷大，可视为断路；而对于高频交流电，由于 f 值很大，容抗 X_C 很小。电容器这种"通交流、隔直流；通高频、阻低频"的性能广泛应用于电子技术中。

二、电流与电压间的相位关系

在项目四中已讲过，恒定直流电不能通过电容器，但是在电容器充放电过程中，却会引起电流。当电容器接到交流电中时，由于外加电压不断变化，电容器就不断充放电，电路中就不断有电流流过（通俗讲），严格说："是有位移电流流动"。电容器两端的电压是随着电荷的积累（充电）而升高，随着电荷的释放（放电）而降低的。由于电荷的积累和释放需要一定的时间，因此，电容器两端的电压变化滞后于电流的变化。根据公式（4-9）可知：电容中的电流与电容两端的电压的变化率成正比。

我们来研究纯电容电路中电流与电压的相位关系，可将电流和电压的一个周期（0～2π）分为 4 个阶段讨论。

在 0～π/2 期间内，u_C 由零增加到最大正值，电压变化率 $\Delta u/\Delta t$ 为正，并且由开始最大值逐渐减小到零，根据上述的电流与电压关系，电流 i 从最大正值逐渐变为零。

在 π/2～π 期间内，u_C 由最大正值变化到零，电压变化率 $\Delta u/\Delta t$ 为负，并且从零到最大负值，根据上述的电流与电压关系，电流 i 从零逐渐变为最大负值。

在 π～3π/2 期间内，u_C 由零变化到最大负值，电压变化率 $\Delta u/\Delta t$ 为负，并且从最大负值变到零，根据上述的电流与电压关系，电流 i 从最大负值逐渐变为零。

在 3π/2～2π 期间内，u_C 由最大负值变化到零，电压变化率 $\Delta u/\Delta t$ 为正，并且从零变到最大正值，根据上述的电流与电压关系，电流 i 从零逐渐变为最大正值。

如图 6-27 所示的曲线，从图中可以看到：电流超前电压 $\frac{\pi}{2}$，正好与纯电感电路的情况相反。

设电容器两端的交流电压为零，则有

$$u_C = U_m \sin \omega t$$

电路中的电流为

$$i = I_m \sin\left(\omega t + \frac{\pi}{2}\right)$$

其电流、电压的向量图如图 6-28 所示。

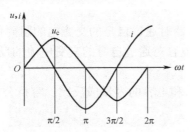

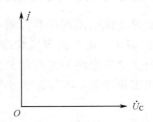

图 6-27　纯电容电路中电流、电压相位间的关系　　　图 6-28　纯电容电路电流、电压的向量图

三、电流、电压间的数量关系

通过图 6-29 所示的实验，来研究纯电容电路电流与电压间的数量关系。按图连接好电路，在保证电源频率一定的条件下，任意改变信号源的电压值，从电流表和电压表的读数可知，电压与电流成正比，即

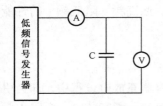

图 6-29　纯电容电路电压、电流
关系实验原理图

$$U_C = X_C I \tag{6-17}$$

式中　U_C——电容器两端电压的有效值，单位是伏[特]，符号为 V；

　　I　——电路中的电流有效值，单位是安[培]，符号为 A；

　　X_C——电容的电抗，简称容抗，单位是欧[姆]，符号为Ω。

式（6-17）叫纯电容电路的欧姆定律。

将式（6-17）两端同时乘以 $\sqrt{2}$，得

$$U_m = X_C I_m \tag{6-18}$$

这说明纯电容电路中电流、电压的有效值和最大值均服从欧姆定律。

四、纯电容电路的功率

纯电容电路的瞬时功率等于电压瞬时值与电流瞬时值之积，即

$$p = ui$$

将 $u_C = U_m \sin \omega t$ 和 $i = I_m \sin\left(\omega t + \dfrac{\pi}{2}\right)$ 代入上式得

$$p = U_m \sin \omega t I_m \sin\left(\omega t + \frac{\pi}{2}\right)$$

$$= \sqrt{2}U \sin \omega t \times \sqrt{2}I \cos \omega t$$

$$= UI \sin 2\omega t$$

可以看出，纯电容电路的瞬时功率 p 是随时间按正弦规律变化的，它的频率为电压（或电流）频率的 2 倍，振幅为 UI，波形图如图 6-30 所示。从图中可以看出，纯电容电路的有功功率为零，这说明纯电容电路不消耗电能。

同纯电感电路相似，虽然纯电容电路不消耗能量，但是电容器和电源之间进行着能量交换。为了表示电容器与电源能量

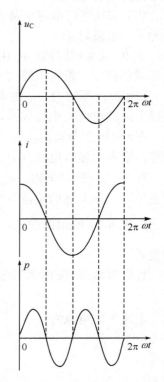

图 6-30　纯电容电路的功率曲线

转换的多少，把瞬时功率的最大值称为纯电容电路的无功功率，即

$$Q_C=U_CI \qquad\qquad (6\text{-}19)$$

式中　U_C——电容器两端电压有效值，单位是伏[特]，符号为 V；

　　　I——电路中电流有效值，单位是安[培]，符号为 A；

　　　Q_C——容性无功功率，单位是乏，符号为 var。

容性无功功率的公式还常写成

$$Q_C=\frac{U_C^2}{X_C}=I^2X_C \qquad\qquad (6\text{-}20)$$

通过以上讨论，可以得出以下结论。

（1）在纯电容电路中，电流和电压是同频不同相，电流超前电压 $\dfrac{\pi}{2}$。

（2）电流和电压的最大值、有效值之间服从欧姆定律，瞬时值不服从欧姆定律。

（3）电容是储能元件，它不消耗电功率，电路的有功功率为零。无功功率等于电压有效值与电流有效值之积。

首先我们应该知道什么叫配电，就是供电系统中直接与用户相连并向用户分配电能的环节。大体说，城市多使用 10 kV 配电，是一次配电网络，又称高压配电网络。二次配电网络是由配电变压器次级（电压 380 V）引出线到用户（家庭）入户线之间的线路、元件所组成的系统，又称低压配电网络。

目前城市室内照明用电，电度表的配电箱均由供电部门统一安装，但农村和郊县用户另当别论。用电的计量（电度表）和用电的分配控制（配电板）的安装有助于学生理解工厂供电电力分配和用电计量。

一、照明配电板的认知

1．配电板电路的组成

如图 6-31 所示，由图可知：配电板向室内照明电路供电，它由电源进线、电度表、控制器（总开关）、配电线路开关（给连接在主配电设备上的负荷提供过载和短路保护的装置）、用电器、电气保护器（熔丝盒）和电源插座等组成。

2．配电板所带负载的确定

根据家庭用电器的多少，决定用电量的大小。在图 6-31 中，电视机 80 W、音响设备 100 W、电热器 1 000 W、台灯 40 W、房间照明 40 W 和插座用电。当全部电器同时使用时，共计 1 500 W。根据已有的电工知识，可以估算出单相交流电 1 000 W 约 4.5 A 的电流。这个电流值非常重要，它决定配电板上电度表、电源进线、控制器（总开关）、配电线路开关（给连接在主配电设备上的负荷提供过载和短路保护的装置）、用电器、电气保护器（熔丝盒）和电源插座如何选择。

需要说明：目前家庭用电情况的计算，根据个人住房情况有一室一厅、二室一厅、二室二厅、三室一厅、三室二厅等，家庭用的电气设备很多，有大功率用电器（空调），有小功率用电器（1W、3W 的节能灯），二孔、三孔插座安装遍及厅、房间、厨房、卫生间，对电路进行

分路控制，有利于对电的合理控制使用，更利于安全用电。所以，配电板内容的讲授，对于学生和学生的家庭用电都是有意义的。

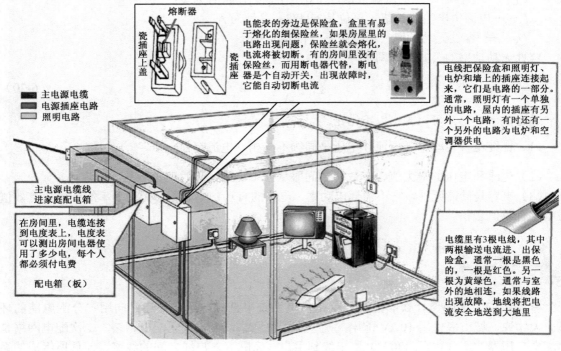

熔断器

瓷插座上盖

瓷插座

电能表的旁边是保险盒，盒里有易于熔化的细保险丝，如果房屋里的电路出现问题，保险丝就会熔化，电流将被切断。有的房间里没有保险丝，而用断电器代替，断电器是个自动开关，出现故障时，它能自动切断电流

电线把保险盒和照明灯、电炉和墙上的插座连接起来，它们是电路的一部分。通常，照明灯有一个单独的电路，屋内的插座有另外一个电路，有时还有一个另外的电路为电炉和空调器供电

主电源电缆
电源插座电路
照明电路

主电源电缆线进家庭配电箱

在房间里，电缆连接到电度表上，电度表可以测出房间电器使用了多少电，每个人都必须付电费

配电箱（板）

电缆里有3根电线，其中两根输送电流进、出保险盒，通常一根是黑色的，一根是红色。另一根为黄绿色，通常与室外的地相连，如果线路出现故障，地线将把电流安全地送到大地里

图 6-31　室内照明电路

3．认识照明配电板

照明配电板是保护和控制照明电路的电气元件安装板，上面主要装配了熔断器、电度表、控制开关、短路保护器、过载保护器等器件，如图 6-32 所示。

图 6-32　照明配电板

二、照明电路图（含配电板电路图）

1）照明电路图

配电板的电路图如图 6-33 所示。

2）材料清单

配电板一块、电度表一块、漏电保护器一个、闸刀开关一个、磁插座保险两个、接线端子

一个、导线和紧固件若干。

3）配电板布线图

配电板布线图如图 6-34 所示。

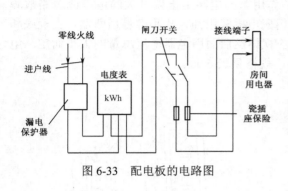

图 6-33　配电板的电路图

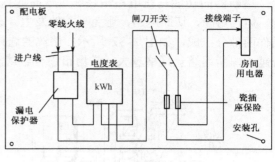

图 6-34　配电板布线图

三、电气元件的要求

1）配电板

一般家用配电板采用厚度为 15～20 mm 的酚醛绝缘板制作，目前也多将其装入专用的箱内，做成配电箱来使用。

2）单相电度表

单相电度表又名火表，它的规格多用其工作电流表示，常用的有 1 A、2 A、3 A、4 A、5 A、10 A、20 A 等，它是累计记录用户一段时间内消耗电能多少的仪表，外形如图 6-35 所示。

一般家庭用电量不大，电度表可直接接在线路上。单相电度表接线盒里共有四个接线桩，从左至右按 1、2、3、4 编号。直接接线方法一般有两种：按编号 1、3 接进线（1 接火线，3 接零线），2、4 接出线（2 接火线，4 接零线），如图 6-35 所示；另一种按编号 1、2 接进线（1 接火线，2 接零线），3、4 接出线（3 接火线，4 接零线）。由于有些电度表的接线方法特殊，在具体接线时，应以电度表接线盒盖内侧的线路图为准。

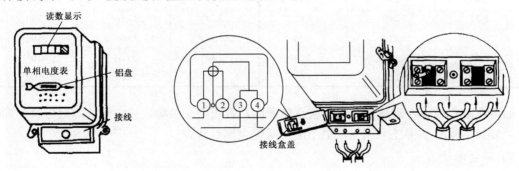

图 6-35　单相电度表的外形和接线示意图

3）闸刀开关

在家用配电板上，闸刀开关主要用于控制用户电路的通断，通常用 5A 或 10A 的二极胶盖闸刀，如图 6-36 所示。它采用瓷质材料做底板，中间装闸刀、熔丝和接线桩，上面用胶盖封装。闸刀开关底座上端有一对接线桩与静触点相连，规定接电源进线；底座下端也有一对接线桩，通过熔丝与动触点（刀片）相连，规定接电源出线。这样当闸刀拉下时，刀片和熔丝均不带电，装换熔丝比较安全。安装闸刀时，手柄要朝上，不能倒装，也不能平装，以避免刀片及手柄因自重下落，引起误合闸，造成事故。

4）熔断器

熔断器的功能是在电路短路和过载时起保护作用。当电路上出现过大的电流或短路故障时，熔丝熔断，切断电路，避免事故的发生。家用配电板多用插入式小容量熔断器，由瓷底和插件两部分组成，如图 6-37 所示。熔丝的选择应视熔丝后面用电器电流总量的大小而定。电流越大，所用熔丝规格越大，常用铅锡合金熔丝，规格见表 6-11。

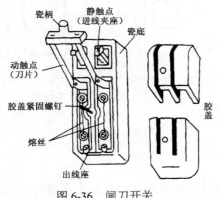

图 6-36　闸刀开关

图 6-37　瓷插式熔断器

表 6-11　常用铅锡合金熔丝规格

直径（mm）	额定电流（A）	熔断电流（A）	直径（mm）	额定电流（A）	熔断电流（A）
0.28	1.00	2.00	0.81	3.75	7.50
0.32	1.10	2.20	0.98	5.00	10.00
0.35	1.25	2.50	1.02	6.00	12.00
0.36	1.35	2.70	1.25	7.50	15.00
0.40	1.50	3.00	1.51	10.00	20.00
0.46	1.85	3.70	1.67	11.00	22.00
0.52	2.00	4.00	1.75	12.50	25.00
0.54	2.25	4.50	1.98	15.00	30.00
0.60	2.50	5.00	2.40	20.00	40.00
0.71	3.00	6.00	2.78	25.00	50.00

如果在配电板上发现熔丝熔断，应查明原因，若线路有故障，应排除故障后再换上同规格熔丝。装换熔丝时不得任意加粗，更不准用其他金属丝代替。

5）漏电保护器

在低压电网中，当人身发生单相触电或家用电器对地漏电时，能够在规定时间内自动完成切断电源的装置，称为漏电保护器，俗称漏电自动开关。它是在电路或电气绝缘受损发生对地短路时防止人身触电事故的有效措施之一，也是防止因漏电引起电气火灾和电气设备损坏事故的技术措施。一般安装于每户配电箱的回路中，其适用范围是交流 50Hz，额定电压 220V、380V，额定电流 5～250A。家庭用漏电保护器其极数、过流脱扣电流、额度漏电动作电流和额度漏电动作电流时间如表 6-12 所示。

表 6-12　家庭用漏电保护器各项技术指标

额度电压	频率	极数	额度电流 I_e	过流脱扣电流	额度漏电动作电流	额度漏电动作电流时间
220V	50Hz	2 极	6A	$(0.85\sim0.90)I_e$（A）	≤30mA	≤0.1s

安装及应用时，应注意以下几个问题。

（1）正确选择漏电保护器的额定泄漏电流值。

（2）不同接地形式中接线方式不同，安装时必须严格区分 N 线和 PE 线（N 线是中性线，是工作线，在单相系统中又被称为"零线"。没有它，设备可能就不能正常工作了。而 PE 线是和设备外壳相连接的地线，没有它，设备能够工作，但外壳可能带电。它可以防止触电事故发生）。

（3）选择泄漏电流动作值和动作时间可调、泄漏电流值可显示的漏电断路器。

但安装漏电保护器后并不等于绝对安全，供电运行中仍应以预防为主，并应同时采取其他防止触电和电气设备损坏事故的技术措施。

四、配电板及室内的接线要求

（1）配电板布局要整齐、对称、整洁、美观（含铝轧片），导线横平、竖直，弯曲成直角。

（2）接线时要分清主辅线路，不可混淆。

（3）电源的进线接在控制开关上面的进线端，用电设备要接在开关后面熔断器的出线端。

（4）不同电价的用电线路应分别安装并有明显区别。特别是动力线路和照明线路，电价不同时则要用不同的电度表分别计量。

（5）在低压供电系统中，禁止用大地作为零线，如三线一地制、两线一地制和一线一地制等。

（6）同一接线端子上压接两根以上不同截面积的导线时，大面积的放在下层，小面积的放在上层。

五、配电板的安装要求

（1）在配电板上安装电气元件时，不但要整齐美观，同时还要考虑实际接线的要求。

（2）熔断器一般安装在电源的控制开关出线端，如果熔断器又起隔离作用，就要安装在控制开关的进线端。

（3）控制开关垂直安装，断开电路时从上向下拨动开关，闭合电路时从下向上拨动开关。

（4）家用漏电保护器安装时一般可装在用户照明电路的进线端，且一定按照产品说明书的规定安装。

（5）配电板应可靠地固定在不受振动的墙上，且配电板的下边缘与地面保持至少 1.5m 以上的高度，同时保证在安装电度表时与地面垂直。

 知识拓展

拓展一　**电阻、电感、电容串联电路**

一、RL 串联电路

日光灯是最常见的 RL 串联电路，它把镇流器（电感线圈）和灯管（电阻）串联起来，再接到交流电源上。日光灯的电路图和原理图如图 6-38 所示。用电压表测得镇流器两端电压为 190V，灯管两端电压为 110V。显然，直流串联电路中，总电压等于分电压之和的规律不适用了，即 $U \neq U_R + U_L$，其原因是 u_R、u_L 相位不同。

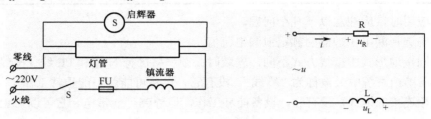

图 6-38　日光灯电路图和原理图

1．RL 串联电路电压间的关系

由于纯电阻电路中电压与电流同相，纯电感电路中电压的相位超前电流 $\dfrac{\pi}{2}$，又因为串联电路中电流处处相同，所以 RL 串联电路各电压间相位不相同，总电流与总电压的相位也不相同。

以正弦电流为参考正弦量，即

$$i = I_m \sin \omega t$$

则电阻两端的电压为

$$u_R = U_{Rm} \sin \omega t$$

电感线圈两端的电压为

$$u_L = U_{Lm} \sin \left(\omega t + \frac{\pi}{2} \right)$$

电路的总电压 u 为

$$u = u_R + u_L$$

与之对应的电压有效值向量关系为

$$\dot{U} = \dot{U}_R + \dot{U}_L$$

作出上式的向量图，如图 6-39 所示。$\dot{U}$、$\dot{U}_R$ 和 $\dot{U}_L$ 构成直角三角形，称为电压三角形，可以得到电压间的数量关系为

$$U = \sqrt{U_R^2 + U_L^2} \tag{6-21}$$

式中　　U_R ——电阻两端电压有效值，单位是伏[特]，符号为 V；

　　　　U_L ——电感线圈两端电压有效值，单位是伏[特]，符号为 V；

　　　　U ——电路中总电压有效值，单位是伏[特]，符号为 V。

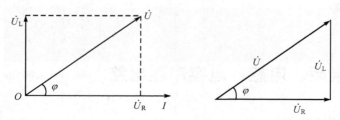

图 6-39　RL 串联电路向量图和电压三角形

总电压的相位超前电流

$$\varphi = \arctan \frac{U_L}{U_R} \tag{6-22}$$

从电压三角形中，还可以得到总电压与各部分电压之间的关系

$$U_R = U \cos \varphi$$
$$U_L = U \sin \varphi \tag{6-23}$$

2. RL 串联电路阻抗三角形

将图 6-39 所示的电压三角形的三边同时除以电流 I，就得到电阻 R、感抗 X_L 和阻抗 Z 组成的三角形——阻抗三角形。其中，Z 称为阻抗，它表示电阻和电感串联电路对交流电的总阻碍作用。如图 6-40 所示，阻抗三角形和电压三角形是相似三角形，阻抗三角形中 Z 与 R 的夹角，等于电压三角形中电压与电流的夹角 φ，φ 又称为阻抗角，与电压、电流的相位差相同。

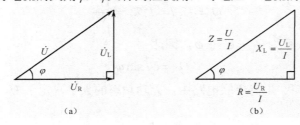

图 6-40　阻抗三角形

由直角三角形的边角关系可知：

$$Z = \sqrt{R^2 + X_L^2}$$
$$\varphi = \arctan \frac{X_L}{R} \tag{6-24}$$

阻抗、阻抗角的大小决定于电路参数（R、L）和电源的频率，与电压的大小无关。

由阻抗三角形还可以得到电阻、感抗与阻抗的关系式。

$$X_L = Z \sin \varphi$$
$$R = Z \cos \varphi \tag{6-25}$$

3. RL 串联电路功率三角形

将电压三角形三边同时乘以 I，就可以得到有功功率、无功功率和视在功率（总电压有效值与电流的乘积）组成的三角形——功率三角形，如图 6-41 所示。

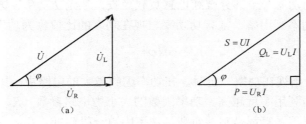

图 6-41　功率三角形

1）有功功率

电路中只有电阻消耗功率，即有功功率，它等于电阻两端电压U_R与电路中电流I乘积。

$$P = U_R I = I^2 R = \frac{U_R^2}{R}$$

U_R和总电压间的关系为$U_R = U\cos\varphi$，因此

$$P = UI\cos\varphi \qquad (6\text{-}26)$$

式（6-26）说明电阻、电感串联电路中，有功功率的大小不仅取决于电压U、电流I的乘积，还取决于阻抗角的余弦$\cos\varphi$的大小。当电源供给同样大小的电压和电流时，$\cos\varphi$大，有功功率大；$\cos\varphi$小，有功功率小。

2）无功功率

电路中的电感不消耗能量，它与电源之间不停地进行能量交换，感性无功功率为

$$Q_L = U_L I = I^2 X_L = \frac{U_L^2}{X_L}$$

U_L和总电压间的关系为$U_L = U\sin\varphi$，因此

$$Q_L = UI\sin\varphi \qquad (6\text{-}27)$$

式（6-27）说明电阻、电感串联电路中，无功功率的大小决定于U、I和$\sin\varphi$。

3）视在功率

视在功率表示电源提供总功率（包括P和Q_L）的能力，即交流电源的容量，用S表示，它等于总电压U与电流I的乘积，即

$$S = UI \qquad (6\text{-}28)$$

式中　U——总电压的有效值，单位是伏[特]，符号为V；

　　　I　——电流有效值，单位是安[培]，符号为A；

　　　S——视在功率，单位是伏安，符号为VA。

从功率三角形还可以得到有功功率P、无功功率Q_L和视在功率S间的关系，即

$$S = \sqrt{P^2 + Q_L^2} \qquad (6\text{-}29)$$

阻抗角φ的大小又可以表示为

$$\varphi = \arctan\frac{Q_L}{P} \qquad (6\text{-}30)$$

4）功率因数

在RL串联电路中，既有耗能元件电阻，又有储能元件电感，因此电源提供的总功率一部分被电阻消耗，是有功功率，一部分被纯电感负载吸收，是无功功率。这样就存在电源功率利用率问题。为了反映功率利用率，把有功功率与视在功率的比值称为功率因数，用$\cos\varphi$表示。

$$\cos\varphi = \frac{P}{S} \qquad (6\text{-}31)$$

式（6-31）表明，当视在功率一定时，在功率因数越大的电路中，用电设备的有功功率也越大，电源输出功率的利用率就越高。功率因数的大小由电路参数（R、L）和电源频率决定。工厂中的交流电机、变压器等都是感性负载，功率因数一般较低。在以后的学习中，还要重点讲提高功率因数的意义和方法。

二、RC 串联电路

在电子技术中，经常遇到阻容耦合放大器、RC 振荡器、RC 移相电路等，这些都是电阻、电容串联电路。

1．RC 串联电路电压间的关系

在如图 6-42 所示的电路中，电阻两端电压与电流同相，电容两端电压滞后电流 $\dfrac{\pi}{2}$，以电路中的电流为参考正弦量，即

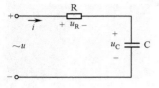

图 6-42　RC 串联电路

$$i = I_{\text{m}} \sin \omega t$$

电阻两端的电压为

$$u_{\text{R}} = U_{\text{Rm}} \sin \omega t$$

电容两端的电压为

$$u_{\text{C}} = U_{\text{Cm}} \sin \left(\omega t - \frac{\pi}{2} \right)$$

则电路总电压瞬时值应是各元件上电压瞬时值之和，即

$$u = u_{\text{R}} + u_{\text{C}}$$

对应的向量间的关系为

$$\dot{U} = \dot{U}_{\text{R}} + \dot{U}_{\text{C}}$$

作出上式的向量图，如图 6-43 所示，$\dot{U}$、$\dot{U}_{\text{R}}$、$\dot{U}_{\text{C}}$ 构成电压三角形，从中可以得出电压间的数量关系为

$$U = \sqrt{U_{\text{R}}^2 + U_{\text{C}}^2} \tag{6-32}$$

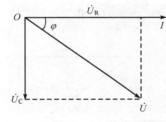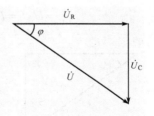

图 6-43　RC 串联电路的向量图和电压三角形

总电压的相位滞后于电流

$$\varphi = \arctan \frac{U_{\text{C}}}{U_{\text{R}}} \tag{6-33}$$

2．RC 串联电路的阻抗

将图 6-44 所示的电压三角形的三边，同时除以电流 I，就得到电阻 R、容抗 X_{C} 和阻抗 Z 组成的三角形——阻抗三角形，如图 6-44 所示。阻抗三角形和电压三角形是相似形。由阻抗三角形可知：

$$Z = \sqrt{R^2 + X_{\text{C}}^2} \tag{6-34}$$

阻抗角 φ 的大小为

$$\varphi = \arctan\frac{X_C}{R} \tag{6-35}$$

其中 Z 是电阻、电容串联电路的阻抗，它的大小取决于电路参数（R 和 C），以及电源频率。阻抗角 φ 的大小取决于电路参数 R 和 C 以及电源频率，与电压、电流的大小无关。

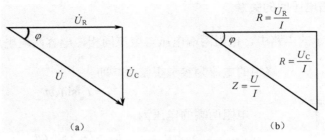

图 6-44 RC 串联电路的阻抗三角形

由阻抗三角形还可以得到电阻、容抗与阻抗的关系式。

$$R = Z\cos\varphi$$
$$X_C = Z\sin\varphi \tag{6-36}$$

3. RC 串联电路的功率

将电压三角形三边同时乘以电流 I，就得到功率三角形，如图 6-45 所示。在电阻和电容串联的电路中，既有耗能元件电阻，又有储能元件电容。因此，电源所提供的功率一部分为有功功率，另一部分为无功功率，即

$$P = U_R I = I^2 R = \frac{U_R^2}{R} = S\cos\varphi$$

$$Q_C = U_C I = I^2 X_C = \frac{U_C^2}{X_C} = S\sin\varphi$$

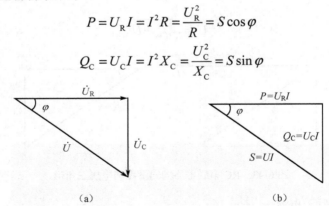

图 6-45 RC 串联电路的功率三角形

视在功率等于总电压有效值 U 与电流 I 之积，即

$$S = UI = I^2 Z = \frac{U^2}{Z}$$

由功率三角形可以得到有功功率、无功功率和视在功率之间的关系为

$$S = \sqrt{P^2 + Q_C^2} \tag{6-37}$$

电压与电流间的相位差 φ 是 S 与 P 之间的夹角，即

$$\varphi = \arctan\frac{Q_C}{P} \tag{6-38}$$

三、RLC 串联电路

电阻、电感和电容的串联电路，包含了三个不同的电路参数，是在实际工作中常常遇到的典型电路。例如，供电系统中的补偿电路和电子技术中常用的串联谐振电路都属于这种电路，图 6-46 所示就是 RLC 串联电路。前面所讲的 RL、RC 串联电路是 RLC 串联电路的特例。

与 RL、RC 串联电路的讨论方法相同，设通过 RLC 串联电路的电流为

$$i = I_m \sin \omega t$$

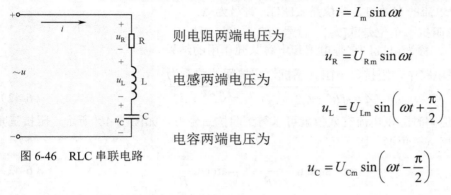

图 6-46　RLC 串联电路

则电阻两端电压为

$$u_R = U_{Rm} \sin \omega t$$

电感两端电压为

$$u_L = U_{Lm} \sin \left(\omega t + \frac{\pi}{2} \right)$$

电容两端电压为

$$u_C = U_{Cm} \sin \left(\omega t - \frac{\pi}{2} \right)$$

1．RLC 串联电路电压间的关系

电路总电压瞬时值等于各个元件上电压瞬时值之和，即

$$u = u_R + u_L + u_C$$

对应的向量的关系是

$$\dot{U} = \dot{U}_R + \dot{U}_L + \dot{U}_C$$

作出向量图，如图 6-47 所示。应用平行四边形法则求出总电压的向量。从图中可以看出总电压与分电压之间的关系为

$$U = \sqrt{U_R^2 + (U_L - U_C)^2} \tag{6-39}$$

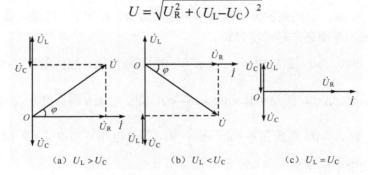

（a）$U_L > U_C$　　　（b）$U_L < U_C$　　　（c）$U_L = U_C$

图 6-47　RLC 串联电路的向量图

总电压与电流间的相位差为

$$\varphi = \arctan \frac{U_L - U_C}{U_R} \tag{6-40}$$

当 $U_L > U_C$ 时，$\varphi > 0$，电压超前电流；当 $U_L < U_C$ 时，$\varphi < 0$，电压滞后电流；当 $U_L = U_C$ 时，$\varphi = 0$，电压、电流同相。

2．RLC 串联电路的阻抗

将 $U_R = IR$，$U_L = IX_L$，$U_C = IX_C$ 代入式（6-39），得到

$$U = \sqrt{(IR)^2 + (IX_L - IX_C)^2} = I\sqrt{R^2 + (X_L - X_C)^2}$$

整理上式得

$$I = \frac{U}{\sqrt{R^2 + (X_L - X_C)^2}} = \frac{U}{\sqrt{R^2 + X^2}} = \frac{U}{Z} \tag{6-41}$$

式中　U——电路总电压的有效值，单位是伏[特]，符号为 V；

　　　I——电路中电流的有效值，单位是安[培]，符号为 A；

　　　Z——电路总阻抗，单位是欧[姆]，符号为Ω。

其中，$X = X_L - X_C$，称为电抗，它是电感和电容共同作用的结果。

所以 RLC 串联电路中，阻抗、电阻、感抗、容抗间的关系为

$$Z = \sqrt{R^2 + (X_L - X_C)^2} = \sqrt{R^2 + X^2} \tag{6-42}$$

电压三角形三边同时除以电流有效值就可以得到阻抗三角形，如图 6-48 所示，阻抗三角形和电压三角形是相似三角形。阻抗角为

$$\varphi = \arctan\frac{X_L - X_C}{R} = \arctan\frac{X}{R} \tag{6-43}$$

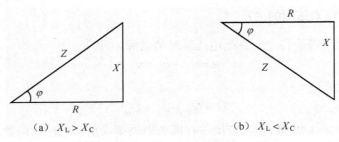

（a）$X_L > X_C$　　　　　　（b）$X_L < X_C$

图 6-48　RLC 串联电路的阻抗三角形

由式（6-43）可知，阻抗角的大小取决于电路参数 R、L 和 C，以及电源频率，电抗 X 的值决定电路的性质。下面分三种情况讨论。

（1）当 $X_L > X_C$ 时，$X > 0$，阻抗角 $\varphi = \arctan\dfrac{X}{R} > 0$，即总电压 u 超前电流 i，电路呈感性。

（2）当 $X_L < X_C$ 时，$X < 0$，阻抗角 $\varphi = \arctan\dfrac{X}{R} < 0$，即总电压 u 滞后电流 i，电路呈容性。

（3）当 $X_L = X_C$ 时，$X = 0$，阻抗角 $\varphi = \arctan\dfrac{X}{R} = 0$，即总电压 u 与电流 i 同相，电路呈电阻性，电路的这种状态称做串联谐振。

3. RLC 串联电路的功率

在 RLC 串联电路中，既有耗能元件电阻 R，又有储能元件电感 L 和电容 C，存在着有功功率 P、无功功率 Q_L 和 Q_C。它们分别为

$$P = U_R I = I^2 R = UI\cos\varphi$$

$$Q = (U_L - U_C)I = I^2(X_L - X_C) = UI\sin\varphi$$

$$Q = Q_L - Q_C$$

$$S = UI \tag{6-44}$$

如果将电压三角形的三边同时乘以电流有效值 I，就可以得到由视在功率 S、有功功率 P 和无功功率 Q 组成的直角三角形——功率三角形。由功率三角形可得

$$S = \sqrt{P^2 + Q^2}$$

$$\varphi = \arctan\frac{Q}{P} \tag{6-45}$$

四、串联谐振电路

在 RLC 串联电路中，电抗 X 的值决定电路的性质。$X>0$，是感性电路；$X<0$，是容性电路；$X=0$，是纯电阻电路，电压与电流同相，是串联谐振电路。

1. 谐振条件与谐振频率

在图 6-49（a）所示的实验电路中，电源电压有效值一定，改变电源频率，使它由低逐渐变高，小灯泡 EL 由暗逐渐变亮。当电源频率增大到某一数值时，小灯泡最亮。继续增加电源频率，小灯泡又由亮逐渐变暗。

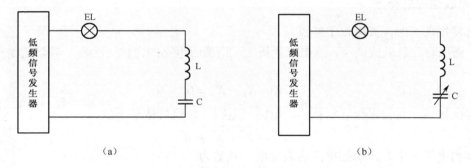

图 6-49　串联谐振实验

将上述实验中的电容器换成可变电容器，如图 6-49（b）所示。让电源的电压大小及频率保持某一适当值，调节可变电容器，使其电容量由小变大，小灯泡由暗逐渐变亮。当电容增大到某一值时，小灯泡最亮。继续增大电容，小灯泡又由亮逐渐变暗。

小灯泡最亮时，说明 RLC 串联电路中的总阻抗最小，电流最大，这种现象称为谐振。

（1）谐振条件。电阻、电感、电容串联电路发生谐振的条件是电路的电抗为零，即

$$X = X_L - X_C = 0$$

则电路的阻抗角为

$$\varphi = \arctan\frac{X}{R} = 0$$

$\varphi=0$ 说明电压与电流同相。我们把 RLC 串联电路中出现的阻抗角 $\varphi=0$，电流和电压同相的情况，称为串联谐振。

（2）谐振频率。RLC 串联电路发生谐振时，必须满足条件

$$X = X_L - X_C = 0$$

即

$$\omega L - \frac{1}{\omega C} = 0$$

要满足上述条件，一种办法是改变电路中的参数 L 或 C，另一种办法是改变电源频率。对于电

感、电容为确定值的电路，要发生谐振，电源角频率必须满足

$$\omega = \omega_0 = \frac{1}{\sqrt{LC}} \tag{6-46}$$

谐振时的电源频率为

$$f = f_0 = \frac{1}{2\pi\sqrt{LC}} \tag{6-47}$$

式中　L——线圈的电感量，单位是亨[利]，符号为 H；

　　　C——电容器的电容量，单位是法[拉]，符号为 F；

　　　f_0——谐振频率，单位是赫[兹]，符号为 Hz。

谐振频率 f_0 仅由电路参数 L 和 C 决定，与电阻 R 的大小无关，它反映电路本身的固有性质。当电路的参数确定之后，对应的 ω_0 和 f_0 都有确定的值，因此 f_0 称为电路的固有频率。电路发生谐振时，外加电源的频率必须等于电路的固有频率。在实际应用中，常常利用改变电路的参数（L 或 C）的办法，使电路在某一频率下发生谐振。

2．串联谐振的特点

电路发生谐振时，具有以下特点。

（1）谐振时，总阻抗最小，总电流量最大。谐振时电路的电抗 X 为零，其阻抗是一个纯电阻，即

$$X = X_L - X_C = 0$$

感抗和容抗相等，它们完全互相补偿，电路呈电阻性，阻抗达最小值。

$$Z = \sqrt{R^2 + X^2} = R$$

在外加电压一定时，谐振电流达最大值，其值为

$$I = I_0 = \frac{U}{R}$$

这时电路中的电流和外加电压同相，电路中电流的大小取决于电阻的大小，电阻 R 越小，电流 I 越大。

（2）特性阻抗。谐振时，电路的电抗为零，但是感抗和容抗都不为 0，此时电路的感抗和容抗都称为电路的特性阻抗，用字母 ρ 表示。

$$\rho = \omega_0 L = \frac{1}{\omega_0 C} = \frac{L}{\sqrt{LC}} = \sqrt{\frac{L}{C}} \tag{6-48}$$

由式（6-48）可知，谐振电路的特性阻抗由电路参数 L 和 C 决定，与谐振频率的大小无关。ρ 的单位是欧[姆]。

（3）品质因数。在电子技术中，经常用谐振电路的特性阻抗与电路中电阻的比值来说明电路的性能，这个比值被称做电路的品质因数，用字母 Q 表示。

$$Q = \frac{\rho}{R} = \frac{\omega_0 L}{R} = \frac{1}{\omega_0 CR} = \frac{1}{R}\sqrt{\frac{L}{C}} \tag{6-49}$$

式中　ω_0——谐振时的角频率，单位是弧度每秒，符号为 rad/s；

　　　R——电阻，单位是欧[姆]，符号为 Ω；

　　　L——线圈电感，单是亨[利]，符号为 H；

　　　C——电容器电容，单位是法[拉]，符号为 F；

ρ——特性阻抗，单位是欧[姆]，符号为Ω；

Q——品质因数。

Q 值的大小由电路参数 R、L、C 决定。

$$U_R = I_0 R = \frac{U}{R} R = U$$

$$U_L = I_0 X_L = \frac{U}{R} \omega L = U \frac{\rho}{R} = QU$$

$$U_C = I_0 X_C = \frac{U}{R} \frac{1}{\omega C} = U \frac{\rho}{R} = QU$$

谐振时，电阻上的电压等于电源电压，电感和电容上的电压等于电源电压的 Q 倍。因此，串联谐振又称为电压谐振。当 Q 远大于 1 时，U_L、U_C 都远远大于电源电压。如果电压过高可能损坏线圈或电容器，因此，电力工程上要避免发生串联谐振。但是在无线电技术中，常常利用串联谐振获得较高的电压，一般 Q 值可达几十到几百，这样 U_L 和 U_C 可达信号源电压的几十到几百倍。

拓展二 电阻、电感、电容并联电路

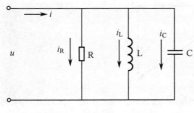

图 6-50 RLC 并联电路

一、RLC 并联电路

把电阻、电感和电容并联起来以后，接到电流电源上，就组成了 RLC 并联电路，如图 6-50 所示。

在并联电路中，由于各支路两端的电压是相同的，因此，在讨论问题时，取电压作为参考量。设加在 RLC 并联电路两端的电压为

$$u = U_m \sin \omega t$$

则流过电阻的电流为

$$i_R = I_{Rm} \sin \omega t$$

流过电感的电流为

$$i_L = I_{Lm} \sin\left(\omega t - \frac{\pi}{2}\right)$$

流过电容的电流为

$$i_C = I_{Cm} \sin\left(\omega t + \frac{\pi}{2}\right)$$

电路的总电流为

$$i = i_R + i_L + i_C$$

与之对应的向量关系为

$$\dot{I} = \dot{I}_R + \dot{I}_L + \dot{I}_C$$

作出 u、i_R、i_L、i_C 相对应的向量图，如图 6-51 所示。应用平行四边形法则，求出 $\dot{I}_R$、$\dot{I}_L$、$\dot{I}_C$ 的向量和，即总电流向量 $\dot{I}$。在图 6-51（a）中 $I_C > I_L$，总电流超前电压，电路呈容性；在图 6-51（b）中 $I_C < I_L$，总电流滞后电压相位 φ，电路呈感性；在图 6-51（c）中 $I_C = I_L$，总电流

和总电压同相，电路呈电阻性。

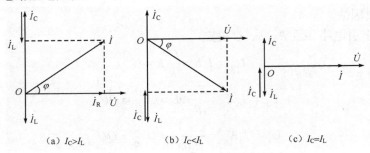

（a）$I_C > I_L$　　　　　　（b）$I_C < I_L$　　　　　　（c）$I_C = I_L$

图 6-51　RLC 并联电路电压、电流的向量图

从图 6-51 中可以看出，总电流 I 与 I_R、$|I_L - I_C|$ 组成一个直角三角形，即电流三角形，如图 6-52 所示。由电流三角形可以得到总电流与各支路电流间的数量关系为

$$I = \sqrt{I_R^2 + (I_L - I_C)^2} \tag{6-50}$$

总电流与流过电阻 R 的电流间的夹角，就是总电流与电压间的相位差，相位差为

$$\varphi = \arctan \frac{I_L - I_C}{I_R} \tag{6-51}$$

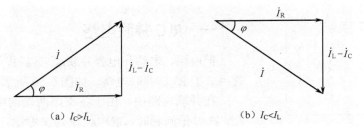

（a）$I_C > I_L$　　　　　　　　　（b）$I_C < I_L$

图 6-52　RLC 并联电路的电流三角形

二、并联谐振

在电子技术中为提高谐振电路的选择性，常常需要提高 Q 值。如果信号源内阻较小，可以采用串联谐振电路。如果信号源内阻很大，采用串联谐振会使 Q 值大为降低，使谐振电路的选择性显著变坏。这种情况下，常采用并联谐振电路。

在如图 6-53（a）所示的电路中，如果 $X_L = X_C$，则

$$I_L = I_C$$

由图 6-53（b）所示的向量图可知，$\dot{I}_L$ 与 $\dot{I}_C$ 大小相等，符号相反，其向量和为零，则总电流等于电阻上的电流，且与电压同相，电路发生谐振。根据谐振条件

$$\omega L - \frac{1}{\omega C} = 0$$

可以求出谐振的角频率为

$$\omega = \omega_0 = \frac{1}{\sqrt{LC}}$$

谐振频率为

$$f = f_0 = \frac{1}{2\pi\sqrt{LC}}$$

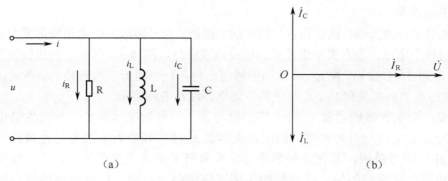

（a）
（b）

图 6-53　RLC 并联谐振电路

在图 6-53（b）所示的向量图中，各电流之间有如下关系。

$$\dot{I}_L = -\dot{I}_C$$
$$\dot{I} = \dot{I}_R + \dot{I}_L + \dot{I}_C = \dot{I}_R$$

RLC 并联谐振电路的性质有些与串联谐振电路相似，有些与串联谐振相反。通过对比，简单介绍并联谐振电路的性质如下。

（1）当电压一定时并联谐振电路的总电流最小，这与串联谐振电路相反。

$$I = \sqrt{I_R^2 + (I_L - I_C)^2} = I_R$$

电感支路的电流与电容支路的电流完全补偿，总电流 $I = I_R$ 为最小。

（2）并联谐振电路的总阻抗最大，这与串联谐振电路相反。因为电压一定，电流最小，而阻抗 $Z = \dfrac{U}{I}$ 为最大。

（3）并联谐振频率 $f_0 = \dfrac{1}{2\pi\sqrt{LC}}$，这点与串联谐振相同。

（4）谐振时，总电流与电压同相，电路呈电阻性，这与串联谐振电路相同。

（5）特性阻抗 ρ 和品质因数 Q 分别为

$$\rho = \sqrt{\frac{L}{C}}$$

$$Q = \frac{\omega_0 L}{R} = \frac{\rho}{R}$$

与串联谐振相同。

（6）支路电流是总电流的 Q 倍。

$$I_L = QI$$
$$I_C = QI$$

因此，并联谐振又叫电流谐振。

三、串、并联谐振电路的应用

单相正弦交流电路的理论在电子信息技术中的应用很广泛，达到淋漓尽致的状态。例如，RC 串联电路可以组成阻容耦合放大器、RC 振荡器、RC 移相电路；RLC 串联谐振可以用来滤波；RLC 并联谐振可以用来选频等。

在收音机电路中，常常利用串联谐振电路选择所要收听的电台信号，这个过程称为调谐，下面研究调谐原理。

收音机通过接收天线，接收到各种频率的电磁波，每一种频率的电磁波都要在天线回路中产生相应的感应电流，收音机中最简单的接收调谐回路如图 6-54 所示。天线接收到的信号电流经 L_1 耦合到 L_2、C 回路，在 L_2、C 回路中感应出与各种不同频率相应的电动势 e_1，e_2，e_3，…，e_n，所有这些电动势都是和 L_2、C 串联的，调谐回路是串联谐振。

当调节可变电容器的容量 C 时，使回路与某一信号频率（例如 f_1）发生谐振，那么电路中频率为 f_1 的电流达到最大值，同时在电容器 C 两端频率为 f_1 的电压也最高。这样，收到频率为 f_1 的信号最强，其他各种频率的信号偏离了电路的固有频率，不能发生谐振，电流很小，被调谐回路抑制掉。收音机的调谐回路像门卫一样，让所需要的信号进入大门，将不需要的信号拒之门外。当改变可变电容的容量时使电路和其他某一频率的信号（例如 f_2）发生谐振，该频率的电流又达到最大值，信号最强，其他频率的信号被抑制掉，这样就实现了选择电台的目的。

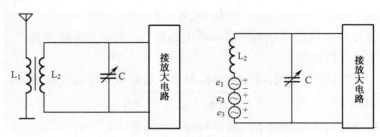

图 6-54 收音机的调谐原理

项目评价

一、思考与练习

1．填空题

（1）电网的功率因数越高，电源的利用率就越_____，无功功率就越_____。

（2）纯电阻电路中电压、电流_____、_____。

（3）电感是储能元件，它不消耗电能，其有功功率为_____。

（4）有两个同频率的正弦交流电，当它们的相位差分别为 0°、180°、90° 时，这两个正弦交流电之间的相位关系分别是_____、_____和_____。

（5）纯电阻元件的复阻抗为 $Z=$_____；纯电感元件的复阻抗为 $Z=$_____；纯电容元件的复阻抗为 $Z=$_____。

（6）在纯电容电路中，电流和电压是同频不同相，电流_____电压 $\dfrac{\pi}{2}$。

2．判断题

（1）串联电路谐振时，其无功功率为零，说明（ ）。

　　A．电路中无能量交换

　　B．电路中电容、电感和电源之间有能量交换

C．电路中电容和电感之间有能量交换，而与电源之间无能量交换

D．无法确定

（2）RLC 串联电路，只减小电阻 R，其他条件不变，则下列说法正确的是（　　　）。

A．Q 增大，B 增大　　　　　　　　B．Q 减小，B 减小

C．Q 增大，B 减小　　　　　　　　D．Q 减小，B 增大

（3）欲使 RLC 串联电路的品质因数增大，可以（　　　）。

A．增大 R　　　　B．增大 C　　　　C．减小 L　　　　D．减小 C

（4）当 RLC 并联电路谐振时，电路总电流与支路电流的关系是（　　　）。

A．总电流是支路电流的 Q 倍　　　　B．支路电流是总电流的 Q 倍

C．总电流等于两条支路电流之和　　　D．总电流等于两条支路电流之和的 Q 倍

（5）RLC 电路中，若 C 和 L 不变，增大电阻 R，则谐振时的阻抗将（　　　）。

A．变小　　　　　B．变大　　　　　C．不变　　　　　D．以上都不对

3．选择题

（1）在各种纯电路中，电流与电压的瞬时值关系均符合欧姆定律。　　　　　　（　　）

（2）用交流电压表测得交流电压是 220V，则此交流电压的最大值是 220V。　　（　　）

（3）交流电的电流或电压在变化过程中的任一瞬间，都有确定的大小和方向，称为交流电该时刻的瞬时值。　　　　　　　　　　　　　　　　　　　　　　　　　　　（　　）

（4）单一电感元件的正弦交流电路中，消耗的有功功率比较小。　　　　　　（　　）

（5）电抗和电阻的概念相同，都是阻碍交流电流的因素。　　　　　　　　　（　　）

4．问答题

（1）感抗、容抗和电阻有何相同？有何不同？

（2）额定电压相同、额定功率不等的两个白炽灯，能否串联使用？

（3）已知两个同频率的正弦交流电，它们的频率是 50Hz，电压的有效值分别为 12V 和 6V，而且前者超前后者 90° 的相位角，以前者为参考矢量，试写出它们的电压瞬时值表达式和画出波形图？

（4）请简述电力线路系统为什么不能出现谐振情况？

（5）请举例说明为什么说谐振概念在无线电技术中应用的淋漓尽致？

5．计算题

（1）有一盏"220V 60W"的电灯接到电路中。①试求电灯的电阻；②当接到 220V 电压下工作时的电流；③如果每晚用 3 小时，问一个月（按 30 天计算）用多少电？

（2）已知一正弦电流 $i= 5\sin(\omega t+30°)$（A），若 f=50Hz，问在 t=0.1s 时，电流的瞬时值为多少？

（3）有一纯电阻电路，已知 R=100Ω，电源电压 U=220V，初相角为 30°，f = 50Hz。试求电流的有效值、初相角和瞬时值表达式。

（4）在 RLC 串联电路中，已知电容器 C 上电压有效值为 4V，电感上电压有效值为 8V，电阻上电压有效值为 3V。求电路的总电压值和电路的功率因数。

（5）一个线圈和一个电容串联，已知线圈的电阻 R=4Ω，L=25.4mH，电容 C=637μF，外加

电压 $u = 220\sqrt{2}\sin(314t+45°)$（V）。求：① 电路的阻抗；② 电流的有效值和瞬时值；③ U_R、U_L、U_C 的值；④ 电路中的有功功率、无功功率、视在功率。

6．技能题

（1）某同学做荧光灯电路实验时，测得灯管两端电压为 110V，镇流器两端电压为 190V，两电压之和大于电源电压 220V，说明该同学测量数据错误。

（2）额定电流 100A 的发电机，只接了 60A 的照明负载，还有 40A 的电流就损失了吗？

（3）交流接触器电感线圈的电阻为 220Ω，电感为 10H，接到电压为 220V、频率为 50Hz 的交流电源上，问线圈中电流多大？如果不小心将此接触器接在 220V 的直流电源上，问线圈中电流又将多大？若线圈允许通过的电流为 0.1A，会出现什么后果？

（4）为了使一个 36 伏、0.3A 的白炽灯接在 220V、50Hz 的交流电源上能正常工作，可以串上一个电容器限流，问应串联电容多大的电容器才能达到目的？

（5）为了求出一个线圈的参数，在线圈两端接上频率为 50Hz 的交流电源，测得线圈两端的电压为 150V，通过线圈的电流为 3A，线圈消耗的有功功率为 360W，问此线圈的电感和电阻是多大？

二、项目评价标准

项目评价标准如表 6-13 所示。

表 6-13　项目评价标准

项目检测	分　值	评分标准	学生自评	教师评估	项目总评
正弦交流电	25	知识点 15 分，技能 10 分			
纯电阻电路	20	知识点 15 分，技能 5 分			
纯电感电路	20	知识点 15 分，技能 5 分			
纯电容电路	20	知识点 15 分，技能 5 分			
安全操作	10	各项考试中，违反考核要求的任何一项扣 2 分，扣完为止			
现场管理	5	当老师发现考生有重大故障隐患时，要立即予以制止，并每次扣 2 分			

三、项目小结

1．正弦交流电的三要素

分别为振幅（最大值）、频率（周期、角频率）、初相。

2．频率、周期、角频率的关系

$$T = \frac{1}{f} \qquad \omega = \frac{2\pi}{T} = 2\pi f$$

3．相位差

两个同频率正弦量相位之差叫相位差，也叫初相之差，反映两个正弦量在相位上超前与滞后的关系。

4. 正弦交流电最大值与有效值关系

$$I = \frac{I_{\mathrm{m}}}{\sqrt{2}} \quad U = \frac{U_{\mathrm{m}}}{\sqrt{2}} \quad E = \frac{E_{\mathrm{m}}}{\sqrt{2}}$$

5. 单一参数的正弦交流电路比较

单一参数的正弦交流电路比较如表 6-14 所示。

表 6-14　单一参数的正弦交流电路比较

比较项目		纯电阻电路	纯电感电路	纯电容电路
对交流电流的阻碍		电阻 R R 与 f 无关	感抗 X_{L} $X_{\mathrm{L}} = \omega L = 2\pi f L$	容抗 X_{C} $X_{\mathrm{C}} = 1/\omega C = 1/2\pi f C$
电压与电流的关系	相位关系	电压与电流同相	电压超前电流 90°	电压滞后电流 90°
电压与电流的关系	大小关系	$U = IR$ $U_{\mathrm{m}} = I_{\mathrm{m}}R$ $u = iR$	$U_{\mathrm{L}} = X_{\mathrm{L}}I$ $U_{\mathrm{m}} = X_{\mathrm{L}}I_{\mathrm{m}}$	$U_{\mathrm{C}} = X_{\mathrm{C}}I$ $U_{\mathrm{m}} = X_{\mathrm{C}}I_{\mathrm{m}}$
有功功率		$P = UI = I^2 R = \dfrac{U^2}{R}$	$P = 0$	$P = 0$
无功功率		$Q = 0$	$Q_{\mathrm{L}} = U_{\mathrm{L}}I = \dfrac{U_{\mathrm{L}}^2}{X_{\mathrm{L}}} = I^2 X_{\mathrm{L}}$	$Q_{\mathrm{C}} = U_{\mathrm{C}}I = \dfrac{U_{\mathrm{C}}^2}{X_{\mathrm{C}}} = I^2 X_{\mathrm{C}}$

6. 正弦交流串联电路的比较

正弦交流串联电路的比较如表 6-15 所示。

表 6-15　正弦交流串联电路的比较

比较项目		RL 串联电路	RC 串联电路	RLC 串联电路
电压之间的关系	电压三角形			
电压之间的关系	关系	$U = \sqrt{U_{\mathrm{R}}^2 + U_{\mathrm{L}}^2}$ $\varphi = \arctan \dfrac{U_{\mathrm{L}}}{U_{\mathrm{R}}}$ $U_{\mathrm{R}} = U\cos\varphi$ $U_{\mathrm{L}} = U\sin\varphi$	$U = \sqrt{U_{\mathrm{R}}^2 + U_{\mathrm{C}}^2}$ $\varphi = \arctan \dfrac{U_{\mathrm{C}}}{U_{\mathrm{R}}}$ $U_{\mathrm{R}} = U\cos\varphi$ $U_{\mathrm{C}} = U\sin\varphi$	$U = \sqrt{U_{\mathrm{R}}^2 + (U_{\mathrm{L}} - U_{\mathrm{C}})^2}$ $\varphi = \arctan \dfrac{U_{\mathrm{L}} - U_{\mathrm{C}}}{U_{\mathrm{R}}}$

比较项目		RL 串联电路	RC 串联电路	RLC 串联电路
阻抗之间的关系	阻抗三角形	$Z=\dfrac{U}{I}$，$X_L=\dfrac{U_L}{I}$，$R=\dfrac{U_R}{I}$	$R=\dfrac{U_R}{I}$，$X_C=\dfrac{U_C}{I}$，$Z=\dfrac{U}{I}$	Z，X，R
	关系	$Z=\sqrt{R^2+X_L^2}$ $\varphi=\arctan\dfrac{X_L}{R}$ $R=Z\cos\varphi$ $X_L=Z\sin\varphi$	$Z=\sqrt{R^2+X_C^2}$ $\varphi=\arctan\dfrac{X_C}{R}$ $R=Z\cos\varphi$ $X_C=Z\sin\varphi$	$Z=\sqrt{R^2+(X_L-X_C)^2}$ $\varphi=\arctan\dfrac{X_L-X_C}{R}$
功率之间的关系	功率三角形	$S=UI$，$Q_L=U_LI$，$P=U_RI$	$P=U_RI$，$Q_C=U_CI$，$S=UI$	P，$Q=Q_L-Q_C$，S
	关系	$S=UI=\sqrt{P^2+Q_L^2}$ $\varphi=\arctan\dfrac{Q_L}{P}$ $P=UI\cos\varphi$ $Q_L=UI\sin\varphi$	$S=UI=\sqrt{P^2+Q_C^2}$ $\varphi=\arctan\dfrac{Q_C}{P}$ $P=UI\cos\varphi$ $Q_C=UI\sin\varphi$	$S=\sqrt{P^2+(Q_L-Q_C)^2}$ $\varphi=\arctan\dfrac{Q_L-Q_C}{P}$ $P=UI\cos\varphi$ $Q=Q_L-Q_C=UI\sin\varphi$

有关正弦交流并联电路和串、并联谐振电路的比较，请参照表 6-15 自行总结。

教学微视频

扫一扫

项目七　三相正弦交流电路

在电力供电系统中，广泛应用三相交流电路。与单相交流电相比，三相交流电路具有输出功率大、结构简单、成本低廉、运行平稳、节省线材等优点，并且三相电动机构造简单、价格低廉、性能良好，是工农业生产的主要动力设备。因此，需要学习三相交流电路的有关知识。

知识目标

1. 理解三相交流发电机和三相正弦交流电的产生与工作原理。
2. 了解三相对称正弦量和相序。
3. 掌握三相四线制电源的有关知识。
4. 掌握三相负载星形连接时电压间、电流间的关系。
5. 掌握三相负载三角形连接时电压间、电流间的关系。
6. 理解三相负载的星形连接和三角形连接之间的关系。

技能目标

1. 能测量相电压和线电压。
2. 能测量相序。
3. 三相负载的星形连接。
4. 三相负载的三角形连接。

任务一　三相交流电源的认知

一、三相交流电流的产生

三相交流电动势是由三相交流发电机产生的。三相交流发电机的原理示意图如图 7-1 所示。它的主要组成部分是定子和转子。转子是转动的磁极，定子铁芯由内圆开有槽口的绝缘薄硅钢片叠压而成，槽上放置三个几何尺寸与匝数相同的线圈（定子绕组），它们排列在圆周上的位置彼此相差 $\frac{2\pi}{3}$ 的角度，分别用 U、V、W 表示。U_1、V_1、W_1 表示各相绕组的首端，U_2、V_2、W_2 表示各相绕组的末端。各相绕组的电动势的参考方向规定为由线圈的末端指向始端。

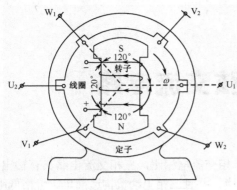

图 7-1　三相交流发电机原理示意图

当原动机（汽轮机、水轮机等）带动转子顺时针以角速度 ω 匀速转动时，就相当于每相绕组以角速度 ω 逆时针匀速旋转，做切割磁力线运动，因而产生感应电动势 e_U、e_V、e_W。由于三个绕组的结构相同，在空间相差 $\dfrac{2\pi}{3}$ 的角度，因此 e_U、e_V、e_W 三个电动势的振幅相同，频率相同，彼此间的相位差为 $\dfrac{2\pi}{3}$。以 e_U 为参考正弦量，则三相电动势的瞬时表达式为

$$e_U = E_m \sin \omega t$$
$$e_V = E_m \sin \left(\omega t - \frac{2\pi}{3} \right) \tag{7-1}$$
$$e_W = E_m \sin \left(\omega t + \frac{2\pi}{3} \right)$$

它们的波形图和向量图如图 7-2 所示。

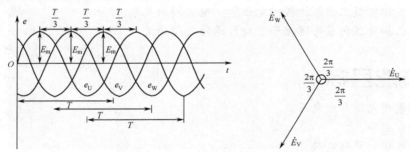

图 7-2　三相对称电动势的波形图和向量图

二、相序

三相电动势随时间按正弦规律变化，它们到达最大值（或零值）的先后顺序，称为相序。从图 7-2 中可以看出，e_U 超前 e_V、e_W 达最大值，e_V 又超前 e_W 达最大值，这种 U-V-W-U 的相序称为正序，相序 U-W-V-U 称为负序。

三、三相四线制电源

在电工技术和电力工程中，把这种有效值相等，频率相同，相位上彼此相差 $\dfrac{2\pi}{3}$ 的三相电动势称为对称三相电动势，供给三相电动势的电源称为三相电源。产生三相电动势的每个绕组称为一相。

三相电源本来具有 U_1、V_1、W_1、U_2、V_2、W_2 六个端子，但是在低压供电系统中常采用三相四线制供电，把三相绕组的末端 U_2、V_2、W_2 连接成一个公共端点，称为中性点（零点），用 N 表示，如图 7-3 所示。从中性点引出的导线称为中性线（零线），用黑色或白色表示。中性线接地时，又称为地线。从线圈的首端 U_1、V_1、W_1 引出的三根导线 L_1、L_2、L_3 称为相线（俗称

火线），分别用黄、绿、红三种颜色表示。

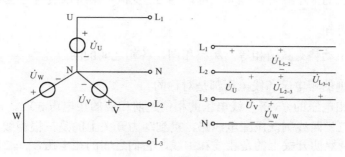

图 7-3 三相四线制电源

三相四线制供电系统可输送两种电压，即相电压与线电压。各相线与中线之间的电压称为相电压，分别用 U_U、U_V、U_W 表示其有效值。在发电机内阻可以忽略的情况下，相电压在数值上与各相绕组的电动势相等。各相电压间的相位差也是 $\dfrac{2\pi}{3}$，因此三个相电压也是互相对称的。相线与相线之间的电压称为线电压，用 $U_{L_{1-2}}$、$U_{L_{2-3}}$、$U_{L_{3-1}}$ 表示其有效值。其参考方向如图 7-3 所示。它们与相电压之间的关系为

$$\dot{U}_{L_{1-2}} = \dot{U}_U - \dot{U}_V$$

$$\dot{U}_{L_{2-3}} = \dot{U}_V - \dot{U}_W$$

$$\dot{U}_{L_{3-1}} = \dot{U}_W - \dot{U}_U$$

以 $\dot{U}_U$ 为参考向量，作出 $\dot{U}_U$、$\dot{U}_V$、$\dot{U}_W$ 的向量图，如图 7-4 所示。然后，应用平行四边形法则，可以求出线电压。

$$U_L = 2U_P \cos 30°$$

即

$$U_L = \sqrt{3}U_P \qquad\qquad (7\text{-}2)$$

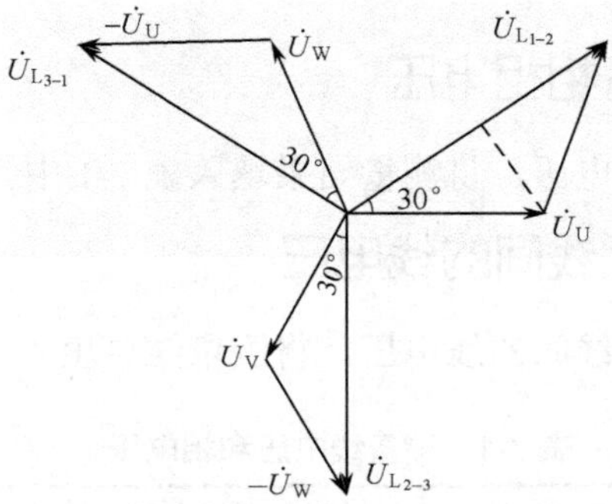

图 7-4 三相四线制电源电压向量图

式中　U_L——线电压，单位 V；

　　　U_P——相电压，单位 V。

在相位上线电压超前对应的相电压 30°，即

$$\varphi_L = \varphi_P + 30° \qquad\qquad (7\text{-}3)$$

由于三个线电压的大小相等，频率相同，相位互差 $\frac{2\pi}{3}$，所以线电压也是对称的。

通过以上讨论可知：

（1）对称三相电动势有效值相等，频率相同，各相之间的相位差为 $\frac{2\pi}{3}$。

（2）三相四线制的相电压和线电压都是对称的。

（3）线电压是相电压的 $\sqrt{3}$ 倍，线电压的相位超前相应的相电压 30°。

图 7-5 所示是三相四线制低压配电线路，接到动力开关上的是三根相线，它们之间的线电压 $U_L = 380\text{V}$。接到照明开关上的是相线和中线，它们之间的相电压 $U_P = 220\text{V}$。

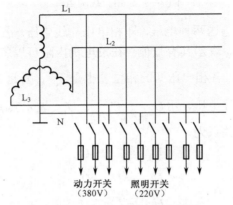

图 7-5　三相四线制低压配电线路

三相电源的识别

一、测量三相电源的各相相电压

测量实训室内三相电源各相电压，将测量结果填入表 7-1 中。

二、测量三相电源各相线间的线电压

测量实训室内三相电源各相线间的线电压，将测量结果填入表 7-1 中。

表 7-1　测量线电压和相电压

测量项目	U 相相电压	V 相相电压	W 相相电压	U、V 相之间线电压	V、W 相之间线电压	W、U 相之间线电压
测量数值						

*任务二　三相负载的接法

三相电路中的三相负载，可分为对称三相负载和不对称三相负载。各相负载的大小和性质完全相同的叫对称三相负载，即 $R_U = R_V = R_W$，$X_U = X_V = X_W$，如三相电动机、三相变压器、三相电炉等。各相负载不同的就叫不对称三相负载，如三相照明电路中的负载。在三相电路中，负载有星形（Y）和三角形（△）两种连接方式。

一、三相负载的星形连接

1. 连接方式

把各相负载的末端 U_2、V_2、W_2 连在一起连接到三相电源的中线上，把各相负载的首端 U_1、V_1、W_1 分别接到三相交流电源的三根相线上，这种连接的方法称为三相负载有中性线的星形接法，用 Y 表示。图 7-7（a）所示为三相负载有中性线的星形连接的原理图，图 7-7（b）所示为实际电路图。

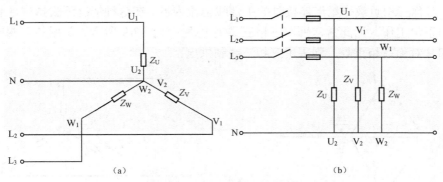

（a）　　　　　　　　　　　　　　　（b）

图 7-7 三相负载的星形连接

负载作星形连接并具有中性线时，每相负载两端的电压称为负载的相电压，用 U_{YP} 表示。当输电线的阻抗被忽略时，负载的相电压等于电源相电压，负载的线电压等于电源的线电压。负载的线电压与相电压的关系为

$$U_L = \sqrt{3} U_{YP} \tag{7-4}$$

当电源的线电压为各相负载的额定电压的 $\sqrt{3}$ 倍时，三相负载必须采用星形连接。

2. 电路计算

在三相交流电路中，负载作星形连接，流过每一相负载的电流称为相电流，一般用 I_{YP} 来表示，其参考方向与相电压方向相同。流过每根相线的电流称为线电流，一般用 I_{YL} 表示，其参考方向规定由电源流向负载。流过中性线的电流称为中性线电流，用 I_N 表示，其参考方向由负载中性点流向电源中性点。

显而易见，在三相负载的星形连接中，线电流和相电流是同一电流，即

$$I_{YL} = I_{YP} \tag{7-5}$$

当负载作星形连接并具有中性线时，三相交流电路的每一相就是一单相交流电路，各相电压与电流间的数量及相位关系可应用单相交流电路的方法处理。

在对称三相电压作用下，流过对称三相负载的各相电流也是对称的，即

$$I_{YP} = I_U = I_V = I_W = \frac{U_{YP}}{Z_P}$$

各相电流之间的相位差仍为 $\frac{2\pi}{3}$。因此，计算对称三相负载电路只需要计算其中一相，其他两相只是相位互差 $\frac{2\pi}{3}$。

由基尔霍夫第一定律可知，流过中性线的电流为

$$i_N = i_U + i_V + i_W$$

上式所对应的向量关系式为

$$\dot{I}_N = \dot{I}_U + \dot{I}_V + \dot{I}_W$$

作出对称三相负载的相电流 $\dot{I}_U$、$\dot{I}_V$、$\dot{I}_W$ 的向量图，如图 7-8 所示。求出三个相电流向量的和为零，即三个相电流瞬时值之和等于零。

$$\dot{I}_N = 0$$

$$i_N = 0$$

说明：对称三相负载作星形连接时的中性线电流为零。在这种情况下去掉中性线也不影响三相电路的正常工作，为此常常采用三相三线制电路，如图 7-9 所示。常用的三相电动机和三相变压器都是对称三相负载，都采用三相三线制供电。

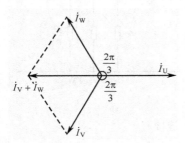

图 7-8　三相对称负载星形连接时电流的向量图

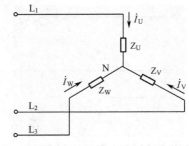

图 7-9　三相三线制电路

3．不对称负载星形连接时中性线的作用

三相电路在很多情况下是不对称的，如最常见的照明电路，就是不对称负载有中性线的星形连接的三相电路。下面，我们通过具体例子分析三相四线制中性线的重要作用。

【例 7-1】　在如图 7-10 所示的三相照明电路中，各相的电阻分别为 $R_U = R_V = 30\Omega$，$R_W = 10\Omega$，将它们连接成星形连接到线电压为 380V 的三相四线制电路中，各灯泡的额定电压为 220V。试求：

（1）各相电流、线电流和中性线电流；

（2）若中性线因故断开，U 相灯全部关闭，V、W 两相灯全部工作，V 相和 W 相电流多大？会出现什么情况？

解：（1）每相负载所承受的相电压为线电压的 $\frac{1}{\sqrt{3}}$ 倍。

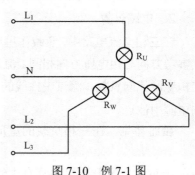

图 7-10　例 7-1 图

$$U_P = \frac{U_L}{\sqrt{3}} = \frac{380}{\sqrt{3}} = 220 \ (V)$$

U 相和 V 相的电阻相等，相电流也相等，且负载作星形连接，线电流等于相电流。

$$I_{\mathrm{U}} = I_{\mathrm{V}} = \frac{U_{\mathrm{P}}}{R_{\mathrm{V}}} = \frac{220}{30} \approx 7.33 \quad (\mathrm{A})$$

W 相的线电流等于相电流为

$$I_{\mathrm{W}} = \frac{U_{\mathrm{P}}}{R_{\mathrm{W}}} = \frac{220}{10} = 22 \quad (\mathrm{A})$$

由于照明电路是电阻性电路，各相电流与对应的相电压的相位相同，并且

$$\dot{I}_{\mathrm{N}} = \dot{I}_{\mathrm{U}} + \dot{I}_{\mathrm{V}} + \dot{I}_{\mathrm{W}}$$

作出向量图，如图 7-11（a）所示。从向量图中可以看出 $\dot{I}_{\mathrm{N}}$ 与 $\dot{I}_{\mathrm{W}}$ 同相位，$\dot{I}_{\mathrm{U}}$、$\dot{I}_{\mathrm{V}}$ 及 $\dot{I}_{\mathrm{U}} + \dot{I}_{\mathrm{V}}$ 组成等边三角形，因此，求得中性线电流为

$$I_{\mathrm{N}} = 22 - 7.33 = 14.67 \quad (\mathrm{A})$$

（2）中性线断开并且断开 U 相的电路，如图 7-11（b）所示。R_{V} 与 R_{W} 串联以后接到线电压 U_{VW} 上，V、W 两相流过的电流为

$$I_{\mathrm{V}} = I_{\mathrm{W}} = \frac{U_{\mathrm{L}}}{R_{\mathrm{V}} + R_{\mathrm{W}}} = \frac{380}{30 + 10} = 9.5 \quad (\mathrm{A})$$

V 相和 W 相的电压分别为

$$U_{\mathrm{V}} = I_{\mathrm{V}} R_{\mathrm{V}} = 9.5 \times 30 = 285 \quad (\mathrm{V})$$
$$U_{\mathrm{W}} = I_{\mathrm{W}} R_{\mathrm{W}} = 9.5 \times 10 = 95 \quad (\mathrm{V})$$

由于 V 相的灯泡两端电压超过了灯泡的额定工作电压，灯泡将会烧毁。W 相灯泡两端电压低于灯泡的额定电压，灯泡不能正常工作。当 V 相灯泡烧毁后（开路），W 相也处于断路状态。

可见，对于不对称星形负载的三相电路，必须采用带中线的三相四线制供电。若无中性线，可能使某一相电压过低，该相用电设备不能正常工作；某一相电压过高，烧毁该相用电设备。因此，中性线对于电路的正常工作及安全是非常重要的，它可以保证不对称三相负载电压的对称，防止发生事故。在三相四线制中规定，中性线不许安装保险丝和开关。通常还要把中性线接地，使它与大地电位相同，以保障安全。

理论和实践证明：三相负载越接近对称，中线电流就越小。所以，我们安装照明电路时，应尽量将它们平均地分配在各相电路中，使各相负载尽量平衡，以减小中性线电流。

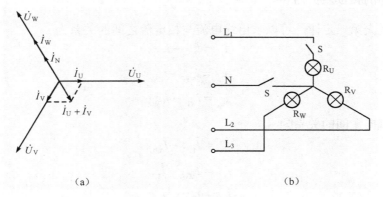

（a）　　　　　　　　　　　　　　　（b）

图 7-11　向量图和中性线断开

二、三相负载的三角形连接

1．连接方式

把三相负载分别接到三相交流电源的每两根相线之间，负载的这种连接方法称为三角形连接，用符号"△"表示，如图 7-12 所示。

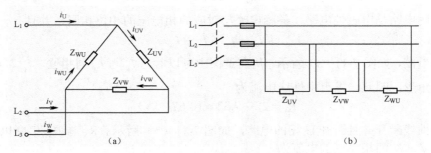

（a）　　　　　　　　　　　　　　　　（b）

图 7-12　三相负载的三角形连接

由于三相电源是对称的，无论负载是否对称，负载的相电压都是对称的。三角形连接中的各相负载全部接在两根相线之间，因此电源的线电压等于负载两端的电压，即负载的相电压，则

$$U_{\triangle P} = U_L \tag{7-6}$$

所以，当电源线电压等于各相负载的额定电压时，三相负载应接成三角形。

2．电路计算

对于负载作三角形连接的三相电路中的每一相负载来说，都是单相交流电路。各相电流和电压之间的数量与相位关系与单相交流电路相同。

在对称三相电源的作用下，流过对称负载的各相电流也是对称的。应用单相交流电路的计算关系，可知各相电流有效值为

$$I_{UV} = I_{VW} = I_{WU} = \frac{U_{\triangle P}}{Z_{UV}} = \frac{U_L}{Z_{UV}}$$

各相电流间的相位差仍为 $\dfrac{2\pi}{3}$。

根据基尔霍夫第一定律，可以求出线电流与相电流之间的关系为

$$i_{L_1} = i_{UV} - i_{WU}$$
$$i_{L_2} = i_{VW} - i_{UV}$$
$$i_{L_3} = i_{WU} - i_{VW}$$

对应的电流向量间的关系为

$$\dot{I}_{L_1} = \dot{I}_{UV} - \dot{I}_{WU}$$
$$\dot{I}_{L_2} = \dot{I}_{VW} - \dot{I}_{UV}$$
$$\dot{I}_{L_3} = \dot{I}_{WU} - \dot{I}_{VW}$$

当负载对称时，作出相电流 $\dot{I}_{UV}$、$\dot{I}_{VW}$、$\dot{I}_{WU}$ 的向量图，如图 7-13 所示。应用平行四边形法则可以求出线电流为

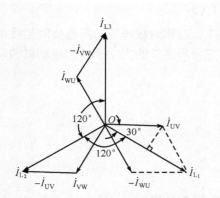

图 7-13 对称负载三角形连接的电流向量图

$$I_{L_1} = 2I_{UV}\cos 30° = 2I_{UV} \times \frac{\sqrt{3}}{2} = \sqrt{3}I_{UV}$$

同理可求出

$$I_{L_2} = \sqrt{3}I_{VW}$$

$$I_{L_3} = \sqrt{3}I_{WU}$$

由此可见，当对称三相负载作三角形连接时，线电流的大小为相电流的 $\sqrt{3}$ 倍，一般写成

$$I_{\triangle L} = \sqrt{3}I_{\triangle P} \tag{7-7}$$

【例 7-2】 有三个 100Ω 的电阻，将它们连接成星形或三角形，分别将它们接到线电压为 380V 的对称三相电源上，如图 7-14 所示。试求：线电压、相电压、相电流和相电流各是多少？

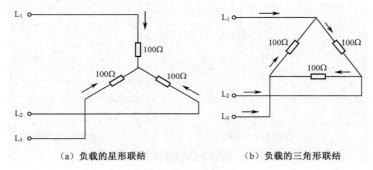

（a）负载的星形联结　　（b）负载的三角形联结

图 7-14 例 7-2 图

解：（1）负载作星形连接，如图 7-14（a）所示。负载的线电压为

$$U_L = 380 \quad (V)$$

负载的相电压为线电压的 $\frac{1}{\sqrt{3}}$，即

$$U_P = \frac{U_L}{\sqrt{3}} = \frac{380}{\sqrt{3}} \approx 220 \quad (V)$$

负载的相电流等于线电流

$$I_P = I_L = \frac{U_P}{R} = \frac{220}{100} = 2.2 \quad (A)$$

（2）负载作三角形连接，如图 7-14（b）所示。负载的线电压为

$$U_L = 380 \quad (V)$$

负载的相电压等于线电压，即

$$U_P = U_L = 380 \quad (V)$$

负载的相电流为

$$I_P = \frac{U_P}{R} = \frac{380}{100} = 3.8 \quad (A)$$

负载的线电流为相电流时 $\sqrt{3}$ 倍，即

$$I_L = \sqrt{3}I_P = \sqrt{3} \times 3.8 \approx 6.6 \quad (\text{A})$$

通过上面的计算可知，在同一个对称三相电源的作用下，对称负载作三角形连接时的线电流是负载作星形连接时的线电流的3倍。因此，为了减小三角形连接的大功率三相电动机的起动电流，常采用 Y–△ 降压起动的方法来解决。

1．三相负载的星形连接

（1）按图7-15（a）所示连接线路（其中电阻1kΩ，耐压400V）。

（2）测量每相负载的相电压、相电流。

（3）测量每根相线的线电流、两根相线之间的线电压，并填写表7-2。

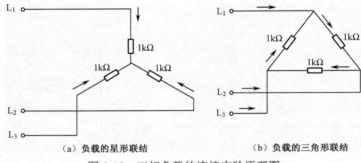

（a）负载的星形联结　　　　　　　（b）负载的三角形联结

图7-15　三相负载的连接实验原理图

2．三相负载的三角形连接

（1）按图7-15（b）所示连接线路（其中电阻1kΩ，耐压400V）。

（2）测量每相负载的相电压、相电流。

（3）测量每根相线的线电流、两根相线之间的线电压，并填写表7-2。

（注意：有条件的情况下，可以将三相电源电压降压到36V再做上述操作，安全性更高。）

表7-2　三相负载的连接

连接方式	负载的相电压			负载的线电压			负载的相电流			负载的线电流		
	U相	V相	W相	UV之间	VW之间	WU之间	U相	V相	W相	L1	L2	L3
星形												
三角形												

（4）比较两种连接方式负载两端电压、电流间的关系，填入表7-3。

表7-3　两种连接方式负载两端电压、电流间的关系

比较项目	$U_{YL}/U_{\triangle L}$	$U_{YP}/U_{\triangle P}$	$I_{YL}/I_{\triangle L}$	$I_{YP}/I_{\triangle P}$
比较结果				

*任务三 三相电路的功率

1. 理解三相不对称负载功率的计算方法。
2. 掌握三相对称负载功率的计算方法。

三相对称负载功率的测量。

一、三相负载功率的计算

在三相交流电路中，不论负载采用何种连接方式，三相负载的总功率都等于各相负载功率的总和，即

$$P = P_U + P_V + P_W \tag{7-8}$$

在三相对称交流电中，若负载不对称，电流也不对称。如果知道各相电压、相电流及功率因数 $\cos\varphi$ 的值，则负载消耗的总功率为

$$P = U_U I_U \cos\varphi_U + U_V I_V \cos\varphi_V + U_W I_W \cos\varphi_W \tag{7-9}$$

二、三相对称负载功率的计算

在对称三相交流电中，如果三相负载是对称的，则电流也是对称的，即

$$U_P = U_U = U_V = U_W$$

$$I_P = I_U = I_V = I_W$$

$$\varphi = \varphi_U = \varphi_V = \varphi_W$$

负载消耗的总功率可以写成

$$P = 3U_P I_P \cos\varphi \tag{7-10}$$

式中 U_P ——负载的相电压，单位是伏[特]，符号为 V；

I_P ——流过负载的相电流，单位是安[培]，符号为 A；

φ ——相电压与相电流之间的相位差，单位是度，符号为°；

P ——三相负载总的有功功率，单位是瓦[特]，符号为 W。

由式（7-10）可知，对称三相电路总有功功率为一相有功功率的 3 倍。

在实际工作中，测量线电压、线电流比较方便，三相电路的总功率常用线电压和线电流来表示。

对称负载作星形连接时，线电压是相电压的 $\sqrt{3}$ 倍，线电流等于相电流，即

$$U_L = \sqrt{3}U_P$$

$$I_L = I_P$$

对称负载作三角形连接时，线电压等于相电压，线电流是相电流的 $\sqrt{3}$ 倍，即

$$U_L = U_P$$

$$I_L = \sqrt{3}I_P$$

所以，对称负载不论作星形连接还是三角形连接，总有功功率为

$$P = \sqrt{3}U_L I_L \cos\varphi \qquad (7-11)$$

使用式（7-11）时必须注意：

（1）同一个负载作星形或三角形连接时，线电压是相同的，线电流是不相等的。三角形连接时的线电流是星形连接时线电流的 3 倍。

（2）φ 仍然是相电压与相电流间的相位差，而不是线电压与线电流间的相位差。也就是说，功率因数 $\cos\varphi$ 是指每相负载的功率因数。

同单相交流电路一样，三相负载中既有耗能元件，又有储能元件。因此，三相交流电路中除有功功率外，还有无功功率和视在功率。应用上面的方法，可以推出对称三相电路的无功功率为

$$Q = \sqrt{3}U_L I_L \sin\varphi \qquad (7-12)$$

视在功率为

$$S = \sqrt{3}U_L I_L \qquad (7-13)$$

三者间的关系为

$$S = \sqrt{P^2 + Q^2} \qquad (7-14)$$

【例 7-3】 有一个对称三相负载，每相的电阻 $R = 80\Omega$，感抗 $X_L = 60\Omega$，分别接成星形、三角形，接到线电压为 380V 的对称三相电源上，试求：

（1）负载作星形连接时的相电流、线电流和有功功率；

（2）负载作三角形连接时的相电流、线电流和有功功率。

解：（1）星形连接时，负载的相电压为

$$U_P = \frac{U_L}{\sqrt{3}} = \frac{380}{\sqrt{3}} \approx 220 \quad (\text{V})$$

各相负载 $R = 80\Omega$，$X_L = 60\Omega$，则阻抗为

$$Z = \sqrt{R^2 + X_L^2} = \sqrt{80^2 + 60^2} = 100 \quad (\Omega)$$

各相的相电流为

$$I_P = \frac{U_P}{Z} = \frac{220}{100} = 2.2 \quad (\text{A})$$

对称负载作星形连接时的线电流等于相电流，即

$$I_L = I_P = 2.2 \quad (\text{A})$$

各相负载的功率因数为

$$\cos\varphi = \frac{R}{Z} = \frac{80}{100} = 0.8$$

三相负载总有功功率为

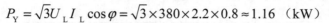

$$P_Y = \sqrt{3}U_L I_L \cos\varphi = \sqrt{3} \times 380 \times 2.2 \times 0.8 \approx 1.16 \quad (\text{kW})$$

（2）负载作三角形连接时，相电压等于线电压，即

$$U_P = U_L = 380 \quad (\text{V})$$

阻抗 $Z = 100\Omega$，相电流为

$$I_P = \frac{U_P}{Z} = \frac{380}{100} = 3.8 \quad (\text{A})$$

对称负载作三角形连接时的线电流为相电流的 $\sqrt{3}$ 倍，即

$$I_L = \sqrt{3}I_P = \sqrt{3} \times 3.8 \approx 6.6 \quad (\text{A})$$

三相负载总有功功率为

$$P_\triangle = \sqrt{3}U_L I_L \cos\varphi = \sqrt{3} \times 380 \times 6.6 \times 0.8 \approx 3.47 \quad (\text{kW})$$

通过上面例题，可以看出

$$\frac{I_{\triangle L}}{I_{YP}} = 3$$

$$\frac{P_\triangle}{P_Y} = 3$$

这说明，在同一三相电源作用下，同一对称负载作三角形连接时的线电流和总功率是星形连接时的 3 倍。实际上，要根据电源的线电压和负载的额定电压，选择负载的正确连接方式。

一、功率表的使用

功率表里有两个线圈：电压线圈和电流线圈，功率表接线原则是电流线圈与被测负载串联，电压线圈与被测负载并联。使用时注意以下几点。

（1）正确选择功率表的量程。功率表与其他指示仪表不同，指针偏转大小只表明功率值，并不显示仪表本身是否过载，有时表针虽未达到满刻度，只要 U 或 I 之一超过该表的量程就会损坏仪表。故在使用功率表时，通常需接入电压表和电流表进行监控。

（2）正确连接测量线路。一般的接法，（*）端都接进线就行了，也就是电流端的（*）端接电源相线，另一端接负载进线端，电压端的（*）端接电流表任意端，另一端跨接负载出线端。

（3）正确读数。一般安装式功率表为直读单量程式，表上的示数即为功率数。但便携式功率表一般为多量程式，在表的标度尺上不直接标注示数，只标注分格。在选用不同的电流与电压量程时，每一分格都可以表示不同的功率数。在读数时，应先根据所选的电压量程 U、电流量程 I 以及标度尺满量程时的格数，求出每格瓦数（又称功率表常数）C，然后再乘上指针偏转的格数，就可得到所测功率 P，即

$$每格瓦数 = UI/满量程格数$$
$$功率\ P = 每格瓦数 \times 格数$$

二、测量三相负载丫形连接电路的功率

（1）按图 7-16 所示连接电路，接好功率表。

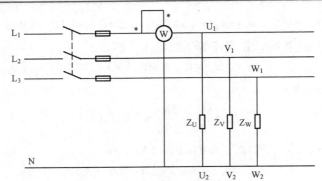

图 7-16　Y 形连接负载的功率测量实验原理图

（2）测量各相负载的功率，填写表 7-4。

表 7-4　Y 形连接负载的功率测量实验记录表

实验项目	U 相消耗的功率	V 相消耗的功率	W 相消耗的功率	总　功　率
实验结果				

三、测量三相负载△形连接电路的功率

（1）按图 7-17 所示连接电路，用同样的方法接好功率表。

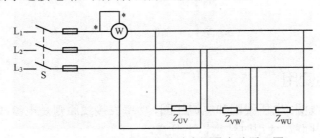

图 7-17　△形连接负载的功率测量实验原理图

（2）测量各相负载的功率，填写表 7-5。

表 7-5　△形连接负载的功率测量实验记录表

实验项目	UV 相消耗的功率	VW 相消耗的功率	WU 相消耗的功率	总　功　率
实验结果				

项目评价

一、思考与练习

1．填空题

（1）如三相对称负载采用三角形接法时，则负载的相电压等于电源的_____电压，线电流等于相电流的_____倍。

（2）在三相对称电路中，已知线电压 U、线电流 I 及功率因数角 ϕ，则有功功率 $P=$ _____，无功功率 $Q=$ _____，视在功率 $S=$ _____。

（3）当三相发电机的三相绕组联成星形时，其线电压为 380 伏，它的相电压为 _____ 伏。

（4）在三相对称负载中，三个相电流 _____、_____ 相等，相位互差 _____。

（5）通常三相发电机的引出端电源的连接方法有 _____ 和 _____ 连接两种。

2．判断题

（1）三相电路中的线电流就是流过每根端线或火线中的电流。（　　）

（2）在功率三角形中，功率因数角所对的直角边是 P 而不是 Q。（　　）

（3）中线的作用得使三相不对称负载保持对称。（　　）

（4）当三相负载作星形连接时，负载越接近对称，中性线上的电流就越小。（　　）

（5）三相四线制供电，中性线的作用是保证负载不对称时，相电流对称。（　　）

3．选择题

（1）三相交流电相序 U-V-W-U 属（　　）。

    A．正序　　　　　　B．负序　　　　　　C．零序　　　　　　D．以上都不对

（2）在我国三相四线制，任意一根相线与零线之间的电压为（　　）。

    A．相电压，有效值为 380V　　　　　　B．线电压，有效值为 220V

    C．线电压，有效值为 380V　　　　　　D．相电压，有效值为 220V

（3）三相电路中，下列结论正确的是（　　）。

    A．负载作星形连接时，必须有中线

    B．负载作三角形连接时，线电流必为相电流的 $\sqrt{3}$ 倍

    C．负载作星形连接时，线电压必为相电压的 $\sqrt{3}$ 倍

    D．负载作星形连接时，线电流等于相电流

（4）三相动力供电线路的电压是 380V，则任意两根相线之间的电压称为（　　）。

    A．相电压，有效值为 380V　　　　　　B．线电压，有效值为 220V

    C．线电压，有效值为 380V　　　　　　D．相电压，有效值为 220V

（5）三相对称负载是指三相负载的（　　）。

    A．阻抗值相等　　　　　　　　　　　B．阻抗角相同

    C．阻抗值相等且阻抗角相同　　　　　D．阻抗值相等且阻抗角的绝对值也相等

4．问答题

（1）三相交流电是如何产生的？

（2）什么叫相序？

（3）三相电动势正相序如何排列？

（4）为什么在中点不接地的系统中不采用保护接零？

（5）在三相对称交流电中，若负载不对称，电流也不对称。写出负载消耗的总功率为多少？

5．计算题

（1）已知某电源的相电压为 6kV，如将其接成星形，它的线电压等于多少伏？

（2）有一台三相异步电动机，额定电压为 380V，三角形连接，若测出线电流为 30A，那么通过每相绕组的电流等于多少安？

（3）对称三相感性负载接于线电压为 380V 的三相电路中，如负载星形连接时线电流为 15.2A，消耗功率 7.5kW，求负载的功率因数。

（4）有一个星形连接的三相对称负载，每相负载为 $R=8\Omega$，$X_L=6\Omega$，电源线电压为 380V，求：相电压、相电流和线电流各为多少？

（5）已知某三相发电机绕组连接成星形时的相电压 $V_U=220\sqrt{2}\sin(314t+300)$V，$V_V=220\sqrt{2}\sin(314t-900)$V，$V_W=220\sqrt{2}\sin(314t+1500)$V，则当 $t=10$ s 时，它们之和为多少伏？

6．技能题

（1）三相额定电压为 220 V 的电热丝，接到线电压为 380 V 的三相电源上，怎样连接方法为最佳的连接？

（2）三相电路如图 17-8 所示，三只同规格灯泡正常工作。若在"b"处出现开路故障，则各灯亮度情况为如何？

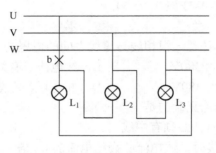

图 17-8

（3）三相四线制电源中三根相线和中性线的颜色如何规定的？

（4）在三相四线制中规定，中性线不许安装保险丝和开关为什么？

（5）在配电板上安装三相负载作星形连接，测量各线电压和相电压、线电流和相电流，并分析线电压和相电压、线电流和相电流的关系。

电原理图如图 17-9 所示：

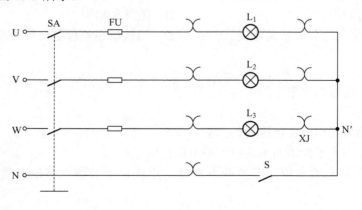

图 17-9

仪器和器材：元件见表 7-6。

表 7-6　相电路元器件明细表

代　号	名　称	型号及规格	单　位	数　量
L_1，L_2，L_3	白炽灯	220V/25W	只	3
	白炽灯灯座	胶木或塑料	只	3
	交流电流表	0.5/1A	只	1
	万用表	MF47 和数字表	只	1
XJ	电流表插座	无线电音频插座	只	7
XP	电流表插头	无线电音频插头	只	1
S	单联平开关	（或带自锁按钮开关）	只	1
SA	闸刀开关	HK1-15/3	只	1
FU	熔断器	RC1A-5/2	只	3
	控制板	酚醛板规格（或环氧树脂板和木板）（650mm×500mm×50mm）	块	1

方法和步骤

第一步：三相负载作星形连接。

① 在控制板上定位及画线，确定各电器组件和白炽灯的位置。

② 固定各电器组件和白炽灯。

③ 按图接线。导线可采用 BV1mm^2 塑料铜芯软线。导线的接头可使用冷压接线头。在每一根导线的接头上可以套上标有线号的套管。

第二步：三相星形负载电路的测试。

① 检查线路，无误后方可开始测试。

② 检查三相电源的输出电压为 380V。

③ 合上开关 SA 和 S。测量对称负载有中线时，各线电压和相电压、线电流（相电流）及中线电流、中点间电压，记入表 7-7 中。

④ 断开 S。无中线时，重复测量以上各量（除中线电流），记入下表中。观察中线对星形连接的对称负载有否影响？

表 7-7　表测量值记录表

三相负载星形连接		U_{UV}/V	U_{VW}/V	U_{WU}/V	U_U/V	U_V/V	U_W/V	I_U/A	I_V/A	I_W/A	I_N/A	$U_{NN'}$/V
对称	有中线											—
负载	无中线										—	

二、项目评价标准

项目评价标准见表 7-8。

表 7-8　项目评价标准

项目检测	分　值	评分标准	学生自评	教师评估	项目总评
三相交流电源	20	知识点 10 分，技能 10 分			
三相负载的连接	40	知识点、技能各 20 分			
三相电路的功率	20	知识点、技能各 10 分			
安全操作	10	各项考试中，违反考核要求的任何一项扣 2 分，扣完为止			
现场管理	10	当老师发现考生有重大故障隐患时，要立即予以制止，并每次扣 2 分			

三、项目小结

1．三相交流电源

由三相交流电源供电的电路为三相交流电路。三相交流电源可输出三个频率相同、幅值相同，相位互差 $\dfrac{2\pi}{3}$ 的电压，称为三相对称电压，即

$$e_{\mathrm{U}} = E_{\mathrm{m}} \sin \omega t$$

$$e_{\mathrm{V}} = E_{\mathrm{m}} \sin\left(\omega t - \frac{2\pi}{3}\right)$$

$$e_{\mathrm{W}} = E_{\mathrm{m}} \sin\left(\omega t + \frac{2\pi}{3}\right)$$

三相交流电路中相电压到达正（或负）最大值的先后顺序称为相序。习惯采用 U-V-W 的相序，称为正序。在电力系统中统一相序十分重要，并网供电相序必须相同。

当三相电源为星形连接时，其线电压 U_{L} 与相电压 U_{P} 的关系为

$$U_{\mathrm{L}} = \sqrt{3} U_{\mathrm{P}}$$

实际的三相发电机提供的都是对称三相电压。

2．三相负载的连接

1）三相负载的星形连接

（1）对称负载多采用三相三线制供电，对称三相电源加到星形连接的对称三相负载上时，有：

① 负载两端电压（相电压）等于线电压的 $\dfrac{1}{\sqrt{3}}$ 。

② 流过负载的相电流等于相线上的电流。

③ 电源中性点与负载中性点等电位。

（2）不对称的三相负载只能采用三相四线制供电，因为中性线电流不为零。

2）三相负载的三角形连接

当三相负载连接成三角形时，无论负载是否对称，各相负载的相电压即为线电压，等于电

源的线电压。当负载对称时，相电流等于线电流的 $\dfrac{1}{\sqrt{3}}$。

3．三相电路的功率

对称三相电路的有功功率（P）、无功功率（Q）、视在功率（S）为

$$P = \sqrt{3}U_L I_L \cos\varphi$$
$$Q = \sqrt{3}U_L I_L \sin\varphi$$
$$S = \sqrt{3}U_L I_L$$

不对称三相电路中，每一相的功率要分别计算，总有功功率为各相有功功率之和。

 教学微视频

*项目八　非正弦周期电路

通过前面的项目学习，我们掌握了有关直流电路、正弦交流电路和三相正弦交流电路的相关知识。但在电子技术中，我们会经常遇到一些非正弦交流电的周期性信号，比如电视机中用的脉冲信号和锯齿波信号等。本项目我们将学习非正弦周期信号的相关知识。

知识目标

1. 了解非正弦周期信号的产生方法。
2. 掌握非正弦周期信号的谐波分析方法和相关计算。

技能目标

1. 能够用示波器观察非正弦周期信号。
2. 能够用示波器测量非正弦周期信号的参数。

任务一　非正弦周期信号的谐波分析

大家知道了一个非正弦周期信号可以由两个或几个正弦波信号合成，那么一个非正弦周期信号是否可以分解成几个周期性正弦波信号呢？本任务我们将讨论非正弦波信号的分解。

基础知识

一、非正弦周期信号

顾名思义，非正弦周期信号是指不按照正弦规律做周期性变化的电流、电压和电动势。

在电子技术中常常见到非正弦周期信号，常用的非正弦周期信号如图 8-1 所示。

一个非正弦周期信号可以由两个或几个频率不同的正弦信号合成，反之，一个非正弦交流信号也能分解成几个不同频率的正弦交流信号。

如图 8-1 所示的方波周期信号就可以分解成多个正弦周期信号，分解后的表达式为

$$u = \frac{U_m}{2} + \frac{2U_m}{\pi}(\sin\omega t + \frac{1}{3}\sin3\omega t + \frac{1}{5}\sin5\omega t + \cdots)$$

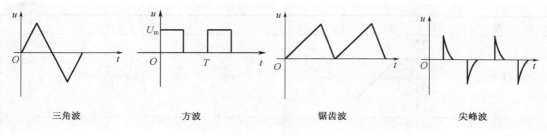

图 8-1　几种常见的非正弦周期信号

二、谐波分量

组成非正弦波的每一个正弦成分，称为非正弦波的一个谐波分量，其角频率为 $\omega, 2\omega, 3\omega, 4\omega, \cdots$ 的谐波分量分别称为一次谐波（一次谐波又叫基波）、二次谐波、三次谐波、四次谐波等。

三、谐波的分类

组成非正弦波的谐波成分虽然有一次谐波、二次谐波等，具体到某一个非正弦周期信号分解后所得到的高次谐波中，并非是每个谐波分量都有。谐波按照频率可分为两大类：奇次谐波和偶次谐波。

奇次谐波是频率为基波频率的 1,3,5,… 奇数倍的一组谐波；偶次谐波是频率为基波的 2,4,6,… 偶数倍的一组谐波。在某些非正弦周期信号中，还存在着直流分量，可将其看成频率为零的谐波分量，它属于偶次谐波。

四、常见的非正弦交流信号的一般展开式

非正弦周期信号是由一系列频率为整数倍的正弦谐波分量合成得到的。对于不同的非正弦周期信号，它们的各次谐波分量之间的振幅也不相同，即不同的信号波对应着不同的谐波分量表达式。

非正弦波展开式的一般形式为

$$f(t) = A_0 + A_{1m}\sin(\omega t + \varphi_1) + A_{2m}\sin(2\omega t + \varphi_2) + \cdots + A_{km}\sin(k\omega t + \varphi_k) + \cdots$$

式中，

A_0：零次谐波　　　　　　　　（直流分量）

$A_{1m}\sin(\omega t + \varphi_1)$：基波

$A_{2m}\sin(2\omega t + \varphi_2)$：二次谐波　　 ⎫（交流分量）

$A_{km}\sin(k\omega t + \varphi_k)$：$k$ 次谐波　　⎭

电子技术中常见的非正弦周期信号的波形及其谐波分量的展开式，见表 8-1。

表 8-1　常见的非正弦周期信号的波形及展开式

名　称	波　形	一般展开式
矩 形 波		$u = \dfrac{4U_m}{\pi}\left(\sin\omega t + \dfrac{1}{3}\sin 3\omega t + \dfrac{1}{5}\sin 5\omega t + \cdots\right)$

续表

名　称	波　形	一般展开式
等腰三角波		$u = \dfrac{8U_m}{\pi^2}(\sin\omega t - \dfrac{1}{9}\sin 3\omega t + \dfrac{1}{25}\sin 5\omega t - \cdots)$
锯 齿 波		$u = \dfrac{U_m}{2} - \dfrac{U_m}{\pi}(\sin 2\omega t + \dfrac{1}{2}\sin 4\omega t + \dfrac{1}{3}\sin 6\omega t + \cdots)$
全波整流		$u = \dfrac{4U_m}{\pi}(\dfrac{1}{2} - \dfrac{1}{3}\cos 2\omega t - \dfrac{1}{15}\cos 4\omega t - \dfrac{1}{35}\cos 6\omega t - \cdots)$
方　波		$u = \dfrac{U_m}{2} + \dfrac{2U_m}{\pi}(\sin\omega t + \dfrac{1}{3}\sin 3\omega t + \dfrac{1}{5}\sin 5\omega t + \cdots)$
半波整流		$u = \dfrac{2U_m}{\pi}(\dfrac{1}{2} + \dfrac{\pi}{4}\sin\omega t - \dfrac{1}{3}\cos 2\omega t - \dfrac{1}{15}\cos 4\omega t - \cdots)$

表 8-1 中第一个矩形波和第二个等腰三角波，波形的共同点是后半个周期重复前半个周期，但符号相反，谐波分量的特点是只有奇次谐波，即波形性质具有奇次谐波性。理论分析证明，凡是具有奇次对称性的非正弦周期信号，只包括基波及三次、五次等奇次谐波，不包含直流分量及偶次谐波。

锯齿波和全波整流波，波形的共同特点是后半个周期重复前半个周期的变化，且符号相同，谐波分量的特点是只有偶次谐波，即波形具有偶次谐波性。理论分析证明，凡具有偶次对称性的非正弦周期信号，包括恒定的直流分量以及一系列的偶次谐波，而不具有基波和奇次谐波。

方波和半波整流波不具备奇次或偶次对称性，因此其谐波分量中既有奇次谐波分量，又有偶次谐波分量。

非正弦周期信号的产生

根据对非正弦周期信号的要求和电路的工作条件，非正弦周期信号的产生可以有多种方式。常用的产生非正弦周期信号的方式有下列几种。

1. 用信号发生器获得

常用的信号发生器除了能输出正弦波信号外,还可以输出三角波、方波的非正弦周期信号,如图 8-2 所示。

2. 由几个不同频率的交流电源同时工作获得

如果电路中有几个频率不同的正弦交流电动势,在它们的共同作用下,负载两端的电压就不再按正弦规律变化了。例如,将两个正弦电源 e_1、e_2 接入同一个电路中,如图 8-3 所示。从波形图很容易看出,图 8-3(b)所示的波形由图 8-3(c),(d)合成所得。电阻为线性元件,它两端的电压是非正弦电压,通过电阻的电流必定是非正弦电流。

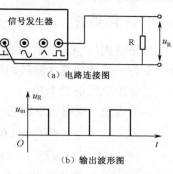

图 8-2 用信号发生器获得非正弦周期信号

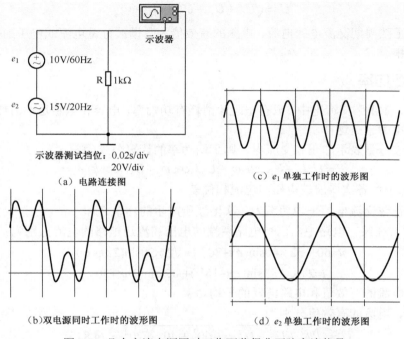

图 8-3 几个交流电源同时工作可获得非正弦交流信号

任务二 非正弦周期信号的有效值和平均功率

分析正弦交流电路时,我们常用到电流或电压的有效值,计算的是在一个周期内负载所消耗的平均功率。当分析非正弦交流电路时,我们所关心的同样是这些参数的计算,所以还会用到非正弦信号的有效值和平均值。

一、有效值

非正弦周期信号的有效值定义为：在相同的时间内，非正弦交流电的电流经过电阻 R 产生的热量与一直流电流 I 流经相同的电阻 R 所产生的热量相同，那么该直流电流的数值 I 就称为非正弦交流电流的有效值。

如果电流 i 或电压 u 的各个谐波都知道了，即设

$$i = I_0 + \sqrt{2}I_1\sin(\omega t + \varphi_1) + \sqrt{2}I_2\sin(2\omega_2 t + \varphi_2) + \sqrt{2}I_3\sin(3\omega_3 t + \varphi_3) + \cdots$$

$$u = U_0 + \sqrt{2}U_1\sin(\omega t + \varphi_1) + \sqrt{2}U_2\sin(2\omega_2 t + \varphi_2) + \sqrt{2}U_3\sin(3\omega_3 t + \varphi_3) + \cdots$$

式中，I_0、U_0 为直流分量，$I_1, U_1, I_2, U_2, \cdots$ 为各次谐波的有效值，由数学知识可得出非正弦周期电流、电压的有效值计算公式为

$$I = \sqrt{I_0^2 + I_1^2 + I_2^2 + I_3^2 + \cdots}$$

$$U = \sqrt{U_0^2 + U_1^2 + U_2^2 + U_3^2 + \cdots}$$

所以，非正弦周期交流电的电流、电压的有效值为各谐波分量电流或电压的有效值的平方和的算术平方根。

二、平均功率

我们知道，在正弦交流电中，只有电阻才消耗有功功率，电容和电感是不消耗有功功率的，在非正弦交流电中也是这样。

如果用谐波分量表示非正弦交流电，则平均功率的计算公式为

$$P = U_0 I_0 + U_1 I_1\cos\varphi_1 + U_2 I_2\cos\varphi_2 + U_3 I_3\cos\varphi_3 + \cdots$$

式中，$\varphi_1, \varphi_2, \varphi_3, \cdots$ 为各次谐波的电压与电流相位差。

所以，非正弦交流电的平均功率为各次谐波所产生的功率之和。

【例 8-1】 在某一电路中，已知电路两端的电压和流经电路的电流分别为

$$u = 60 + \sqrt{2} \times 40\sin(\omega t + 30°) + \sqrt{2} \times 20\sin(2\omega t + 60°)$$

$$i = 2 + \sqrt{2} \times 3\sin(\omega t - 15°) + \sqrt{2}\sin(2\omega t + 30°)$$

求电压、电流的有效值和电路消耗的平均功率。

解：电压、电流的有效值分别为

$$U = \sqrt{U_0^2 + U_1^2 + U_2^2} = \sqrt{60^2 + 40^2 + 20^2} \approx 74.8\,(\text{V})$$

$$I = \sqrt{I_0^2 + I_1^2 + I_2^2} = \sqrt{2^2 + 3^2 + 1^2} \approx 3.74\,(\text{A})$$

电路消耗的平均功率为

$$
\begin{aligned}
P &= U_0 I_0 + U_1 I_1\cos\varphi_1 + U_2 I_2\cos\varphi_2 \\
&= 60 \times 2 + 40 \times 3\cos(30° + 15°) + 20 \times \cos(60° - 30°) \\
&= 120 + 60\sqrt{2} + 10\sqrt{3} \approx 222\,(\text{W})
\end{aligned}
$$

三、平均值

非正弦周期信号的平均值也是一个常用量，在电工仪表中应用较为广泛。平均值指非正弦交流电在一个周期内的平均数值的大小，计算时只考虑数值大小，不考虑数值的符号。由于计算非正弦周期信号的平均值用到高等数学知识，这里我们仅给出几种常见的非正弦交流电压、电流的平均值和有效值，以供参考，见表 8-2。（波形见表 8-1）

表 8-2　几种常见的非正弦周期信号的有效值和平均值

名　称	半波整流波	全波整流波	锯齿波	矩形波	方　波
平均值	$\dfrac{U_m}{\pi}, \dfrac{I_m}{\pi}$	$\dfrac{2U_m}{\pi}, \dfrac{2I_m}{\pi}$	$\dfrac{U_m}{2}, \dfrac{I_m}{2}$	U_m, I_m	$\dfrac{U_m}{2}, \dfrac{I_m}{2}$
有效值	$\dfrac{U_m}{2}, \dfrac{I_m}{2}$	$\dfrac{U_m}{\sqrt{2}}, \dfrac{I_m}{\sqrt{2}}$	$\dfrac{U_m}{\sqrt{3}}, \dfrac{I_m}{\sqrt{3}}$	U_m, I_m	$\dfrac{U_m}{\sqrt{2}}, \dfrac{I_m}{\sqrt{2}}$

项目评价

一、思考与练习

1．填空题

（1）一个非正弦周期信号可以由_____或_____不同的正弦信号合成。

（2）谐波按照频率可分为两大类：_____和_____。

（3）如果用谐波分量表示非正弦交流电，则平均功率的计算公式为：_____。

（4）方波和等腰三角波的谐波成分中只含有_____谐波。

（5）所谓谐波分析，就是对一个已知的非正弦周期信号，找出它所包含的各次谐波分量的_____和_____，写出其傅里叶级数（函数）表达式的过程。

2．判断题

（1）具有偶次对称性的非正弦周期波，其波形具有对坐标原点对称的特点。　　（　　）

（2）方波和等腰三角波相比，波形的平滑性要比等腰三角波好得多。　　（　　）

（3）非正弦周期量作用的电路中，电容元件上的电压波形平滑性比电流好。　　（　　）

（4）非正弦周期量的有效值等于它各次谐波有效值之和。　　（　　）

（5）非正弦周期量作用的线性电路中具有叠加性。　　（　　）

3．选择题

（1）矩形波的平均值是（　　　）。

 A．U_m, I_m B．$\dfrac{2U_m}{\pi}, \dfrac{2I_m}{\pi}$ C．$\dfrac{U_m}{2}, \dfrac{I_m}{2}$k   D．$\dfrac{U_m}{\pi}, \dfrac{I_m}{\pi}$

（2）全波整流和方波的有效值是（　　　）。

 A．$\dfrac{U_m}{\sqrt{3}}, \dfrac{I_m}{\sqrt{3}}$ B．$\dfrac{U_m}{2}, \dfrac{I_m}{2}$ C．$\dfrac{U_m}{\sqrt{2}}, \dfrac{I_m}{\sqrt{2}}$ D．U_m, I_m

（3）半波整流的有效值是（　　　）。

 A．$\dfrac{U_m}{\sqrt{3}}, \dfrac{I_m}{\sqrt{3}}$ B．$\dfrac{U_m}{2}, \dfrac{I_m}{2}$ C．$\dfrac{U_m}{\sqrt{2}}, \dfrac{I_m}{\sqrt{2}}$ D．U_m, I_m

（4）矩形波的有效值是（　　　）。

 A．$\dfrac{U_m}{\sqrt{3}}, \dfrac{I_m}{\sqrt{3}}$ B．$\dfrac{U_m}{2}, \dfrac{I_m}{2}$ C．$\dfrac{U_m}{\sqrt{2}}, \dfrac{I_m}{\sqrt{2}}$ D．U_m, I_m

（5）锯齿波的有效值是（　　　）。

A. $\dfrac{U_{\mathrm{m}}}{\sqrt{3}},\dfrac{I_{\mathrm{m}}}{\sqrt{3}}$　　　B. $\dfrac{U_{\mathrm{m}}}{2},\dfrac{I_{\mathrm{m}}}{2}$　　　C. $\dfrac{U_{\mathrm{m}}}{\sqrt{2}},\dfrac{I_{\mathrm{m}}}{\sqrt{2}}$　　　D. $U_{\mathrm{m}},I_{\mathrm{m}}$

4. 简答题

（1）什么是非正弦周期信号？

（2）一个非正弦周期信号是否可以分解成几个周期性正弦波信号？

（3）非正弦周期信号的有效值如何定义？

（4）什么是谐波分量？

（5）什么是基波？什么是奇次谐波？

5. 计算题

（1）在某一电路中，已知电路两端的电压和流经电路的电流分别为：

$$u=60+\sqrt{2}\times40\sin(\omega t+30°)+\sqrt{2}\times20\sin(\omega t+30°)$$

$$i=2+\sqrt{2}\times3\sin(\omega t-15°)+\sqrt{2}\sin(\omega t+30°)$$

求电压、电流的有效值和电路消耗的平均功率。

（2）有效值为 50V 的正弦电压（角频率 ω）加到电感 L 两端时，获得电流 $I=5A$；当改加一个含有基波（角频率 ω）和 3 次谐波，有效值仍为 50V 的电压时，获得 $I=4A$。试求这个电压的基波和 3 次谐波的有效值。

（3）如下图所示电路中，已知 $E=12V$，$R_1=4\Omega$，$R_2=8\Omega$，开关 S 闭合前，电容两端电压为零，求开关 S 闭合的瞬间各电流及电容两端电压的初始值。

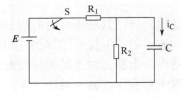

图 8-4

6. 技能题

（1）电视机天线接收到多少种频率信号？

（2）滤波器主要作用是什么？

（3）请说明图中电路的名称？

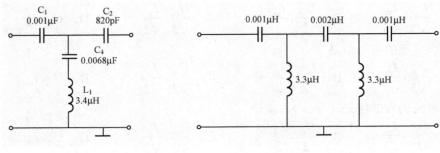

图 8-5

（4）滤波器的基本原理是什么？

二、项目评价标准

项目评价标准见表 8-3。

表 8-3　项目评价标准

项目检测	分　值	评分标准	学生自评	教师评估	项目总评
非正弦周期信号及其产生方式	15	理解非正弦周期信号及其产生的方式			
非正弦信号的谐波分量的分析	25	会分析非正弦周期信号的谐波分量，了解奇次对称波和偶次对称波的波形特点、分量特点			
非正弦周期信号的有效值和平均功率	25	理解非正弦周期信号的电压、电流的有效值，有功功率和平均值的含义，并会进行相关的计算			
示波器、信号发生器的使用	10	能够正确使用示波器和信号发生器			
波形测试	15	会应用仪器仪表对非正弦周期信号进行相关测量和分析			
安全操作	5	工具和仪器的使用及放置，元器件的拆卸和安装			
现场管理	5	出勤情况、现场纪律、团队协作精神			

三、项目小结

（1）非正弦周期信号是按照非正弦规律做周期性变化的电流、电压和电动势。常见的非正弦周期信号有三角波、方波、锯齿波等。

（2）用不同频率的正弦周期信号可以合成非正弦周期信号，反过来，非正弦周期信号可以分解为一系列频率成整数倍的正弦波分量。

非正弦波展开式的一般形式为

$$f(t)=A_0+A_{1m}\sin(\omega t+\varphi_1)+A_{2m}\sin(2\omega t+\varphi_2)+\cdots+A_{km}\sin(k\omega t+\varphi_k)+\cdots$$

（3）后半个周期重复前半个周期的变化，且符号相同的波形称为偶次对称波，偶次对称波分量中只具有直流成分和各种偶次谐波成分，没有奇次谐波。后半个周期重复前半个周期的变化，且符号相反的波形称为奇次对称波，奇次对称波分量中只具有奇次谐波成分，没有偶次谐波。

（4）非正弦周期交流电的电流、电压的有效值为各谐波分量电流或电压的有效值的平方和的算术平方根，即

$$I = \sqrt{I_0^2 + I_1^2 + I_2^2 + I_3^2 + \cdots}$$
$$U = \sqrt{U_0^2 + U_1^2 + U_2^2 + U_3^2 + \cdots}$$

（5）非正弦交流电的平均功率为各次谐波所产生的功率之和，即

$$P = U_0 I_0 + U_1 I_1 \cos\varphi_1 + U_2 I_2 \cos\varphi_2 + U_3 I_3 \cos\varphi_3 + \cdots$$

（6）平均值指非正弦交流电在一个周期内的平均数值的大小。常见的非正弦交流电压、电流的平均值和有效值，如表 8-2 所示。

四、非正弦周期信号在电子信息技术的应用简介

一个非正弦波常常可以分解为直流分量（A_0）、基波分量（$A_{1m}\sin(\omega t+\varphi_1)$）和各次谐波分

量（$A_{2m}\sin(2\omega t+\varphi_2)$）。这种方法在电信设备中得到广泛的应用，如广播电台发射的电波，有线工程中的载波通信，雷达设备发射的脉冲信号等。

例如电视机天线接收到的信号中，既有图像信号，又有伴音信号，这两种信号的频率不同，需要将它们分开，分别送入"视频通道"及"伴音通道"中去；又如晶体管收音机中，晶体管各级间需要直流电压，而不少收音机的电源是采用市电的，市电经过变压器变压后，又经过整流变为脉动电压。脉动电压除了含有直流分量外，还含有谐波分量，这就需要将谐波分量分开。

对特定频率的频点或该频点以外的频率进行有效滤除的电路，就是滤波电路。凡是能从多频电流（或电压）中滤出所需的分量（频带）的器件叫滤波器。

滤波器是一种对信号有处理作用的器件或电路。其功能就是得到一个特定频率或消除一个特定频率，其主要作用是：让有用信号尽可能无衰减地通过，对无用信号尽可能大地衰减。利用这个特性可以将输入滤波器的一个方波群或复合噪波，输出得到一个特定频率的正弦波。

滤波器一般有两个端口，一个输入信号，一个输出信号。其电路图如图 8-6 所示。

滤波器是一种无源的选择性网络，通常具有这样的电特性，即对于所需的分量（或频带）具有非常小的衰减而让其通过，对于其他分量（在通频带之外）则具有很大的衰减而抑制其通过。

滤波器的基本原理就是利用动态元件（电感或电容）对于不同频率的谐波具有不同阻抗的特性。感抗 $X_L=k\omega L$ 随频率的增大而增大，所以一条支路中的电感有削弱（抑制）该支路中高次谐波电流的作用，而低频电流就很容易通过。容抗 $X_C=1/k\omega C$ 随频率的增加而减小，所以一条支路中的电容有抑制该支路中低频电流的作用，而高频电流就很容易通过。

滤波器的种类很多，这里主要介绍 T 型和 Π 型两种电路形式，如图 8-6（a），图 8-6（b）所示。详细分析参考其他电工基础与技能和电子技术基础与技能的书籍。

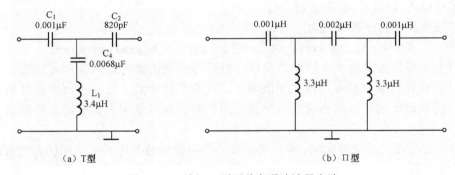

（a）T 型　　　　　　　　　　　　（b）Π 型

图 8-6　T 型和 Π 型两种高通滤波器电路

 教学微视频

*项目九　瞬态过程

知识目标

1. 了解电路瞬态过程产生的原因。
2. 掌握换路定律。
3. 了解 RC 电路瞬态过程中电压和电流的变化规律。
4. 理解瞬态过程中时间常数的物理意义。
5. 掌握一阶电路瞬态过程中电流、电压初始值、稳态值和时间常数的计算。

技能目标

1. 观察 RC 电路的暂态过程，加深对电容的认识。
2. 熟练掌握示波器和信号发生器的使用。

任务一　瞬态过程与换路定律

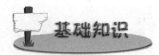

一、瞬态过程

通常，我们把电路中开关的接通、断开或电路参数的突然变化等称为换路，换路后电路中产生过渡过程，过渡过程中电路电压或电流的变化规律为工程设计、产品设计和故障分析提供了理论依据。

过渡过程：电路从一个稳定状态过渡到另一个稳定状态，电压、电流等物理量经历一个随时间变化的过程。

产生过渡过程的原因：电感及电容能量的存储和释放需要时间，能量不能跃变，从而引起过渡过程。

产生过渡过程的条件：电路中必须含有存储能量的动态元件以及参数的突然改变。

二、换路定律

换路：电路工作条件发生变化，如电源的接通或切断，电路连接方法或参数值的突然变化等称为换路。

换路定律：该定律是指若电容电压、电感电流为有限值，则 u_C、i_L 不能跃变，即换路前后一瞬间的 u_C、i_L 是相等的，可表达为

$$u_C(0_+)=u_C(0_-) \tag{9-1}$$

$$i_L(0_+)=i_L(0_-) \tag{9-2}$$

其中，(0_-) 表示换路前瞬间 $t=0_-$ 时的数值；(0_+) 表示换路后瞬间 $t=0_+$ 时的初始值。

必须注意：由于电容储存电场能量 $W_C=\dfrac{1}{2}CU^2$ 和电感储存磁场能量 $W_L=\dfrac{1}{2}LI^2$ 是不能突变的，所以 u_C、i_L 受换路定律的约束保持不变，但是电路中其他电压、电流都可能发生跃变。

三、电压、电流初始值的计算

电容电压、电感电流换路后瞬间初始值，用 $u_C(0_+)$ 和 $i_L(0_+)$ 来表示，它利用换路前瞬间 $t=0_-$ 电路确定 $u_C(0_-)$ 和 $i_L(0_-)$，再由换路定律得到 $u_C(0_+)$ 和 $i_L(0_+)$ 的值。

电路中其他变量如 i_R、u_R、u_L、i_C 的初始值不遵循换路定律的规律，它们的初始值需由 $t=0_+$ 电路来求得。

具体求法是：

画出 $t=0_+$ 电路，在电路中若 $u_C(0_+)=u_C(0_-)=U_S$，则电容用一个电压源 U_S 代替；若 $u_C(0_+)=0$，则电容用短路线代替；若 $i_L(0_+)=i_L(0_-)=I_S$，则电感用一个电流源 I_S 代替；若 $i_L(0_+)=0$，则电感做开路处理。下面举例说明初始值的求法。

【例 9-1】 在图 9-1（a）所示电路中，开关 S 在 $t=0$ 时闭合，开关闭合前电路已处于稳定状态。试求初始值 $u_C(0_+)$、$i_L(0_+)$、$i_1(0_+)$、$i_2(0_+)$、$i_C(0_+)$ 和 $u_L(0_+)$。

解：（1）电路在 $t=0$ 时发生换路，欲求各电压、电流的初始值，应先求 $u_C(0_+)$ 和 $i_L(0_+)$。通过换路前稳定状态下 $t=0_-$ 电路可求得 $u_C(0_-)$ 和 $i_L(0_-)$。在直流稳态电路中，u_C 不再变化，$\dfrac{\Delta u_C}{\Delta t}=0$，故 $i_C=0$，即电容 C 相当于开路。同理 i_L 也不再变化，$\dfrac{\Delta i_L}{\Delta t}=0$，故 $u_L=0$，即电感 L 相当于短路。所以 $t=0_-$ 时刻的等效电路如图 9-1（b）所示，由该图可知：

$$u_C(0_-)=10\times\frac{2}{3+2}=4 \text{（V）}; \qquad i_L(0_-)=\frac{10}{3+2}=2 \text{（A）}$$

（2）由换路定律得

$$u_C(0_+)=u_C(0_-)=4 \text{（V）}; \qquad i_L(0_+)=i_L(0_-)=2 \text{（A）}$$

因此，在 $t=0_+$ 瞬间，电容元件相当于一个 4V 的电压源，电感元件相当于一个 2A 的电流源。据此画出 $t=0_+$ 时刻的等效电路，如图 9-1（c）所示。

（3）在 $t=0_+$ 电路中，应用直流电阻电路的分析方法，可求出电路中其他电流、电压的初始值，即

$$i_1(0_+)=\frac{4}{2}=2 \text{（A）}$$

$$i_2(0_+)=\frac{4}{4}=1 \text{（A）}$$

$$i_C(0_+)=2-2-1=-1 \text{（A）}$$

$$u_L(0_+)=10-3\times2-4=0 \text{（V）}$$

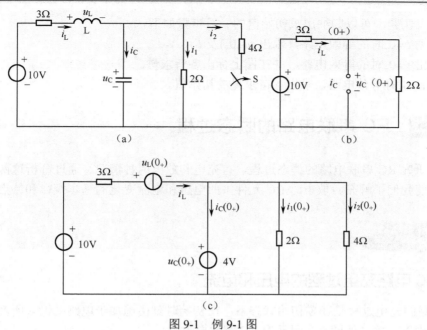

（a）

（b）

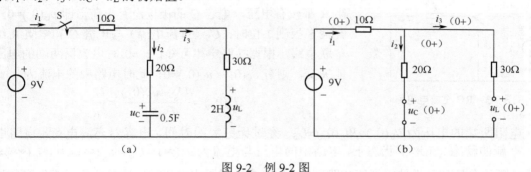

（c）

图 9-1　例 9-1 图

【例 9-2】　　电路如图 9-2（a）所示，开关 S 闭合前电路无储能，开关 S 在 $t=0$ 时闭合，试求 i_1、i_2、i_3、u_C、u_L 的初始值。

（a）　　　　　　　　　　　　　　　　（b）

图 9-2　例 9-2 图

解：（1）由题意知

$$u_C(0_-) = 0 \ （\text{V}）$$

$$i_3(0_-) = i_L(0_-) = 0 \ （\text{A}）$$

（2）由换路定律得

$$u_C(0_+) = u_C(0_-) = 0 \ （\text{V}）$$

$$i_L(0_+) = i_L(0_-) = 0 \ （\text{A}）$$

因此，在 $t=0_+$ 电路中，电容应该用短路线代替，电感以开路代替，得到 $t=0_+$ 电路，如图 9-2（b）所示。

（3）在 $t=0_+$ 电路中，应用直流电阻电路的分析方法求得

$$i_1(0_+) = i_2(0_+) = \frac{9}{10+20} = 0.3 \ （\text{A}）$$

$$i_3(0_+) = 0 \ （\text{A}）$$

$$u_L(0_+) = 20 \times i_2(0_+) = 20 \times 0.3 = 6 \ （\text{V}）$$

通过以上例题，可以归纳出求初始值的一般步骤如下。

（1）根据 $t=0_-$ 时的等效电路，求出 $u_C(0_-)$ 及 $i_L(0_-)$。

（2）作出 $t=0_+$ 时的等效电路，并在图上标出各待求量。

（3）由 $t=0_+$ 时等效电路，求出各待求量的初始值。

 **RC 串联电路的瞬态过程**

分析和研究 RC 串联电路的瞬态过程，有充电和放电两种情况。通过分析这两种情况的瞬态过程可以使我们了解充、放电时 RC 元件中的电压和电流变化的基本规律和特点。

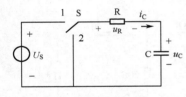

一、RC 电路充电过程的电压和电流

RC 电路的充电过程是在零初始状态下，在初始时刻由施加于电路的输入所产生的响应。这一响应与输入有关。如图 9-3 所示为 RC 充放电电路。

当开关 S 由 2 扳到 1 位时，电路的状态发生了变化。开关在 2 位时，RC 电路处于闭合状态，即电阻与电容和导线连接成闭合状态。此时电容 C 和电阻 R 都没有电压，电容 C 的极板没有电荷，即 $u_C(0_-)=0$。在开关 S 扳到 1 位时，U_S（直流电源）与电容 C 和电阻 R 组成串联电路，根据换路定律可知，$t=0_+$ 时电容器两端的电压不能突变，则有 $u_C(0_+)=u_C(0_-)=0$，此时电路中的电流为

图 9-3　RC 充放电电路

$$i_C(0_+) = \frac{U_S - u_C(0_+)}{R} = \frac{U_S}{R}$$

电阻两端的电压为 $u_R(0_+)=Ri_C(0_+)=U_S$。经过无穷大的时间，电容器充满电荷，电路进入了一个新的稳态。在这个状态下，电路中的电压与电流为 $u_C(\infty)=U_S$，$u_R(\infty)=0$，$i_C(\infty)=0$。

从理论分析和基本技能训练实践证明，电容充电过程中电压和电流的变化是遵循指数规律的，即

$$u_C(t) = U_S\left(1 - e^{-\frac{1}{RC}t}\right) \tag{9-3}$$

$$u_R(t) = U_S e^{-\frac{1}{RC}t} \tag{9-4}$$

$$i_C(t) = \frac{U_S}{R} e^{-\frac{1}{RC}t} \tag{9-5}$$

式中，U_S 表示直流稳压源电压；e=2.718 是自然对数的底；R 是限流电阻，C 是充电电容，二者的乘积 $RC=\tau$。τ 是时间常数，单位是秒（s）。

这里特别要强调的是时间常数 τ，它反映电容器的充电速率。τ 越大，充电过程越缓慢；τ 越小，充电过程越快。当 $t=\tau$ 时，$u_C=0.632U_S$，τ 是电容器充电达到终值 63.2% 时所用的时间。当 $t=5\tau$ 时，可以认为瞬态过程结束。

同时，从式（9-4）和式（9-5）可以看出，在充电的任何瞬时，电路中各个电压满足基尔

霍夫电压定律。从式（9-4）和式（9-5）也可以看出，在充电的任何瞬时，限流电阻和充电电容的电压与电流关系满足欧姆定律的关系。

式（9-3）～式（9-5）的变化规律曲线如图9-4所示。

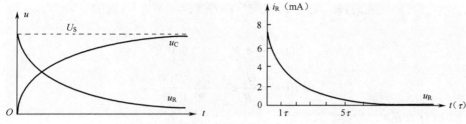

图 9-4　RC 充电过程电压与电流变化规律曲线

二、RC 电路放电过程的电压和电流

在充电结束后，开关 S 由 1 扳到 2，电容由于已经充满了电荷（储存的能量）向电阻释放，直到全部电荷释放完，这一过程称为电容放电过程。

电容放电过程，电路中电压和电流的变化规律是怎样呢？我们将放电电路单独画出，如图 9-5 所示。

在换路前电容储存一定的电荷量（能量），电容电压 $u_C(0_-)=U_S$。根据换路定律可以得到放电的初始状态：

$$u_C(0_+)=u_C(0_-)=U_S$$
$$u_R(0_+)=u_C(0_+)=U_S$$
$$i_C(0_+) = \frac{u_C(0_+)}{R} = \frac{U_S}{R}$$

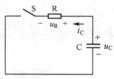

图 9-5　RC 放电电路

当放电完毕电容电压和放电电流都为零时，进入另一个稳态。理论和实践证明，RC 放电过程中电路的电压与电流都按指数规律变化，其数学表达式为

$$u_R(t) = u_C(t) = U_S e^{-\frac{1}{RC}t} \tag{9-6}$$
$$i_C(t) = \frac{U_S}{R} e^{-\frac{1}{RC}t} \tag{9-7}$$

根据上式作出电压、电流随时间变化的曲线，如图9-6所示。

【例 9-3】　如图 9-7 所示电路，开关 S 在 $t=0$ 时闭合。用示波器观测电流波形。测得电流的初始值为 10mA，电流在 0.1s 时接近于零。试求：（1）R 的值；（2）C 的值；（3）$i(t)$。设开关闭合前电容电压为零。

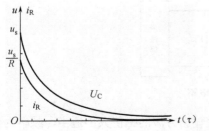

图 9-6　RC 放电过程电压与电流随时间变化的曲线

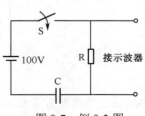

图 9-7　例 9-3 图

解： 由于电容电压不能跃变，$u_C(0_+)=0$。因此，在 $t=0_+$ 时，电阻电压为 100V，电流的初

始值应为 $\dfrac{100}{R}$。或将电压源与电阻串联支路化为等效电流源与电阻并联电路，可直接利用电路的分析结果（参见式（9-3）），即

$$u_C(t) = \frac{U_S}{R} \times R\left(1 - e^{-\frac{1}{RC}t}\right) = U_S\left(1 - e^{-\frac{1}{RC}t}\right) \quad t \geqslant 0$$

$$i(t) = \frac{U_S}{R}e^{-\frac{1}{RC}t} \quad t \geqslant 0$$

$$\text{得 } i(0+) = \frac{U_S}{R}e^0 = \frac{U_S}{R} = \frac{100}{R}$$

已知 $i(0+)$ 为 10mA，故得

$$\frac{100}{R} = 10 \times 10^{-3} \quad \text{即 } R = 10^4\,\Omega$$

又，一般可认为在 $t=5\tau$ 时，电流已衰减到零，故得 $5\tau=0.1$；$\tau = \dfrac{0.1}{5} = 0.02\text{s}$。

由此可得

$$C = \frac{\tau}{R} = \frac{0.02}{10^4} = 2 \times 10^{-6}\text{F} = 2\ (\mu\text{F}) \qquad i(t) = \frac{U_S}{R}e^{-\frac{t}{\tau}} = 10e^{-50t}\ (\text{mA}) \quad t \geqslant 0$$

观察 RC 电路构成的微分电路对方波信号的响应

一、仪器仪表和器材

本实训项目需要用到的实训器材如下所示。

（1）示波器 1 台。

（2）低频信号发生器。

（3）直流稳压源。

（4）其他实训用的器材。

二、实训步骤

（1）按图 9-8 的示意图连接电路，取 $R=5.1\text{k}\Omega$，$C=0.01\mu\text{F}$。

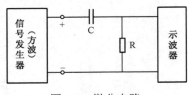

图 9-8　微分电路

（2）先用示波器观察方波发生器的输出波形，使输出方波的幅值大小适当，频率为 f=100Hz。

（3）将电阻两端电压 u_R 接入示波器的 CH1 或 CH2 通道，调节示波器的 X 轴 t/div 及 Y 轴 V/div 即可观察到微分波形，将其描入图中。

（4）将 R 改为 $10k\Omega$，C 改为 $100\mu F$，再观察波形，此时是否仍能得到微分波形？

三、实训记录

把用示波器观察到的波形画在坐标纸上，并做出必要的说明。按上述步骤做好实训记录。

四、想一想

（1）输入方波波形的周期 T_{ui} 与时间常数 τ 应满足怎样的关系才能得到微分波形？

（2）为什么说时间常数 $\tau = RC$ 是 RC 电路充放电快慢的标志？

项目评价

一、思考与练习

1. 填空题

（1）在具有储能元件的电路中，换路后，电路从前一种稳态变化到后一种稳态的中间过程，称为电路的＿＿＿＿＿＿＿＿。

（2）引起瞬态过程的电路变化称为＿＿＿＿＿＿＿。

（3）换路瞬间，电容元件上的电压和电感元件中的电流不能跃变，称为＿＿＿＿＿＿＿＿，

（4）由于电路中含有储能元件电感、电容，其能量＿＿＿＿＿＿＿＿跃变。

（5）具有电感的电路：在换路后的一瞬间，电感中的电流应保持换路前一瞬间的原有值而不能跃变，即＿＿＿＿＿＿＿＿＿＿。

（6）具有电容的电路：在换路后的一瞬间，电容上的电压应保持换路前一瞬间的原有值而不能跃变，即＿＿＿＿＿＿＿＿＿＿。

2. 判断题

（1）如果电路中只含有电阻元器件，当电路状态发生变化时，也会发生瞬态过程。（　　　）

（2）换路定律不仅适用于电路换路瞬间，而且也适用于瞬态过程。（　　　）

（3）在一阶电路的瞬态过程中，若储能元件（L、C）在换路前没有储能，则在换路瞬间，电容器视作开路，电感器视作短路。（　　　）

（4）在换路瞬间，电容器上的电压不能跃变。（　　　）

（5）在换路瞬间，电感器上的电流不能跃变。（　　　）

3. 选择题

（1）RC 充电路的瞬态过程中，充电状态（接通电源时 U_S）$u_C(0_-)=0$ 时，其初始条件（$t=0_+$）是（　　　）。

　　A．$u_C(0_+)=0$　　$i_C(0_+)=I_S$　　　　　B．$u_C(\infty)=U_S$ $i_C(\infty)=0$

　　C．$u_C(\infty)=0$　　$i_C(\infty)=0$　　　　　D．$u_C(0_+)=U_S$ $i_C(0_+)=I_S$

（2）RC 充电路的瞬态过程中，充电状态（接通电源时 U_S）$u_C(0_-)=0$ 时，其终态（$t=\infty$）是（　　　）。

　　A．$u_C(0_+)=0$　　$i_C(0_+)=I_S$　　　　　B．$u_C(\infty)=U_S$ $i_C(\infty)=0$

C. $u_C(\infty)=0$ $i_C(\infty)=0$ D. $u_C(0_+)=U_S i_C(0_+)=I_S$

（3）RC 充电路的瞬态过程中，放电（短路）$u_C(0_-)=U_S$ 时，其终态（$t=\infty$）是（　　）。

A. $u_C(0_+)=0$ $i_C(0_+)=I_S$ B. $u_C(\infty)=U_S i_C(\infty)=0$

C. $u_C(\infty)=0$ $i_C(\infty)=0$ D. $u_C(0_+)=U_S i_C(0_+)=I_S$

（4）RC 充电路的瞬态过程中，放电（短路）$u_C(0_-)=U_S$ 时，其初始条件（$t=0_+$）是（　　）。

A. $u_C(0_+)=0$ $i_C(0_+)=I_S$ B. $u_C(\infty)=U_S i_C(\infty)=0$

C. $u_C(\infty)=0$ $i_C(\infty)=0$ D. $u_C(0_+)=U_S i_C(0_+)=I_S$

（5）RL 充电路的瞬态过程中，充电（接通电源 U_S）$i_L(0_-)=0$ 时，其初始条件（$t=0_+$）是（　　）。

A. $i_L(\infty)=0$ $u_L(\infty)=0$ B. $i_L(0_+)=I_S u_L(0_+)=U_S$

C. $i_L(\infty)=I_S$ $u_L(\infty)=0$ D. $i_L(0_+)=0 u_L(0_+)=U_S$

4．简答题

（1）什么是瞬态过程？工程上叫什么？

（2）我们为什么要研究瞬态过程？

（3）产生过渡过程的原因是什么？

（4）什么是换路？

（5）什么是换路定理？

5．计算题

（1）如图 7-9 所示电路中，$I_S=5A$，$R=10\Omega$，$C=1F$，$u_c(0_-)=0$。当 $t=0$ 时，开关 S 闭合，i_c 的初始值是多少安？

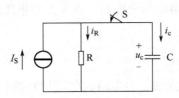

图 9-9　计算题（1）用图

（2）如图 9-10 所示电路中，$R=100k\Omega$，$C=10\mu F$，则该电路的时间参数为多少秒？

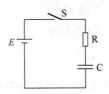

图 9-10　计算题（2）用图

6．技能题

观察 RC 电路构成的微分电路对方波信号的响应

第一步：准备仪器仪表和器材

本实训项目需要用到的实训器材如下所示。

（1）示波器 1 台。

（2）低频信号发生器。

（3）直流稳压源。

（4）其他实训用的器材。

第二步：实训步骤

（1）按图 9-11 的示意图连接电路，取 R=5.1kΩ，C=0.01μF。

（2）先用示波器观察方波发生器的输出波形，使输出方波的幅值大小适当，频率为 f=100Hz。

（3）将电阻两端电压 u_R 接入示波器的 CH$_1$ 或 CH$_2$ 通道，调节示波器的 X 轴 t/div 及 Y 轴 V/div 即可观察到微分波形，将其描入图中。

（4）将 R 改为 10kΩ，C 改为 100μF，再观察波形，此时是否仍能得到微分波形？

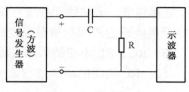

图 9-11 微分电路

第三步：实训记录

把用示波器观察到的波形画在坐标纸上，并做出必要的说明。按上述步骤做好实训记录。

第四步：想一想

输入方波波形的周期 T_{ui} 与时间常数 τ 应满足怎样的关系才能得到微分波形？

二、项目评价标准

项目评价标准见表 9-1。

表 9-1 项目评价标准

项目检测	分 值	评分标准	学生自评	教师评估	项目总评
换路定理	50	1. 写出换路定理定义（25 分） 2. 写出换路定理公式（25 分） 3. 不写（0 分）			
RC 电路充、放电	25	1. 画出充电的曲线（5 分） 2. 画出放电的曲线（5 分） 3. 写出充、放电的公式（各 2.5 分） 4. 充、放电曲线按照什么规律变化（10 分） 5. 不写（0 分）			
观测 RC 电路充、放电	15	1. 能测量出 RC 波形（10 分） 2. 会按照图纸接线（2 分） 3. 能画出波形（3 分）			
安全操作	5	1. 现场操作规范，安全措施得当，从没出现过短路、触电等安全事故（3 分） 2. 现场操作不规范，安全措施欠妥当，出现过短路但无触电等安全事故（2 分）			
现场管理	5	1. 服从现场管理规定，文明、礼貌（3 分） 2. 基本服从现场管理规定，不乱动仪器仪表（2 分）			

三、项目小结

（1）在具有储能元件的电路中，换路后，电路从前一种稳态变化到后一种稳态的中间过程，称为电路的瞬态过程。

（2）引起瞬态过程的电路变化称为换路。由于电路中含有储能元件电感、电容，其能量不能跃变，所以，换路瞬间，电容元件上的电压和电感元件中的电流不能跃变，称为换路定律，即：

① 具有电感的电路：在换路后的一瞬间，电感中的电流应保持换路前一瞬间的原有值而不能跃变，即 $i_L(0_+) = i_L(0_-)$。

② 具有电容的电路：在换路后的一瞬间，电容上的电压应保持换路前一瞬间的原有值而不能跃变，即 $u_C(0_+) = u_C(0_-)$。

在换路前，若储能元件没有储能，则在电路换路瞬时，电容相当于短路，电感相当于开路。应用换路定律和基尔霍夫定律可以求出一阶电路的初始值。

（3）RC、RL 电路的瞬态过程。RC、RL 电路的瞬态过程的特点如表 9-2 所示。

（注：RL 电路的瞬态过程请参考其他教材，本教材未涉及。）

表 9-2　RC、RL 电路的瞬态过程的特点

电路及其状态		初始条件（$t=0_+$）	电压、电流变化数学表达式	终态（$t=\infty$）	时间常数 τ
RC	充电 （接通电源 U_S） $u_C(0_-)=0$	$u_C(0_+)=0$ $i_C(0_+)=I_S$	$u_C(t)=U_S\left(1-e^{-\frac{1}{RC}t}\right)$ $i_C(t)=\dfrac{U_S}{R}e^{-\frac{1}{RC}t}$	$u_C(\infty)=U_S$ $i_C(\infty)=0$	$\tau=RC$
	放电 （短　路） $u_C(0_-)=U_S$	$u_C(0_+)=U_S$ $i_C(0_+)=I_S$	$u_C(t)=U_Se^{-\frac{1}{RC}t}$ $i_C(t)=\dfrac{U_S}{R}e^{-\frac{1}{RC}t}$	$u_C(\infty)=0$ $i_C(\infty)=0$	$\tau=RC$
RL	充电 （接通电源 U_S） $i_L(0_-)=0$	$i_L(0_+)=0$ $u_L(0_+)=U_S$	$i_L(t)=\dfrac{U_S}{R}(1-e^{-\frac{R}{L}t})$ $u_L(t)=U_Se^{-\frac{R}{L}t}$	$i_L(\infty)=I_S$ $u_L(\infty)=0$	$\tau=\dfrac{L}{R}$
	放电 （短　路） $i_L(0_-)=I_S$	$i_L(0_+)=I_S$ $u_L(0_+)=U_S$	$i_L(t)=I_Se^{-\frac{R}{L}t}$ $u_L(t)=-RI_Se^{-(R/L)t}$	$i_L(\infty)=0$ $u_L(\infty)=0$	$\tau=\dfrac{L}{R}$

 教学微视频

扫一扫

附 录 阅 读 材 料

阅读材料一 电子产品中信号传输的载体——排线

导线不但是构成电线电缆的核心，同时也是传输电能和信号的载体。电子产品中的导线与电工产品的导线在本质上没有区别。但是由于强电与弱电的电流和电压差异很大，所以在导线的形状与尺寸上有所不同。电子产品中用得最多的是排线，排线的应用范围广泛。

当今你拿起任何一件小电子产品，都会发现在其中有排线。打开一台 35mm 的照相机，里面有 9~14 处不同的排线，因为照相机正在变得更小，功能也更多。减小体积的唯一方法是元件更小，线条更精细，线距更小，以及物件可弯曲。如心脏起搏器、手机、视频摄像机、助听器、便携电脑——几乎所有我们今天使用的家电里面都有排线。

常见的排线大体分为 FFC（RFC）和 FPC 两大类，如表 A-1 所示。那么我们首先从实物图片来分清楚什么是 FFC 排线？什么是 FPC 排线。

一、常见排线的识别

其中常见的有排线，如表 A-1 所示。

表 A-1　常见的排线

名　称	实　物　图	分类和使用场合
笔记本中的排线	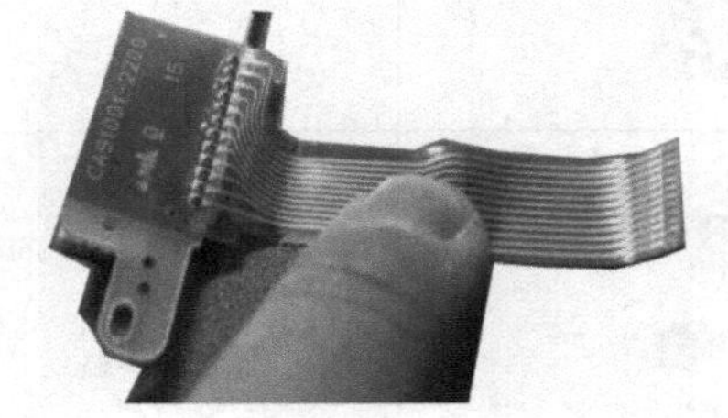	FPC 排线 　主要应用在各种手机、笔记本电脑、数码相机、数码摄像机、DV、录像机磁头、激光光头、CD-ROM、VCD、CD、DVD、液晶显示器、光驱、硬盘等很多产品中
手机中的排线		FPC 排线

名　　称	实　物　图	分类和使用场合
手机电池万用排线	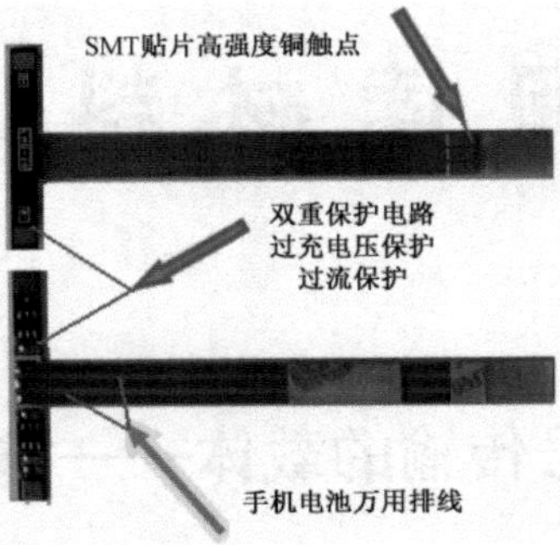 　SMT贴片高强度铜触点　双重保护电路　过充电压保护　过流保护　手机电池万用排线	FPC 排线
计算机键盘中的排线		FPC 排线 键盘主板上的排线
照相机中的排线		FPC 排线
MP3 中的排线和排线接口		FPC 排线
计算机主机中的排线和接头	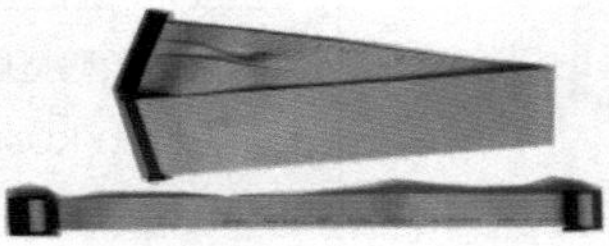	FFC 排线 排线线径 0.03～0.35mm 宽度 10～80mm 可存储数据≤15 组
DVD 中的排线和插座	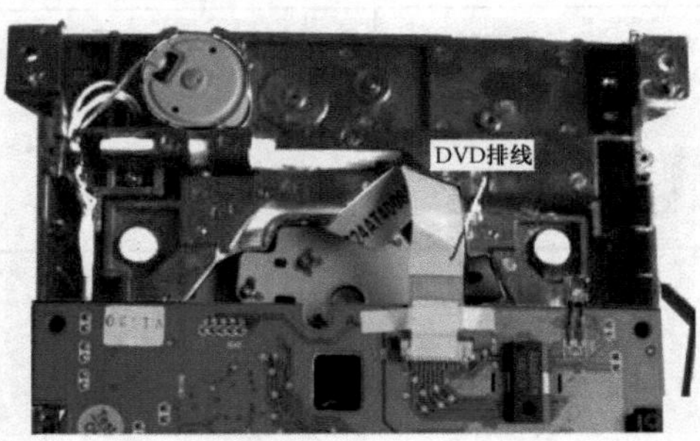 　DVD排线	FFC 排线 广泛用于连接低阻力而需要滑动的电子部分及超薄产品。应用范围：VCD、DVD、MP3、PDA、数码相机、功放音响、打印机、电脑、通信设备、无线仪器仪表、空调、冰箱等电子电器诸多领域

续表

名　　称	实 物 图	分类和使用场合
打印机排线	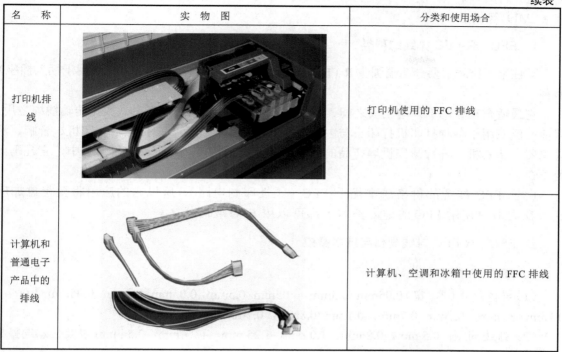	打印机使用的 FFC 排线
计算机和普通电子产品中的排线		计算机、空调和冰箱中使用的 FFC 排线

二、FPC 排线（软性电路板）

FPC 排线也叫软（柔）性电路板。软（柔）性电路板是以聚酰亚胺或聚酯薄膜为基材制成的一种具有高度可靠性，绝佳的可挠性印制电路板，具有配线密度高，重量轻，厚度薄的特点。它按照所属行业规范规定排线规则、线序、线色、线号等，用于活动部件及活动区域内的数据传输，如电脑内部主板连接硬盘、光驱的数据线，手机主板连接显示屏的数据线，还有连接设备之间的数据线都统称排线。

1）种类

有单面 FPC、双面 FPC、多层 FPC、铝基板、铜基板、单面镂空 FPC 和双面镂空 FPC。

2）技术参数

（1）最薄基材：铜箔/PI 膜 18/12.5μm，12/18μm；（2）最小线宽线距：0.05mm/0.05mm（2mil/2mil）；（3）最小钻孔孔径：0.25mm（10mil）；（4）抗绕曲能力：>15 万次；（5）蚀刻公差：±0.5mil；（6）曝光对位公差：±0.05mm（2mil）；（7）投影打孔公差：±0.025mm（1mil）；（8）贴 PI 膜对位公差：<0.10mm（4mil）；（9）贴补强及胶纸对位公差：<0.1mm（4mil）；（10）最大加工板面积：双面 25cm×50cm，单面 25cm×60cm，多层 25cm×25cm；（11）成型公差：±0.05mm；（12）表面处理方式：电镀金 1～5μm，化学金 1～3μm，电镀纯锡 4～20μm，化学锡 1～5μm 和防氧化（OSP）6～13μm。

三、FFC（R-FFC）排线

FFC、R-FFC 称为柔性扁平排线，简称软排线。它是一种采用 PET（聚对苯二甲酸乙二醇酯）或其他绝缘材料和极薄的镀锡扁平铜线，通过高科技自动化设备生产线压合而成的新型数据线缆。它具有柔软，随意弯曲折叠，厚度薄，体积小，连接简单，拆卸方便，易解决电磁干扰（EMI）等优点。

1．FFC、R-FFC 排线的种类

柔性扁平排线主要分两端圆头 R-FFC（用于直接焊接）和两端扁平 FFC（用于插入插座）两种。

它最适合在移动部件与主板之间、板对板之间、小型化电气设备中做数据传输线缆之用。目前广泛应用于各种打印机打印头与主板之间的连接，绘图仪、扫描仪、复印机、音响、液晶电器、传真机、各种影碟机等产品的信号传输及主板连接。在现代电气设备中，它几乎无处不在。

由于 FFC 线缆的价格成本优于 FPC（柔性印制电路），所以它的应用将变得愈加广泛。在大多数使用 FPC 的地方基本上都可以用 FFC 取而代之。

2．FFC、R-FFC 排线规格与技术参数

1）FFC、R-FFC 排线的规格

（1）导体尺寸（厚×宽）0.05mm×0.3mm，0.05mm×0.5mm，0.05mm×0.7mm，0.05mm×1.0mm，0.1mm×0.5mm，0.1mm×0.7mm，0.1mm×0.8mm，0.1mm×1.27mm。

（2）排线间距：0.5 mm，0.8 mm，1.0 mm，1.25 mm，1.27 mm，2.54 mm 以及任意选择导线 PIN 数及间距 PH。

（3）排线长度：15mm～任意选定。

（4）排线形态：A、B、C、D、E、F、G、H、I、J、K。

（5）EMI（电磁干扰）对策：铜箔、铝箔、铜箔麦拉、铝箔麦拉、导电布、银浆处理、吸波材等。

（6）颜色：按客户要求。

2）FFC、R-FFC 排线的技术参数

（1）表面处理：镀锡，耐温：80～105℃。

（2）工作电压 30V，60V，300V。

四、排线的特性

（1）排线体积小，重量轻。排线的总重量和体积比传统的圆导线线束方法要减少70%。

（2）排线可移动、弯曲、扭转。排线可以满足不同形状和特殊的封装尺寸，可以承受数千次的动态弯曲。一般是开合 5000～8000 次，如果按平均每天开合 10 次计，也就是一年半时间左右。

（3）排线具有优良的电性能、介电性能、耐热性。较低的介电常数允许电信号快速传输；良好的热性能使元件易于降温。

（4）排线具有更高的装配可靠性和质量。

排线减少了内连所需的硬件，如传统的电子封装上常用的焊点、中继线、底板线路及线缆，使排线可以提供更高的装配可靠性和质量。

五、排线的焊接

排线的焊接主要用排线热压焊接机完成。一次完成排线多个焊点焊接，即刻提高焊接效率；

恒温控制，保证焊锡均匀铺展；焊点光亮均匀；焊点牢固，一致性好；无手工焊接缺陷，如易短路，焊不牢，焊点不一致，操作不便等。主要应用于 PCB 基板、FPC、FFC 的焊接，LCD 和 TCP 的 ACF 连接，各种线圈的绝缘漆包和端子的直接连接，可塑性塑料的加热接合等。运用该焊接方式不会发生虚焊现象，能够实现一次多点的焊接，可以不用顾及人员的操作技能，确保焊接质量。焊接的成品实物图具体如图 A-1 所示。

图 A-1　排线焊接的成品实物图

阅读材料二　传递信息新材料——光导纤维及应用

近年来，随着现代科学技术的迅猛发展，光导纤维已经在通信、电子和电力等领域日益扩展，成为大有前途的新型基础材料，与之相伴的光纤技术也以新奇、便捷赢得人们的青睐。

一、光纤和光缆的基本知识

光导纤维是一种透明度很高，粗细像蜘蛛丝一样的玻璃丝——玻璃纤维，当光线以合适的角度射入玻璃纤维时，光就沿着弯弯曲曲的玻璃纤维前进。由于这种纤维能够用来传输光线，所以称它为光导纤维。

通常光纤与光缆两个名词会被混淆。简单讲光纤是一种基本原材料；而光缆是以光纤为主与其他材料组合在一起，能满足工程要求的材料。

1．光纤的结构和孔径

1）光纤分层

裸纤一般分为三层：中心是光传播高折射率玻璃芯（芯径一般为 50 或 62.5μm），第二层为低折射率硅玻璃包层（直径一般为 125μm），最外层是加强用的树脂涂层，如图 A-2 所示。

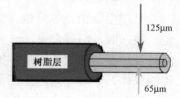

图 A-2　光纤结构示意图

2）光纤的数值孔径

入射到光纤端面的光并不能全部被光纤所传输，只有在某个角度范围内的入射光才可以。这个角度就称为光纤的数值孔径。光纤的数值孔径大些对于光纤的对接是有利的。不同厂家生产的光纤其数值孔径不同。

微细的光纤封装在塑料护套中，使得它能够弯曲而不至于断裂。通常，光纤的一端的发射装置使用发光二极管或一束激光将光脉冲传送至光纤，光纤的另一端的接收装置使用光敏元件检测脉冲。

3）光纤的种类

光纤的种类很多，根据用途不同，所需要的功能和性能也有所差异。

（1）按光在光纤中的传输模式可分为：单模光纤和多模光纤。

① 多模光纤：中心玻璃芯较粗（50 或 62.5μm），可传输多种模式的光。但其模间色散较大，这就限制了传输数字信号的频率，而且随距离的增加会更加严重。例如：600MB/km 的光纤在 2km 时则只有 300MB 的带宽了。因此，多模光纤传输的距离就比较近，一般只有几千米。

② 单模光纤：中心玻璃芯较细（芯径一般为 9 或 10μm），只能传输一种模式的光。因此，其模间色散很小，适用于远程通信，但其色度色散起主要作用，这样单模光纤对光源的谱宽和稳定性有较高的要求，即谱宽要窄，稳定性要好。

（2）按最佳传输频率窗口分为：常规型单模光纤和色散位移型单模光纤。

① 常规型光纤：光纤生产厂家将光纤传输频率最佳化在单一波长的光上，如 1310nm。

② 色散位移型光纤：光纤生产厂家将光纤传输频率最佳化在两个波长的光上，如 1 310nm 和 1550nm。

（3）按折射率分布情况分为：突变型和渐变型光纤。

① 突变型光纤：光纤中心玻璃芯到玻璃包层的折射率是突变的。其成本低，模间色散高，适用于短途低速通信，如工控。但单模光纤由于模间色散很小，所以单模光纤都采用突变型。

② 渐变型光纤：光纤中心玻璃芯到玻璃包层的折射率逐渐变小，可使高模光按正弦形式传播，这能减少模间色散，提高光纤带宽，增加传输距离，但成本较高，现在的多模光纤多为渐变型光纤。

4）常用光纤规格

（1）单模：8/125μm，9/125μm，10/125μm。

（2）多模：50/125μm，欧洲标准；62.5/125μm，美国标准。

（3）工业、医疗和低速网络：100/140μm，200/230μm。

（4）塑料：98/1000μm，用于汽车控制。

2．光缆的结构

1）光缆的组成

光缆主要由光导纤维（细如头发的玻璃丝）和塑料保护套管及塑料外皮构成，光缆内没有金、银、铜、铝等金属，一般无回收价值。光缆是一定数量的光纤按照一定方式组成缆芯，外面包有护套，有的还包覆外护层，用以实现光信号传输的一种通信线路。即光缆是由光纤（光传输载体）经过一定的工艺而形成的线缆，如图 A-3 所示。

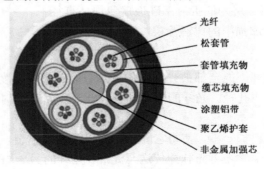

光纤
松套管
套管填充物
缆芯填充物
涂塑铝带
聚乙烯护套
非金属加强芯

图 A-3　光缆的组成

2）光缆的分类

（1）按敷设方式分有自承重架空光缆、管道光缆、铠装地埋光缆和海底光缆。

（2）按光缆结构分有束管式光缆、层绞式光缆、紧抱式光缆、带式光缆、非金属光缆和可分支光缆。

（3）按用途分有长途通信用光缆、短途室外光缆、混合光缆和建筑物内用光缆。

二、光导纤维的应用

光导纤维在日常生活和工业中获得广泛的应用，具体如下。

1．通信领域

利用光导纤维进行的通信叫光纤通信。一对金属电话线至多只能同时传送一千多路电话，而根据理论计算，一对细如蛛丝的光导纤维可以同时通一百亿路电话！铺设 1000km 的同轴电缆大约需要 500t 铜，改用光纤通信只需几公斤石英就可以了。沙石中就含有石英，几乎是取之不尽的。

（1）在陆地应用。1979 年 9 月，一条 3.3km 的 120 路光缆通信系统在北京建成，几年后上海、天津、武汉等地也相继铺设了光缆线路，利用光导纤维进行通信。

（2）在海底的应用。光纤的传输容量大，中继站间的距离长，适用于海底长距离的通信。用于海底光缆的光纤比陆地光缆所用的光纤有更高的要求；要求低损耗，高强度，制造长度长，要求能经受强大的压力和拉力。

2．因特网

光缆是当今信息社会各种信息网的主要传输工具。如果把"因特网"称为"信息高速公路"的话，那么，光缆网就是信息高速路的基石——光缆网是因特网的物理路由。通过光缆传输的信息，除了通常的电话、电报、传真以外，现在大量传输的还有电视信号、银行汇款、股市行情等一刻也不能中断的信息。一旦某条光缆遭受破坏而阻断，则该方向的"信息高速公路"即告破坏。

目前，长途通信光缆的传输方式已由 PDH 向 SDH 发展，传输速率已由当初的 140MB/s 发展到 2.5GB/s、4×2.5GB/s、16×2.5GB/s 甚至更高，也就是说，一对纤芯可开通 3 万条、12 万条、48 万条甚至向更多话路发展。

据不完全统计，截止到 20 世纪末，世界总共建设了大大小小的海底光缆系统 170 多个，大约有 130 个国家通过海底光缆联网。

如此大的传输容量，光缆一旦阻断不但给电信部门造成巨大损失，而且由于通信不畅，会给广大群众造成诸多不便，如计算机用户不能上网，股票行情不能知晓，银行汇兑无法进行，异地存取成为泡影，各种信息无法传输。在边远山区，一旦光缆中断，就会使全县甚至光缆沿线几个县在通信上与世隔绝，成为孤岛，给党政军机关和人民群众造成的损失是无法估量的。因此，光纤通信成为通信领域里最活跃之一的通信方式。

3．医学领域

在医学上，利用光导纤维制成内窥镜，不必切开皮肉直接插入身体内部，可以帮助医生检查胃、食道、十二指肠等的疾病。光导纤维胃镜是由上千根玻璃纤维组成的软管，它有输送光线、传导图像的功能，又有柔软、灵活，可以任意弯曲等优点，可以通过食道插入胃里。光导纤维把胃里的图像传出来，医生就可以窥见胃里的情形，然后根据情况进行诊断和治疗。

外科手术激光刀由光导纤维将激光传递至切除癌瘤组织的手术部位。

4．照明和光能传送领域

在照明和光能传送方面，利用光导纤维在短距离可以实现一个光源多点照明、光缆照明，可利用塑料光纤光缆传输太阳光作为水下、地下照明。由于光导纤维柔软易弯曲变形，可做成任何形状，以及耗电少，光质稳定，光泽柔和，色彩广泛，是未来的最佳灯具，如与太阳能利用结合起来将成为最经济实用的光源。今后的高层建筑、礼堂、宾馆、医院、娱乐场所，甚至家庭都可直接使用光导纤维制成的天花板或墙壁，以及彩织光导纤维字画等，也可用于道路、公共设施的路灯，广场的照明和商店橱窗的广告。此外，还可在易燃、易爆、潮湿和腐蚀性强的环境中不宜架设输电线及电气照明的地方作为安全光源。

5．国防军事领域

在国防军事上，光导纤维也有广泛的应用，可以用光导纤维来制成纤维光学潜望镜，装备在潜艇、坦克和飞机上。光纤通信的另一特点是保密性好，不受干扰且无法窃听，这一优点使其广泛应用于军事领域。

6．工业领域

在工业上，可传输激光进行机械加工；制成各种传感器用于测量压力、温度、流量、位移、光泽、颜色、产品缺陷等，也可用于工厂自动化、办公自动化、机器内及机器间的信号传送、光电开关、光敏组件等。

7．其他领域

光导纤维还可用于火车站、机场、广场、证券交易场所等的大型显示屏幕，短距离通信和数据传输，将光电池纤维布与光导纤维布巧妙地结合在一起可制成夜间放光的夜行衣。

8．光纤和光缆在传输中的优缺点

（1）光纤和光缆在传输中的优点。光纤传输有许多突出的优点：频带宽，损耗低，重量轻，抗干扰能力强，保真度高和工作性能可靠。

（2）光纤和光缆在传输中的缺点。光纤和光缆在传输中的缺点主要是光的衰减，造成衰减的主要因素有以下几个方面。

① 本征：是光纤和光缆的固有损耗，包括瑞利散射、固有吸收等。

② 弯曲：光纤和光缆弯曲时部分光纤内的光会因散射而损失掉，造成损耗。

③ 挤压：光纤和光缆受到挤压时产生微小的弯曲而造成的损耗。

④ 杂质：光纤和光缆内杂质吸收和散射在光纤中传播的光，造成损失。

⑤ 不均匀：光纤和光缆材料的折射率不均匀造成的损耗。

⑥ 对接：光纤和光缆对接时产生的损耗，如不同轴（单模光纤同轴度要求小于 $0.8\mu m$），端面与轴心不垂直，端面不平，对接心径不匹配和熔接质量差等。

阅读材料三　超导技术应用

一、超导现象

1911 年，荷兰莱顿大学的卡茂林·昂尼斯意外地发现，将汞冷却到−268.98℃时，汞的电阻突然消失。人们将某些物质在温度降低到一定值时电阻会完全消失的现象称为超导电性，也称为超导现象。

二、超导体

人们把处于超导状态的、具有超导电性的物质称为超导材料或超导体。使超导体电阻为零的温度叫超导临界温度。超导材料可分为高温和低温超导材料。

超导体的直流电阻率在一定的低温下突然消失，被称做零电阻效应。导体没有了电阻，电流流经超导体时就不发生热损耗，电流可以毫无阻力地在导线中形成强大的电流，从而产生超强磁场。

超导体还有另一个极为重要的性质，当金属处在超导状态时，这一超导体内的磁感应强度为零，把原来存在于体内的磁场排挤出去。

简而言之，超导体具有超导电性和抗磁性的两个重要特性。

三、应用领域

高温超导材料的用途大致可分为三类：强电应用（低损耗、大电流应用）、弱电应用和抗磁性应用。大电流应用即前述的超导发电、输电和储能；弱电应用包括超导计算机、超导天线、超导微波器件等；抗磁性应用有磁悬浮列车和热核聚变反应堆等。

1．强电应用

超导磁体可用于制作交流超导发电机、磁流体发电机和超导输电线路等。超导发电机：利用超导技术制造的交流超导发电机，单机发电容量比常规发电机提高 5～10 倍，而体积却减小 1/2，整机重量减轻 1/3，发电效率提高 50%。磁流体发电机：磁流体发电机同样离不开超导强磁体的帮助，磁流体发电机的结构非常简单，用于磁流体发电的高温导电性气体还可重复利用。超导输电线路：超导材料还可以用于制作超导电线和超导变压器，从而把电力几乎无损耗地输送给用户。据统计，目前的铜或铝导线输电，约有 15% 的电能损耗在输电线路上。仅在中国，每年的电力损失即达 1000 多亿度。若改为超导输电，节省的电能相当于新建数十个大型发电厂。

2．弱电应用

超导计算机中的超大规模集成电路，其元件间的互连线用接近零电阻和超微发热的超导器件来制作，不存在散热问题，同时计算机的运算速度大大提高。此外，科学家正研究用半导体和超导体来制造晶体管，甚至完全用超导体来制作晶体管。

3．超导材料抗磁性的应用

（1）超导磁悬浮列车。利用超导材料的抗磁性，将超导材料放在一块永久磁体的上方，由于磁体的磁力线不能穿过超导体，磁体和超导体之间会产生排斥力，使超导体悬浮在磁体上方。利用这种磁悬浮效应可以制作高速超导磁悬浮列车。

（2）核聚变反应堆。超导体产生的强磁场可以作为"磁封闭体"，将热核反应堆中的超高温等离子体包围、约束起来，然后慢慢释放，从而使受控核聚变能源成为 21 世纪前景广阔的新能源。

在这方面，我国的研究走在了世界的前列，目前我国已获得临界温度为–139℃的超导材料。

阅读材料四　电容器在电路中的应用

电容器的基本特性在电子电路中得到了非常广泛的应用，它在滤波电路、调谐电路、耦合电路、旁路电路、延时电路、整形电路等电路中均起着重要的作用。下面用两个实例来说明电容器在电路中的一些作用。

一、电容充放电延时控制电路

图 A-4 所示为一由单结晶体管组成的延时电路。它利用电容器的充放电特性来实现延时控制时间的目的。延时时间的长短由 R_3、R_P 及 C 来确定。当开关 S 闭合时，电源通过 R_3、R_P 向 C 充电。当 C 上的电压达到一定幅值时，VT_1 导通，触发晶闸管 VT_2 导通，继电器线圈 K 得电，将控制被控电路工作。

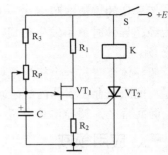

图 A-4　电容充放电延时控制电路

二、由名字判断电容器在电路中的作用

电容器在电子电路中几乎是不可缺少的储能元件，它具有隔断直流、连通交流、阻止低频的特性，广泛应用于各种电子电路中。人们经常用电容在电路中所起的作用，给相应的电容命名。熟悉电容器这些名称的意义，有助于我们读懂电子电路图。

表 A-2　从名称判断电容器在电路中的作用

电容名称	在电路中的作用
滤波电容	它接在直流电源的正、负极之间，以滤除直流电源中不需要的交流成分，使直流电平滑。一般采用大容量的电解电容，也可以在电路中同时并接其他类型的小容量电容滤除高频交流成分
退耦电容	并接于放大电路的电源正、负极之间，防止由电源内阻形成的正反馈而引起的寄生振荡
旁路电容	在交、直流信号的电路中，将电容并接在电阻两端或由电路的某点跨接到公共电位上，为交流信号或脉冲信号设置一条通路，避免交流信号成分因通过电阻产生压降衰减
耦合电容	在交流信号处理电路中，用于连接信号源和信号处理电路或者作为放大器的级间连接，用以隔断直流，让交流信号或脉冲信号通过，使前后级放大电路的直流工作点互不影响
调谐电容	连接在谐振电路的振荡线圈两端，起到调节振荡频率的作用
衬垫电容	与谐振电路主电容串联的辅助性电容，调整它可使振荡信号频率范围变小，并能显著地提高低频端的振荡频率
补偿电容	它是与谐振电路中与主电容并联的辅助性电容，调整该电容能使振荡信号频率范围扩大
中和电容	并接在晶体管放大器的基极与发射极之间，构成负反馈网络，以抑制晶体管极间电容造成的自激振荡
定时电容	在 RC 时间常数电路中与电阻 R 串联，决定充放电时间长短
加速电容	接在振荡器反馈电路中，使正反馈过程加速，提高振荡信号的幅度
缩短电容	在 UHF 高频头电路中，为了缩短振荡电感器长度而串接的电容
克拉泼电容	在电容三点式振荡电路中，与电感振荡线圈串联的电容，起到消除晶体管结电容对频率稳定性影响的作用
锡拉电容	在电容三点式振荡电路中，与电感振荡线圈两端并联的电容，起到消除晶体管结电容的影响，使振荡器在高频端容易起振
稳幅电容	在鉴频器中，用于稳定输出信号的幅度
预加重电容	为了避免音频调制信号在处理过程中造成对分频量衰减和丢失，而设置的 RC 高频分量提升网络电容
去加重电容	为恢复原伴音信号，要求对音频信号中经预加重所提升的高频分量和噪声一起衰减掉，设置在 RC 网络中的电容
移相电容	用于改变交流信号相位的电容

续表

电容名称	在电路中的作用
反馈电容	跨接于放大器的输入与输出端之间，使输出信号回输到输入端的电容
降压限流电容	串联在交流电回路中，利用电容对交流电的容抗特性，对交流电进行限流，从而构成分压电路
逆程电容	用于行扫描输出电路，并接在行输出管的集电极与发射极之间，以产生高压行扫描锯齿波逆程脉冲，其耐压一般在1500V以上
校正电容	串接在偏转线圈回路中，用于校正显像管边缘的延伸线性失真
自举升压电容	利用电容器的充、放电储能特性提升电路某点的电位，使该点电位达到供电端电压值的2倍
消亮点电容	设置在视放电路中，用于关机时消除显像管上残余亮点的电容
软起动电容	一般接在开关电源的开关管基极上，防止在开启电源时，过大的浪涌电流或过高的峰值电压加到开关管基极上，导致开关管损坏
起动电容	串接在单相电容起动式电动机的二次绕组上，为电动机提供起动移相交流电压。在电动机正常运转后与二次绕组断开
运转电容	与单相电容运转式电动机的二次绕组串联，为电动机二次绕组提供移相交流电流。在电动机正常运行时，与二次绕组保持串接

阅读材料五　电感元件在电子技术中的应用

通过前边的学习我们知道，电感器是用金属导线绕制而成的。线圈中电流的变化会引起穿过线圈的磁通量变化，从而在线圈中感应出自感电动势。根据楞次定律，自感电动势将阻碍线圈中电流的变化。由于直流电流不发生变化，在线圈中不会产生自感电动势，也就不会产生阻碍作用。下边我们介绍电感元件在电子技术中的一些应用。

一、扼流圈

如图A-5所示为两种典型的电感元件，分别称为低频扼流圈与高频扼流圈。左侧的是低频扼流圈，它由闭合铁芯和绕在铁芯上的线圈构成。这种扼流圈一般有几千匝甚至超过一万匝，自感系数很大，为几十亨，而电阻却较小。它对低频交流会产生很大的阻碍作用，而对直流的阻碍作用则较小，在电子线路中可以起到"阻交流、通直流"的作用。

图A-5（b）为高频扼流圈，它的线圈有的是绕在圆柱形的铁氧体芯上，有的则是空心的。这种扼流圈的匝数一般有几百匝，自感系数为几毫亨。它只对频率很高的交流产生很大的阻碍作用，而对低频交流的阻碍作用较小，在电子线路中可以起到"阻高频、通低频"的作用。

（a）低频扼流圈　　　　　　　　　（b）高频扼流圈

图A-5　扼流圈

二、空心式电感器应用

空心式电感器是用带有绝缘层的导线逐圈绕在绝缘管上的。如果导线间无间隙，则称为密绕法。这种绕法很简单，容易制作。如果导线间有一定的间隙，则称为间绕法。这种绕法分布电容比较小，具有较高品质因数，多用在短波电路中。如果导线绕在管芯上，绕好后抽出管芯，并把线圈拉开一定的距离，则称为脱胎法。这种绕法分布电容更小，品质因数更高，改变圈和圈之间的距离也可以改变电感量，多用在超短波电路中。图 A-6 所示是调频收音机的调谐回路。本振线圈 L_1 是用漆包线在骨架上绕制后脱胎而成的，与可变电容器组成调谐回路，调节可变电容器 C_0，即可选择广播电台。另外，声音信号输出端与音响（喇叭）之间采用了分频线圈和电容器共同组成的分频网络，以提高放音效果，如图 A-7 所示为一种二频道高低音分频电路。分频器中的电感必须用空心线圈。若用磁芯，则会产生磁饱和失真。

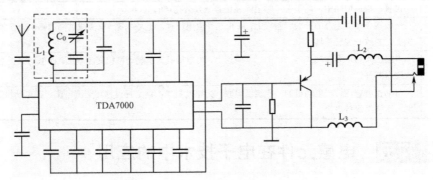

图 A-6　调频收音机调谐回路（虚线框内）

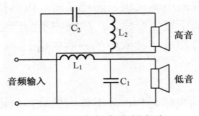

图 A-7　高低音分频电路

三、电源电路中的滤波与储能作用

如图 A-8 中电感 L 与两电容 C_1、C_2 构成 π 型滤波电路，经变压、整流后输出的电流中含有较多的交流成分，经 π 型滤波电路滤波后，含有的交流成分将被滤除，负载得到较为平滑的直流电流，在此电路中，电感 L 起到阻断交流成分的作用。在图 A-9 所示的开关电源电路中，电源 220V 交流电流经整流、滤波后，得到的直流电压 U_1 加在开关调整管上，开关调整管在控制电路的作用下处于开关状态，当调整管处于导通状态时，给滤波电容充电，向负载供电，同时在电感 L 上储能；当调整管截止时，在 L 中产生反向的感应电动势，使续流二极管 VD 导通，给负载供电，并给滤波电容 C 充电，在此电路中又体现了电感 L 的储能作用。

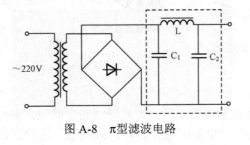

图 A-8　π型滤波电路

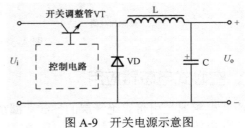

图 A-9　开关电源示意图

参 考 文 献

[1] 薛涛. 电工基础. 北京：高等教育出版社，2001.

[2] 刘志平. 电工技术基础（第 2 版）. 北京：高等教育出版社，2000.

[3] 陶健. 实用电工技术与测量. 北京：科学出版社，2008.

[4] 曾祥富. 电工技能与训练. 北京：高等教育出版社，2000.

[5] 孔晓华. 新编电工技术项目教程. 北京：电子工业出版社，2008.

[6] 孔晓华，周德仁，等. 电工基础（第 2 版）. 北京：电子工业出版社，2005.

[7] 李溪冰. 电工电子技术. 北京：机械工业出版社，2008.

[8] 李占平. 电工基本功项目教学教程. 北京：人民邮电出版社，2009.

[9] 程立群，王奎英. 电工基本功. 北京：人民邮电出版社，2006.

[10] 王国玉. 电工电子基础. 郑州：中原农民出版社，2007.

[11] 王国玉. 电工基础. 电子技术基础（对口升学指导书）. 北京：电子工业出版社，2009.

[12] 沈裕钟. 电工学（第 4 版）. 北京：高等教育出版社，2001.

[13] 杨亚平. 电工技能与实训（第 2 版）. 北京：电子工业出版社，2007.

[14] 李占平. 电工技术基本功. 北京：人民邮电出版社，2009.

反侵权盗版声明

电子工业出版社依法对本作品享有专有出版权。任何未经权利人书面许可，复制、销售或通过信息网络传播本作品的行为；歪曲、篡改、剽窃本作品的行为，均违反《中华人民共和国著作权法》，其行为人应承担相应的民事责任和行政责任，构成犯罪的，将被依法追究刑事责任。

为了维护市场秩序，保护权利人的合法权益，我社将依法查处和打击侵权盗版的单位和个人。欢迎社会各界人士积极举报侵权盗版行为，本社将奖励举报有功人员，并保证举报人的信息不被泄露。

举报电话：（010）88254396；（010）88258888

传　　真：（010）88254397

E-mail：　dbqq@phei.com.cn

通信地址：北京市万寿路 173 信箱
　　　　　电子工业出版社总编办公室

邮　　编：100036